U0348407

公安消防部队高等专科学校规划教材

火灾事故调查

主　编　张　茜

副主编　孙　旭　杨　晨

参　编　王永辉　戴丹妮

中国矿业大学出版社

内容提要

本书共七章，主要包括绪论、火灾事故调查询问、火灾现场勘验、火灾痕迹物证、火灾事故调查分析认定、火灾损失统计、火灾事故处理等内容。本书立足教学实际，注重学科专业体系化建设，注重对各学科知识内容的更新，特别是对前沿消防科技技术、消防理论研究成果的吸纳和应用；教材结构安排和编写体例紧紧围绕基础理论知识学习和基本操作训练，突出案例教学和实践教学，着重提高学生的专业理论水平和实际工作技能。

本书适用于高等院校消防指挥专业人才培养教学需要，也可用作消防工程技术人员的工作参考书。

图书在版编目(CIP)数据

火灾事故调查/张茜主编. —徐州：中国矿业大学出版社，2017.9

ISBN 978-7-5646-3689-0

Ⅰ. ①火… Ⅱ. ①张… Ⅲ. ①火灾事故—调查—高等学校—教材 Ⅳ. ①X928.7

中国版本图书馆CIP数据核字(2017)第215191号

书　　名　火灾事故调查
主　　编　张　茜
责任编辑　黄本斌
出版发行　中国矿业大学出版社有限责任公司
　　　　　(江苏省徐州市解放南路　邮编221008)
营销热线　(0516)83885307　83884995
出版服务　(0516)83885767　83884920
网　　址　http://www.cumtp.com　**E-mail**:cumtpvip@cumtp.com
印　　刷　江苏淮阴新华印刷厂
开　　本　787×1092　1/16　**印张** 12.75　**字数** 318千字
版次印次　2017年9月第1版　2017年9月第1次印刷
定　　价　28.00元
(图书出现印装质量问题，本社负责调换)

前　言

教材建设是院校建设的一项基础性、长期性工作。配套、适用、体系化的专业教材不但能满足教学发展的需要，还对深化教学改革、提高人才培养质量起着极其重要的作用。近年来，学校党委和各级领导十分重视教材建设，专门成立了教材编审委员会，加强学校教材建设工作的领导，保证教材编写质量。根据新的人才培养方案，学校组织相关教师对教材进行了修编，聘请了来自公安部消防局、消防总队、消防科研所及军地高校的专家和教授分别对教材编写情况进行审查。

本次教材修编工作，认真贯彻“教为战”的办学思想，紧贴当前消防工作和消防部队人才培养的新需要，立足教学实际，注重学科专业体系化建设，注重对各学科知识内容的更新，特别是对前沿消防科学技术、消防理论研究成果的吸纳和应用；教材结构安排和编写体例紧紧围绕基础理论知识学习和基本操作训练，突出案例教学和实践教学，着重提高学生的专业理论水平和实际工作技能。

《火灾事故调查》是公安消防部队高等专科学校规划教材之一，由张茜担任主编。本书共七章，主要包括绪论、火灾事故调查询问、火灾现场勘验、火灾痕迹物证、火灾事故调查分析认定、火灾损失统计、火灾事故处理等内容。具体的编写分工如下：杨晨编写第一、七章；张茜编写第二章；王永辉编写第三、六章；孙旭编写第四章；戴丹妮编写第五章。张茜负责全书统稿。中国人民武装警察部队学院胡建国教授、刘义祥教授对本书的编写提出了许多宝贵的意见和建议，在此对他们表示衷心的感谢！

由于作者学识水平和实践经验有限，本书难免存在疏漏和错误之处，敬请广大读者和同行批评斧正。

作　者

2017年3月

目　录

第一章 绪 论

【学习目标】

1. 了解我国火灾事故调查工作的形势。
2. 熟悉火灾事故调查的政策方向、目的和意义以及火灾原因分类。
3. 掌握火灾事故调查的任务、组织方法、基本原则、火灾案件证据的基本知识。

伴随着我国经济的快速发展和人民生活水平的不断提高，人们的生产、生活方式也悄然发生着变化，随之诱发火灾的因素不断增多，火灾成为时刻威胁人们生命和财产安全的一种灾害。为了有效地防止和减少火灾的发生，就要查清火灾原因，研究火灾发生和发展的规律，制定切实有效的防火措施，提高人们的防火意识。

火灾事故调查是《中华人民共和国消防法》(以下简称《消防法》)赋予公安机关消防机构的一项重要职责，是一项专业性、技术性和法律性很强的工作。调查火灾原因，统计火灾损失，依法对火灾事故作出处理，总结火灾教训是火灾事故调查工作的主要任务。近年来，随着我国改革开放的深入和消防法律法规的不断健全，火灾事故调查工作取得了长足的进步和发展。

第一节 火灾事故调查的概念、意义和任务

一、火灾事故调查的概念

火灾是时间或空间上失去控制的燃烧所造成的灾害，是在生产、生活中经常会发生的事故灾害之一。通过对火灾现场的勘验、对相关人员的调查询问和技术鉴定等活动，进行分析认定火灾原因和对火灾进行处理的过程称为火灾调查。除了人为故意放火发生的火灾，大部分火灾都表现为火灾事故，在生产、生活中随机发生，这时，火灾调查又称为火灾事故调查。根据《消防法》和《火灾事故调查规定》(公安部令第 121 号)的规定，火灾事故调查由各级人民政府公安机关消防机构负责组织实施。

二、火灾事故调查的意义

火灾事故调查是消防工作的一项基础性工作，搞好火灾事故调查对于加强消防建设，提高消防工作技术水平都具有重要的现实意义和积极的作用。火灾事故调查的意义在于：

(一) 获取火灾信息

火灾事故调查是公安机关消防机构和科研单位获取火灾信息的主要来源，是进行消防

管理决策的重要依据。火灾事故调查所查明的起火原因、火灾性质、火灾损失的资料，又是进行火灾统计和分析的重要依据。通过对大量火灾信息进行统计、分析、比较，找出火灾发生的规律和特点，便于人们有针对性地采取消防安全措施，减少火灾的发生及其造成的损失。

（二）为制定消防法规、技术规范和措施等提供依据

我国制定的消防法规、技术规范和措施是在总结以往同火灾斗争经验的基础上制定的，随着经济建设和科学技术的发展，需要不断地补充、修改和完善。通过火灾事故调查获取的火灾资料，可以为制定、修改消防法规、技术规范和措施提供可靠的科学依据。

（三）为消防科研工作提供新课题

随着我国社会主义建设事业的飞速发展，新技术、新工艺、新设备、新材料、新能源等广泛应用，以及生产过程的大规模化和复杂化，消防工作出现了许多新情况、新问题。火灾事故调查工作能及时地从发生的火灾中发现这些新情况、新问题，为消防科研工作提出新的研究课题。

（四）为改进灭火手段、提高灭火效率提供新经验

通过分析火灾发展、蔓延的过程，可以重新调整灭火作战计划，增加新装备，研究新战术和采取新对策等。

（五）为防火宣传工作提供案例

火灾事故调查所积累的资料是防火宣传工作的重要素材和生动实例。通过宣传能起到教育人民群众提高消防安全意识，打击违法犯罪和加强法制建设的作用。

（六）为处理火灾责任者提供证据

通过火灾事故调查，可以及时有力地提供火灾责任者应承担什么火灾责任的证据，对于惩处火灾责任者，打击放火和渎职、失职造成火灾事故的罪犯，维护社会治安，保卫人民生命和财产的安全将起到重要作用。

三、火灾事故调查的任务

火灾事故调查的任务是指法律法规所设定的火灾事故调查机构应当承担的火灾事故调查的工作和责任。《消防法》和《火灾事故调查规定》中所规定的火灾事故调查的任务是：调查火灾原因，统计火灾损失，依法对火灾事故作出处理，总结火灾教训。

（一）调查火灾原因

公安机关消防机构通过勘验现场，调查询问，提取痕迹、物品，通过检验、鉴定和现场实验等手段收集证据材料，运用燃烧原理、火灾规律、痕迹物证等科学技术和人类认识规律，对火灾发生、发展过程进行综合分析，认定起火时间、起火部位、起火点、起火原因。

（二）统计火灾损失

火灾损失包括火灾直接经济损失和人员伤亡情况。根据《火灾事故调查规定》，受损单位和个人应当于火灾扑灭之日起七日内向火灾发生地的县级公安机关消防机构如实申报火灾直接财产损失，并附有效证明材料。公安机关消防机构应当根据受损单位和个人的申报、依法设立的价格鉴定机构出具的火灾直接财产损失鉴定意见以及调查核实情况，按照有关规定，对火灾直接经济损失和人员伤亡进行如实统计。火灾直接经济损失统计结果是公安机关消防机构总结、分析和研究火灾发生规律、特点的参考依据，不是民事赔偿或者保险理

赔的法定证据和唯一证据。受损单位和个人因民事赔偿或者保险理赔等举证需要火灾直接经济损失数额的，可以自行收集有关火灾直接损失证据，或者委托依法设立的价格鉴定机构对火灾直接经济损失进行鉴定。

（三）依法对火灾事故作出处理

公安机关消防机构应当根据火灾事故调查认定情况，依法对火灾事故作出处理。对经过调查不属于火灾事故的，公安机关消防机构应当告知当事人处理途径并记录在案。公安机关消防机构对火灾事故的处理方式主要有以下三种：

（1）刑事处罚。经过调查，涉嫌失火罪、消防责任事故罪的，按照《公安机关办理刑事案件程序规定》立案侦查；涉嫌其他犯罪的，及时移送有关主管部门办理。

（2）行政处罚。经过调查，涉嫌消防安全违法行为的，按照《公安机关办理行政案件程序规定》调查处理；涉嫌其他违法行为的，及时移送有关主管部门调查办理，如交通事故引起的火灾等事故。

（3）行政处分。经过调查，对不构成违法犯罪的有关责任人，依据有关规定应当给予处分的，公安机关消防机构应当移交有关主管部门处理。

（四）总结火灾教训

公安机关消防机构在火灾事故调查中，不仅要查明引起火灾的直接原因，还要分析造成人员伤亡以及火灾蔓延、扩大的各个因素。从火灾事故单位及人员落实消防安全职责、执行法律法规和消防技术标准情况、火灾防范措施、日常监管和火灾扑救等方面进行全面调查，分析查找在消防安全管理、技术预防措施、消防设备和火灾扑救中存在的问题，从火灾中吸取教训，为有针对性地开展消防安全工作，避免类似的事故再次发生或尽量减少损失提供依据和指导。

第二节　火灾事故调查的管辖

火灾事故调查的管辖是对各级具有法定火灾事故调查主体资格的部门调查火灾时的职权范围的划分。为了充分发挥各级火灾事故调查部门的作用，使火灾事故调查工作及时、有效地开展，我国的法律对火灾事故调查的管辖实行谁主管、谁负责的原则。按照《消防法》和《火灾事故调查规定》的规定，从火灾事故调查的形式上划分，我国的火灾事故调查采取职能管辖、属地管辖、级别管辖、指定管辖和移送管辖等多种管辖相结合的方式。

一、职能管辖

火灾事故调查由县级以上人民政府公安机关主管，并由本级公安机关消防机构实施；尚未设立公安机关消防机构的，由县级人民政府公安机关实施。公安派出所应当协助公安机关火灾事故调查部门维护火灾现场秩序，保护现场，控制火灾肇事嫌疑人。

铁路、港航、民航公安机关和国有林区的森林公安机关消防机构负责调查其消防监督范围内发生的火灾。

军事设施、矿井地下部分、核电厂的消防工作，由其主管单位管辖。军事设施发生火灾需要公安机关消防机构协助调查的，由省级人民政府公安机关消防机构或者公安部消防局调派火灾事故调查专家协助。

具有下列情形之一的，公安机关消防机构应当立即报告主管公安机关通知具有管辖权的公安机关刑侦部门，公安机关刑侦部门接到通知后应当立即派员赶赴现场参加调查；涉嫌放火罪的，公安机关刑侦部门应当依法立案侦查，公安机关消防机构予以协助：① 有人员死亡的火灾；② 国家机关、广播电台、电视台、学校、医院、养老院、托儿所、幼儿园、文物保护单位、邮政和通信、交通枢纽等部门和单位发生的社会影响大的火灾；③ 具有放火嫌疑的火灾。

二、级别管辖

一次火灾死亡 10 人以上的，重伤 20 人以上或者死亡、重伤 20 人以上的，受灾 50 户以上的，由省、自治区人民政府公安机关消防机构负责组织调查；

一次火灾死亡 1 人以上的，重伤 10 人以上的，受灾 30 户以上的，由设区的市或者相当于同级的人民政府公安机关消防机构负责组织调查；

一次火灾重伤 10 人以下或者受灾 30 户以下的，由县级人民政府公安机关消防机构负责调查。

直辖市人民政府公安机关消防机构负责组织调查一次火灾死亡 3 人以上的，重伤 20 人以上或者死亡、重伤 20 人以上的，受灾 50 户以上的火灾事故，直辖市的区、县级人民政府公安机关消防机构负责调查其他火灾事故。

仅有财产损失的火灾事故调查，由省级人民政府公安机关结合本地实际作出管辖规定，报公安部备案。

上级公安机关消防机构应当对下级公安机关消防机构火灾事故调查工作进行监督和指导。

上级公安机关消防机构认为必要时，可以调查下级公安机关消防机构管辖的火灾。

三、地域管辖

跨行政区域的火灾，由最先起火地的公安机关消防机构按照级别管辖分工负责调查，相关行政区域的公安机关消防机构予以协助。

四、指定管辖

对管辖权发生争议的，报请共同的上一级公安机关消防机构指定管辖。县级人民政府公安机关负责实施的火灾事故调查管辖权发生争议的，由共同的上一级主管公安机关指定。

五、移送管辖

公安机关消防机构经立案侦查，认为有犯罪事实需要追究刑事责任，但不属于自己管辖的案件，应当移送有管辖权的机关处理。

六、由政府组织的火灾事故调查

按照《生产安全事故报告和调查处理条例》(国务院令第 493 号)的规定，特别重大事故由国务院或者国务院授权有关部门组织事故调查组进行调查。重大事故、较大事故、一般事故分别由事故发生地省级人民政府、设区的市级人民政府、县级人民政府负责调查。省级人民政府、设区的市级人民政府、县级人民政府可以直接组织事故调查组进行调查，也可以授权或者委托有关部门组织事故调查组进行调查。未造成人员伤亡的一般事故，县级人民政府也可以委托事故发生单位组织事故调查组进行调查。

上述由各级人民政府和国务院组织的火灾事故调查中，公安机关消防机构作为调查组成员单位，参与调查工作，主要职责就是认定火灾原因。

第三节　火灾事故调查的程序

一、简易程序

（一）简易程序的适用范围

同时具有下列情形的火灾，可以适用简易调查程序：

（1）没有人员伤亡的；

（2）直接财产损失轻微的；

（3）当事人对火灾事故事实没有异议的；

（4）没有放火嫌疑的。

其中，“直接财产损失轻微的”具体标准由省级人民政府公安机关确定，报公安部备案。

（二）简易程序的实施

适用简易调查程序的，可以由一名火灾事故调查人员调查，并按照下列程序实施：

（1）表明执法身份，说明调查依据；

（2）调查走访当事人、证人，了解火灾发生过程、火灾烧损的主要物品及建筑物受损等与火灾有关的情况；

（3）查看火灾现场并进行照相或者录像；

（4）告知当事人调查的火灾事故事实，听取当事人的意见，当事人提出的事实、理由或者证据成立的，应当采纳；

（5）当场制作火灾事故简易调查认定书，由火灾事故调查人员、当事人签字或者捺指印后交付当事人。

火灾事故调查人员应当在2日内将火灾事故简易调查认定书报所属公安机关消防机构备案。

二、一般程序

（一）一般程序适用范围

适用简易调查程序以外的火灾事故应当按适用一般程序实施调查。

（二）一般程序的实施

由公安机关消防机构组织实施，调查人员不得少于两人。通过现场保护、调查询问、现场勘验、鉴定检验等对火灾事故进行认定。必要时，可以聘请专家或者专业人员协助调查。公安部和省级人民政府公安机关应当成立火灾事故调查专家组，协助调查复杂、疑难的火灾。专家组的专家协助调查火灾的，应当出具专家意见。

公安机关消防机构应当自接到火灾报警之日起30日内作出火灾事故认定；情况复杂、

疑难的，经上一级公安机关消防机构批准，可以延长30日。其中火灾事故调查中需要进行检验、鉴定的，检验、鉴定时间不计入调查期限。

三、复核程序

根据《火灾事故调查规定》的有关规定，火灾事故当事人对火灾事故认定不服的，可以依法向上一级公安机关消防机构提出复核，复核机构应当对复核申请和原火灾事故认定进行调查，并作出复核决定。

（一）申请

当事人对火灾事故认定有异议的，可以自火灾事故认定书送达之日起15日内，向上一级公安机关消防机构提出书面复核申请。对省级人民政府公安机关消防机构作出的火灾事故认定有异议的，向省级人民政府公安机关提出书面复核申请。复核申请应当载明复核请求、理由和主要证据。

当事人在申请时对检验、鉴定意见不服，申请进行重新检验、鉴定的，公安机关消防机构应当准许。为体现公开、公平、公正的原则，消除当事人的顾虑，第二次鉴定时可以召集火灾事故当事人到场，由当事人随机确定鉴定机构。

（二）受理

复核机构应当自收到复核申请之日起7日内作出是否受理的决定并书面通知申请人。有下列情形之一的，不予受理：① 非火灾当事人提出复核申请的；② 超过复核申请期限的；③ 复核机构维持原火灾事故认定或者直接作出火灾事故复核认定的；④ 适用简易调查程序作出火灾事故认定的。

公安机关消防机构受理复核申请的，应当书面通知其他相关当事人和原认定机构。

（三）调查

原认定机构应当自接到通知之日起10日内向复核机构作出书面说明，并提交火灾事故调查案卷。复核机构应当对复核申请和原火灾事故认定进行书面审查，必要时，可以向有关人员进行调查；火灾现场尚存且未变动的，可以进行复核勘验。

复核审查期间，复核申请人撤回复核申请的，公安机关消防机构应当终止复核。

（四）复核决定

复核机构应当自受理复核申请之日起30日内作出复核结论，并在7日内送达申请人、其他当事人和原认定机构。对需要向有关人员进行调查或者火灾现场复核勘验的，经复核机构负责人批准，复核期限可以延长30日。

原火灾事故认定主要事实清楚，证据确实充分，程序合法，起火原因认定止确的，复核机构应当维持原火灾事故认定。

原火灾事故认定具有下列情形之一的，复核机构应当直接作出火灾事故复核认定或者责令原认定机构重新作出火灾事故认定，并撤销原认定机构作出的火灾事故认定：① 主要事实不清，或者证据不确实充分的；② 违反法定程序，影响结果公正的；③ 认定行为存在明显不当，或者起火原因认定错误的；④ 超越或者滥用职权的。

复核机构直接作出火灾事故认定的，应当向申请人、其他当事人说明重新认定情况。复核以一次为限。

（五）重新调查

原认定机构接到重新作出火灾事故认定的复核结论后，应当重新调查，在15日内重新作出火灾事故认定。原认定机构在重新作出火灾事故认定前，应当向有关当事人说明重新认定的情况；重新作出的火灾事故认定书，自作出之日起7日内送达当事人，并告知当事人申请复核的权利，并报复核机构备案。当事人对原认定机构重新作出的火灾事故认定，可以按照《火灾事故调查规定》第35条的规定申请复核。

第四节　火灾事故调查的基本原则

火灾事故调查应当坚持及时、客观、公正、合法的原则。

一、及时性原则

火灾事故调查是一项时效性较强的工作。火灾事故案件证人关于火灾事实的记忆会随时间的流逝而遗忘，现场的痕迹物证随时间的推移被破坏、消失。因此，火灾发生后，应该及时展开火灾事故调查。

二、客观性原则

火灾现场的客观存在性，要求在火灾事故调查工作中，无论是调查询问、现场勘验、提取物证，还是制作法律文书，都要坚持客观态度，根据火灾现场的实际情况，注重证据，深入了解引起火灾的各种可能性，认真加以排除和认定，只有这样才能正确认识火灾，获得准确的调查结果和作出正确的结论。

三、公正性原则

公正包括程序公正和实体公正两方面的要求。调查程序公正的前提和基础是保障当事人必要的调查知情权。程序公正除了要求公安机关消防机构在进行火灾事故调查时，与火灾事实有利害关系的调查人员应当主动回避外，还包括公安机关消防机构在对火灾进行认定处理前，应当事先通知火灾当事人，并听取当事人对火灾事实的陈述、申辩。调查实体公正的内容包括：要求公安机关消防机构依法调查、不偏私，公平对待火灾当事人，以及合理处理火灾事故，不专断等。

四、合法性原则

火灾事故调查合法性原则主要包括调查主体合法和调查职权合法两部分内容。调查主体合法即要求公安机关消防机构能以自己的名义拥有和行使行政调查职权，并能够对调查行为产生的法律后果承担法律责任。职权合法是指火灾事故调查人员应当具备相应资格，由公安机关消防机构的行政负责人指定，负责组织实施火灾现场勘验等火灾事故调查工作，在火灾事故调查中实施的方法、手段要符合法律、法规的规定，同时，要求按照法定的程序，保证及时开展调查，收集到有效、合法的证据，提出火灾事故认定意见。

第五节 火灾事故调查的内容

一、火灾事故调查的工作内容

火灾事故调查工作是一项系统性的工作，在这个系统工作中有很多项工作内容，这些工作内容既是互相独立进行的，又是互相依赖、互相作用的。这些工作内容主要包括以下几方面：

（一）火灾现场保护

火灾现场保留着能证明起火点、起火时间、起火原因、火灾责任等的痕迹物证，这些痕迹物证容易受到人为的和自然的因素破坏。发生火灾后要把火灾现场很好地保护起来，划定现场封闭范围，设置警戒标志，禁止无关人员进入现场，对火灾现场进行保护。在调查中应当根据火灾事故调查需要，及时调整现场封闭范围，并在现场勘验结束后及时解除现场封闭。封闭火灾现场的，应当在火灾现场对封闭的范围、时间和要求等予以公告。

（二）火灾事故调查询问

火灾事故调查询问就是对与火灾有关的或知道火灾情况的人进行查访。它是展开火灾事故调查工作的第一步。通过对当事人、证人、受灾人员及周围群众的查访和对火灾责任者的询问，获取有关起火点、起火时间、起火原因、火灾责任等信息，为分析起火原因和火灾责任提供线索和证据。

（三）火灾现场勘验

火灾现场勘验就是对发生火灾的现场和一切与火灾案件有关的场所进行实地勘验，即对物的勘验。通过对火灾现场具体物品和痕迹的检验、提取、纪录、分析，研究和发现它们的成因及与火灾的关系，为分析起火原因和火灾责任提供线索和实物证据。这是火灾事故调查工作的中心环节之一，是调查每场火灾所不可缺少的工作。

（四）火灾事故调查纪录

火灾事故调查纪录是研究起火原因的重要依据之一，也是处理火灾责任者的证据之一，它主要包括火灾现场勘验笔录、现场照相、现场绘图、现场录像、现场询问笔录等。

（五）火灾物证鉴定

火灾现场上残留的能够证明起火原因、火灾责任等的证据，并不都是能够直接地或直观地作为证据的，有的需要经过有鉴定权的单位或专家进行鉴定，鉴定结论才能作为法定的证据。

（六）统计火灾损失

根据受损单位和个人的申报、依法设立的价格鉴证机构出具的火灾直接财产损失鉴定意见以及调查核实情况，按照《火灾损失统计方法》(GA 185—2014)，对火灾直接经济损失和人员伤亡情况进行如实统计。

（七）认定起火原因和分析灾害成因

火灾事故调查人员要从现场勘验、调查访问、物证鉴定等获取的线索、资料、证据进行综合分析和研究，通过分类排队、比较鉴别，排除来源不实、似是而非的材料，对查证属实的因素、条件和证据进行科学的分析和推理，进而认定起火原因。

对较大以上的火灾事故或者特殊的火灾事故，公安机关消防机构应当开展消防技术调查，形成消防技术调查报告，逐级上报至省级人民政府公安机关消防机构，重大以上的火灾事故调查报告报公安部消防局备案。

（八）火灾事故认定

公安机关消防机构应当根据现场勘验、调查询问和有关检验、鉴定意见等调查情况，作出火灾事故认定，制作《火灾事故认定书》。

《火灾事故认定书》自作出之日起 7 日内送达当事人，并告知当事人申请复核的权利。无法送达的，可以在作出火灾事故认定之日起 7 日内公告送达。公告期为 20 日，公告期满即视为送达。

（九）火灾事故处理

根据火灾事故调查获取的证据，依照有关的法律、法规的规定，对火灾事故作出处理。涉嫌失火罪、消防责任事故罪的，按照《公安机关办理刑事案件程序规定》立案侦查；涉嫌其他犯罪的，及时移送有关主管部门办理；涉嫌消防安全违法行为且尚未构成犯罪的，按照《公安机关办理行政案件程序规定》调查处理；涉嫌其他违法行为的，及时移送有关主管部门调查处理；依照有关规定应当给予处分的，移交有关主管部门处理。对经过调查不属于火灾事故的，告知当事人处理途径并记录在案。

二、火灾事故调查应当查明的案件事实

查明火灾原因是火灾事故调查工作的首要任务。一起火灾的发生，是多种因素共同作用的结果。在调查火灾原因中应重点查明如下情况：

（一）起火时间

起火时间是火灾过程中起火物发出明火的时间，对于自燃、阴燃则是发热、发烟量突变的时间。引火时间是指将火源接触可燃物的时间，此时可燃物可能立即燃烧，还可能过一段时间才能燃烧。所以起火时间和引火时间是两个不同的概念。

人们发现火灾，通常是看到浓烟，甚至火焰蹿出门窗或屋顶时才意识到发生火灾的，这是发现起火的时间。它与实际的起火时间通常有一段时间间隔，因为从开始着火到成为火灾有一个过程。例如一个烟头掉到易燃物上，到发生有火光的燃烧需要几十分钟，有时甚至几个小时。所以不要把引火时间、起火时间和发现起火的时间混淆。

确定起火时间的目的是帮助区分火灾的性质和划定调查范围。如果存在人为因素，就要以确定的时间为基础，采用定人、定时、定位的方法进行查证，以便从中发现可疑线索。有的火灾确定起火时间比较困难，这就要求调查人员认真听取群众的反映，细致分析、推算起火时间，必要时还应恢复起火前现场局部的原貌，进行模拟试验。

（二）起火部位和起火点

起火点是指最先开始起火的具体位置。在火灾现场勘验中对这个位置究竟按多大范围确定，目前尚没有标准，也很难作出规定。火灾事故调查人员总想把起火点的范围压缩得越小越好，事实上由于火灾现场的复杂性而很难做到。起火部位是包含起火点的大致的局部范围。对查清起火原因来说，不管是起火点还是起火部位，都具有同样的意义。

火灾事故调查的实践证明，起火点是认定起火原因的出发点和立足点，及时准确地判定起火点是尽快查明起火原因的基础。目前无论是国内还是国外，都公认在调查火灾原因和

现场勘验中，一般首先发现和确定起火点，然后在此基础上再确定起火源和首先着火物质，进而准确查明起火原因。

火灾现场勘验中究竟把起火点确定为多大范围为宜，主要由火灾现场的客观情况来决定。一般燃烧痕迹比较集中，残痕特征比较清楚，能够看出火源的位置和火势蔓延方向，起火点的范围可压缩得小些；相反，则大些。

（三）起火前的现场情况

查明起火前的现场情况的目的是为了从起火前和起火后现场情况相对照的过程中发现可疑点，找出可能引起火灾的因素。主要应查明以下几方面情况：

1. 建筑物的平面布置

建筑物的耐火等级，每个车间、房间的用途，车间内设备及室内陈设情况等。查清这些情况是为了研究这个建筑物起火后可能产生的特点。例如哪些地方可能成为火灾的蔓延途径，哪些地方可能遭到严重破坏。如果房间内存有机密文件或大宗钱财，并且此房间烧得特别严重，可提出放火的可能。

2. 火源、电源情况

对火源所处的部位以及与可燃材料、物体的距离，有无不正常的情况，是否采取过防火措施；敷设电源线路的部位，电线是否合格、是否超过使用年限，有无破旧漏电现象，负荷是否正常，近期检查修理情况；机械设备的性能、使用情况和发生过的故障都应了解清楚，以便推断出可能引起着火的物质和设备。

3. 储存物资情况

要了解起火房间或库房内是否存有互相抵触的化学物品或自燃性物品；可燃物品与电源、火源的接触情况；库内通风是否良好，温度、湿度是否适当，仓库是否漏雨雪等。

4. 有关防火安全规定、操作规程等情况

发生火灾的单位有无防火安全规定、操作规程等，实际执行情况如何，有关制度规程是否与新工艺、新设备相适应。

5. 曾经发生火灾的情况

以前是否发生过火灾，在什么地点、因什么原因发生火灾，事后采取过什么措施。

6. 有哪些不正常现象

有无灯光闪动、异响、异味、升温和机械运转不正常等现象。

（四）火灾后现场情况

（1）起火时气象条件及火势蔓延方向；

（2）遭受火灾破坏比较严重的部位及周围的情况；

（3）现场上有哪些与火灾有关的痕迹和物证；

（4）当事人或其他人中有无反常现象。

（五）灭火行动对现场的影响

灭火行动往往对火灾现场产生很大的影响，尤其是灭火中的疏散财物、抢救人员和破拆将使火场的面貌发生很大的变化。为了对火灾现场有一个正确全面的认识，必须弄清灭火的全部过程，并分析灭火措施对火场产生的影响。

（六）群众对火灾发生的反映

本单位的职工、附近的群众对发生火灾的场所比较熟悉，他们对有关火灾发生的反映常常可提供很多可参考的线索，收集他们的反映，对查明火灾原因、火灾责任有很大的帮助。但由于每个人接触的面所限，所以群众的反映有时会有不准确的成分。因此，调查访问时，一方面要听取群众的反映，同时也要结合其他材料进行全面分析印证。

第六节 火灾案件证据

火灾案件证据是认定起火原因、火灾性质，明确火灾责任，处理火灾责任者的依据，同时又是教育群众、制定有效防火措施的依据。《中华人民共和国刑事诉讼法》（以下简称《刑事诉讼法》）第四十八条指出："可以用于证明案件事实的材料，都是证据"。对于火灾案件来说，凡是能够证明火灾案件真实情况的一切事实都是证据。

一、火灾案件证据的特征

火灾案件证据必须具有客观性、关联性和合法性的特征。

（一）客观性

火灾案件证据必须是客观存在的事实。一切没有经过调查核实的材料，如想象、推测、分析、猜疑、听说或无根据的流言等，都不能作为证据。客观性是证据的首要属性或根本特征。不论是由于故意、过失还是自然因素造成的火灾事故，总是在一定的时间、地点、范围和条件下发生的，不可避免地会与周围的事物发生联系或产生影响，必然会客观地留下燃烧痕迹、残留物，火灾责任者的行为也必然会给第三者的头脑中留下各种印象，这些都是客观存在的事实。因此，提取证据时必须深入开展调查研究，认真进行现场勘验、调查访问和鉴定证据，去伪存真、去粗取精，保持证据的客观性、真实性。

（二）关联性

证据的关联性是指证据与事件事实之间存在的一定程度的联系，这种联系是客观而不是主观的。这种关联性可表现为因果联系、时间联系和空间联系、偶然联系和必然联系、直接联系和间接联系、肯定联系和否定联系等。火灾案件证据必须是同案件有关联，能起到证明作用的事实。一切与火灾案件有关的客观事实都可作为证据。例如，起火时间、起火点、燃烧痕迹、发火物残体、火灾损失等。凡是与案件有关的人证、物证、书证等都应收集。反之，与证明火灾事故无关的材料，即使是真实无误的，也不能作为火灾事故的证据。

证据与案件事实有一定关系的这个特征，又可称之为证明能力（或称为证明力）。证据的证明能力，是指证据对案件事实是否具有证明作用和作用的大小。显然，证据与案件事实关联性越大，则证据的证明能力就越大。证据的证明能力与证据的关联性是有关系的，没有关联性的证据，也肯定没有证明能力。

（三）合法性

搜集火灾案件证据具有很强的法律性，火灾案件证据必须是合法的调查人员按照合法的程序收集来的事实。消防监督机构是调查处理火灾案件的法定机关。在调查时，如有需要可以询问和火灾有关的所有人员，在现场勘验时必须有两人以上的见证人在场。在询问证人时要坚持单独询问的原则，无关人员不要在场等。否则，即使事实发现了，也不能作为认定火灾原因、处理火灾事故的依据，即不具有法律效力。

二、火灾案件证据的作用

（一）证据能证明起火原因

对起火原因的准确认定是能否正确调查处理火灾案件的关键一步，所以必须以查证属实、确凿可靠的证据来证明起火原因。

（二）证据能确定火灾性质和认定火灾责任

任何火灾的发生都有因果关系，一场火灾是放火、失火还是自然火灾，只有在确凿的证据证明下才能认定。火灾责任者在火灾的发生上应当承担刑事责任、民事责任还是行政责任，也要有充分的证据才能确定。

（三）证据是处理火灾责任者的依据

对火灾责任者处理时，无论是刑事处罚、民事制裁还是行政处分，必须有充分确凿的证据作为依据，否则司法机关、消防监督机构和发生火灾的单位不能随便处理。公安机关消防监督机构在处理火灾案件中，必须提供查证属实、充分可靠的证据。

三、火灾案件证据的法定形式

证据的法定形式，又称证据种类，是指表现证据事实内容的各种外部表现形式。证据的种类由法律规定，公安机关消防机构承办的火灾案件性质不同，适用的证据类别和要求也有差异。

《刑事诉讼法》中规定，证据有八种：物证；书证；证人证言；被害人陈述；犯罪嫌疑人、被告人供述和辩解；鉴定意见；勘验、检查、辨认、侦查实验等笔录；视听资料、电子数据。

《中华人民共和国行政诉讼法》（以下简称《行政诉讼法》）中规定，证据有八种：书证；物证；视听资料；电子数据；证人证言；当事人的陈述；鉴定结论；勘验笔录、现场笔录。

《公安机关办理刑事案件程序规定》中规定，证据有八种：物证；书证；证人证言；被害人陈述；犯罪嫌疑人供述和辩解；鉴定意见；勘验、检查、侦查实验、搜查、查封、扣押、提取、辨认等笔录；视听资料、电子数据。

《公安机关办理行政案件程序规定》中规定，证据有七种：书证；物证；被侵害人陈述和其他证人证言；违法嫌疑人的陈述和申辩；鉴定意见；勘验、检查、辨认笔录，现场笔录；视听资料、电子数据。

公安机关消防机构在调查火灾及办理案件过程中，火灾性质不同，则适用的证据种类不同。办理消防刑事案件，证据的种类适用《刑事诉讼法》的规定；办理消防行政案件则适用《行政诉讼法》和《公安机关办理行政案件程序规定》的规定。

（一）物证

物证是指以其内在属性、外部形态、空间位置等客观存在的特征证明案件事实的实物物体和痕迹。任何火灾案件在发生过程中都会对周围环境产生影响，留下物品或痕迹，这些物品或痕迹就成了证明案件事实的物证。火灾事故调查人员就是通过收集这些物证去查明或证明案件事实的。物证具有很强的客观性，是鉴别其他证据真伪的重要手段。

物证的内在属性，指的是物体的物理属性、化学成分和内部结构等。如金属物体的弹性、金相组织结构变化情况和金属表面氧化情况能够证明火灾现场曾经经历的温度，进而推断出火灾蔓延的方向，最终确定起火点。

物证的外部形态，指物证大小、形状、颜色、光泽和图案等。如，在起火点处提取的导线其断口处的形状可证明某种事实：是火灾现场高温还是电弧作用导致金属导线熔断。

物证的空间位置，指物证所处的位置、环境、状态及与其他物体的相互关系等。如确定燃烧痕迹的空间位置，来确定火灾蔓延方向起证明作用。

痕迹是指一个物体在一定力的作用下在另一个物体的表面留下的自身反映形象。这种痕迹若能证明案件某种事实，也可以成为一种证据，我们称之为痕迹物证。火灾中常见的痕迹物证有燃烧痕迹、烟熏痕迹、摩擦痕迹、电蚀痕迹、受热痕迹、炭化痕迹、电熔痕迹等。

（二）书证

书证是指以文字、符号和图形等方式所记载的内容或表达的思想来证明火灾案件事实的书面文件或其他物品。书证具有书面形式，这是书证在形式上的基本特征。如火灾事故调查中常见的现场值班人员的值班记录、工厂生产车间记录生产过程的各种数据、火灾自动报警系统的记录清单、119消防指挥中心的接警记录、火灾单位研究消防问题的会议记录、业主与租户关于消防安全责任的合约、公安机关消防部门发出的《责令限期改正通知书》、《复查意见书》、消防行政处罚的有关文书、火灾损失统计表、人员死亡证明材料、防火责任人任命书以及反映犯罪嫌疑人身份和年龄的身份证、户口本等，都属于书证。

书证虽然是实物，但它不属于物证。书证是以记载的内容来证明案件事实，而物证则是以物品的自然属性或外部形态起证明作用。

书证一般不是当事人为调查火灾而形成的，它是在调查人员开始进行调查活动前，并伴随着事件发生过程形成的，这也是书证与证人、当事人和鉴定人等提供的书面证明材料的主要区别。

（三）视听资料、电子数据

视听资料、电子数据，是指以录音录像或电子计算机储存的以及其他科技设备与手段所提供的有关信息。视听资料具有高度的准确性和逼真性，可以直观、动态地证明案件事实，可以直接证明火灾事实的多个要素。但视听资料是由人制作的，也有可能被用以制作伪证，因此要对其真实性进行审查核实。火灾事故调查中常见的视听资料、电子数据有：火灾现场及周边的监控录像、现场勘验时的录像、涉及报警时间的通信数据等。

（四）证人证言

证人是指知晓有关案件情况而向调查人员陈述案情的人。证人只能是了解案情、能够辨别事物并能正确表达的公民个人，单位不能作为证人。精神病患者等不能正确表达意思的人不能作证，对于精神状态、理解力尚未完全成熟的儿童，应根据其心理发育程度以及证明事实的难易程度，具体决定是否能够作证。

证人证言是知晓案件有关情况的证人就其感知的事实向调查人员所作的陈述。证人证言有口头和书面两种形式，一般是以口头陈述为主，必要时调查人员也可以要求证人提供书面证词。调查人员在询问证人时应该制作笔录，或者录音、录像。证人提供书面证词一般应由证人自己书写。

证人证言具有较强的主观性，与物证、书证相比，证人证言极易受到人的主观因素的影响。分析证人证言从感知、记忆和陈述等三个阶段的形成过程，即便完全排除外人对他的影响，证人的主观因素也会对其证言产生一定的影响，致使其可能失真、失实。

（五）当事人的陈述

当事人是指与火灾认定(即起火原因认定和火灾责任认定)有直接利害关系,未达到违法或犯罪的程度,但可能要承担火灾民事责任的人。如起火单位的业主、发生电器故障而引发火灾的电器生产厂家等,都是本节所指的当事人。

当事人的陈述是指当事人以口头或书面的形式就与火灾有关事实、情节和自己的行为向公安机关消防机构调查人员所作的陈述。

当事人不同于证人,证人是知道火灾情况的局外人,其证言有相当的真实性,而当事人由于他所处的地位,决定了他虽然比证人更了解火灾事实的某些真相,但他与起火原因或责任认定的直接利害关系,又使他不愿意如实陈述火灾事实。

当事人也不同于违法或犯罪嫌疑人,违法或犯罪嫌疑人面临着法律的惩罚,其陈述虚假的可能性很大,而当事人面临的主要是火灾的民事责任,虽然其可能不愿如实陈述,但又不敢公然作伪证。所以通过讲清道理和利害关系,当事人又可能作如实(或部分如实)的陈述。

（六）违法嫌疑人的陈述和申辩

违法嫌疑人是指经公安机关消防机构收集到一定证据证明其有违反消防法律法规嫌疑,并拟追究其行政责任的人。违法嫌疑人的陈述和申辩是指在办理行政案件中违法嫌疑人以口头或书面的形式,就有关火灾事实和自己的行为向公安机关消防部门所作的说明、辩解。

一般来讲,违法嫌疑人是最了解案件情况的人,其对火灾发生过程的陈述或对调查人员质询的申辩对查明火灾发生、发展的经过具有重要价值。但是,违法嫌疑人的行为与火灾责任有因果关系,对火灾责任的处理也与其有直接的切身利害关系,违法嫌疑人可能会避重就轻,作虚假陈述,或者陈述真假混杂,需要进行严格的审查判断。

（七）犯罪嫌疑人供述和辩解

犯罪嫌疑人供述和辩解,是指在公安机关消防部门办理消防刑事案件过程中,涉嫌失火罪或消防责任事故罪的嫌疑人在刑事诉讼过程中,就与火灾案件有关的事实向公安机关消防机构调查人员所作的陈述。一般表现为犯罪嫌疑人接受调查人员讯问,由调查人员根据讯问内容制作的讯问笔录。经调查人员许可,犯罪嫌疑人也可以亲笔书写的书面方式提供供述和辩解。

犯罪嫌疑人是最了解案件情况的人,其真实供述有可能全面反映案件事实情况,公安机关消防机构调查人员能够据此了解案件的全貌,有利于案件的调查。但是,为了逃避惩罚或减轻罪责,犯罪嫌疑人供述可能会隐瞒罪行、避重就轻,作虚假陈述,或者狡辩抵赖、编造谎言。所以,犯罪嫌疑人供述和辩解往往有真有假,真假混杂,而且是虚假的可能性最大。应当对犯罪嫌疑人供述和辩解进行严格的审查判断。

（八）鉴定意见、检测结论

鉴定意见是指由鉴定人运用自己的专业知识对案件中某些专门技术性问题所作的分析、鉴别和判断。检测结论是公安机关专业技术部门通过对可疑物质进行分析化验,得出被检验物的成分、含量等结论。在火灾事故调查中,调查人员提取到导线熔痕,要进行技术鉴定;现场勘验中提取到的可疑物品是否含有易燃物,要进行检测。所以鉴定意见、检测结论是公安机关消防机构调查火灾中经常使用到的一种证据,它是认定起火原因、案件性质的重要依据和手段。

在火灾事故调查中，鉴定意见、检测结论的获取，主要是公安机关消防机构调查人员通过勘验、检查、搜查和调取等手段收集物证、书证，委托有资质的鉴定、检测机构进行鉴定、检测后获取的。违法嫌疑人或者受害人对鉴定结论有异议的，可以提出重新鉴定的申请，经县级以上公安机关负责人批准后，进行重新鉴定。

（九）勘验、检查笔录

勘验、检查笔录是指公安机关消防机构调查火灾和办理消防刑事案件时，调查人员对与火灾有关的物品、人身及场所进行勘验、检查所作的客观记录。火灾现场的勘验记录主要由《火灾现场勘验笔录》、现场图、现场照片、现场录像、录音等组成；对可能隐藏违法（或犯罪）嫌疑人或证据的场所进行检查的，制作检查笔录。

勘验、检查笔录不同于鉴定意见。鉴定意见是公安机关消防机构委托鉴定人就案件中的特定问题提出的判断性意见，而勘验、检查笔录是调查人员在勘验、检查过程中所作的客观记录。

勘验、检查笔录不同于书证。虽然勘验、检查笔录是以其记载的内容证明一定的案件事实，类似于书证，但它是在案件发生后，由公安机关消防部门调查人员对勘验、检查所见而作的一种纪实性的诉讼文书，所以又不同于书证。

勘验、检查笔录不同于物证。勘验、检查笔录虽然记载现场、物品、人身和尸体等情况，并附加绘图、照片等，使物证的某些情况得以固定，但它并不是物证本身。

四、火灾案件证据的收集

火灾事故调查中的收集证据，是公安机关消防部门调查人员依照法定的程序，发现证据，收取证据，固定证据的活动。收集证据包括发现证据和提取证据，它是证据调查工作的核心内容。

（一）火灾案件证据收集的原则

1. 依据法定程序收集证据的原则

调查人员必须依据法律法规规定的各项程序收集证据。法律法规对每种证据的收集都规定了严格的程序，在收集过程中都必须遵守，否则，非法获取的证据就没有证据效力。如对犯罪嫌疑人讯问时，调查人员不得少于两人，讯问前要告知犯罪嫌疑人的权利和义务，讯问笔录要犯罪嫌疑人签名或盖章等，这些程序在讯问时都必须遵守。

2. 收集的证据必须具有合法性的原则

收集的证据必须具有合法性，不具有合法性的证据，不能作为定案的依据。证据的合法性体现在三个方面：收集证据、提供证据的主体合法；证据的形式合法，即证据的种类必须符合法定的形式；获取证据的手段合法。

（二）火灾案件收集证据的具体方法

火灾事故调查中的证据有物证，书证，视听资料，证人证言，当事人陈述，违法嫌疑人的陈述和申辩，犯罪嫌疑人供述和辩解，鉴定、检测结论，勘验、检查笔录等。由于这些证据的特点不同，收集方法和程序也不尽相同。

1. 物证的收集

调查人员发现所需物证后，应尽快将其提取为证据。物证的提取，就是通过采取合理的方法和科学的技术手段将物证固定、提取为证据，确保物证不发生变形或者毁损，保持其原有的物质特征不变。可以用以下几种方法提取：

(1) 笔录提取

笔录提取，即通过文字记录的形式来固定、提取物证。适用于不易实物提取的物证（特别是火灾燃烧痕迹物证）。其表现形式有现场勘验笔录、检查笔录。笔录提取除了用文字记录方式记载外，一般还配以照相、绘图等，使物证的特性得以更好地表现。

(2) 照相、摄像提取

即通过照相、摄像的方法摄取物证的影像，对其进行固定。照相、摄像提取法适用于各种物证。

(3) 实物提取

直接提取与案件有关的物品，适用于体积不大的物证、痕迹载体以及以物质的内在属性（如物体成分、内在结构等）为证明内容的物证。

(4) 复制提取

复制提取就是通过复制方式提取证据。对于物证，比较多地使用模型提取。即通过倒模成型等方式来复制、提取各种印压痕迹。

2. 书证的收集

书证的收集主要是公安机关消防部门调查人员通过勘验、检查、搜查、扣押和调取等方法来进行。书证的收集方法与物证收集的方法相同，可参考本章关于物证收集的内容。

书证的收集应注意的是要尽可能收集原件，收集原件有困难的，还可采用以下方法：

(1) 照相、摄像收集

将书证的内容采用照相、摄像的方法予以固定。

(2) 复印、抄录收集

将不便提走的书证进行复印、抄录。

收集的书证不是原件的，调查人员应当在收集书证清单上注明出处，并由该书证原件持有人核实并签名、盖章或者捺指印。

3. 视听资料的收集

收集视听资料，调查人员可采取检查、搜查、扣押、登记保存和调取等方法向有关单位或个人收集、保存有相关信息的录音、录像磁带和计算机储存器等原始载体。收集视听资料证据的方法与收集物证的方法基本相同，可参看物证的收集。

收集、调取视听资料应当调取原始载体。取得原始载体确有困难的，可以调取副本或者复制件，并同时附有不能调取原始载体的原因、复制过程以及原始载体存放地点的说明，并由复制件制作人和原视听资料持有人签名、盖章或者捺指印。

对于可以作为证据使用的视听资料的载体，应当在有关笔录（如检查、搜查笔录等）中记载案件名称、案由、对象、内容，录取、复制的时间、地点、规格、类别、应用长度、文件格式及长度等，并妥为保管。

由于载体的特殊性，调取到视听资料后，应妥善保存，防止被他人剪辑、删节或意外灭失等。

4. 证人证言的收集

公安机关消防部门调查人员收集证人证言一般是通过对证人进行口头询问，并以询问笔录予以固定。以口头询问的方式收集证言，主要是为了随时向证人提出问题，弄清证人了解了哪些案件事实、情节及其感知的过程，还可以使证言中不清楚或矛盾的地方及时得到澄清。当然，根据《刑事诉讼法》，证人要求书写证言的，应当准许。必要时，调查人员也可以要求证人亲笔书写证言。

5. 当事人陈述的收集

对于当事人的陈述这一证据的收集，可通过对当事人询问进行。收集的方法与证人证言的收集相同。

6. 违法嫌疑人陈述和申辩的收集

对违法嫌疑人的陈述和申辩这一证据的收集可采取询问的方式进行。在询问过程中要注意程序和方法，以使证据具有合法性，还要充分听取违法嫌疑人的申辩，可以使调查人员兼听则明，以利于查明案件事实。在询问过程中严禁刑讯逼供和以威胁、引诱、欺骗或者其他非法手段收集证据。

7. 犯罪嫌疑人供述和辩解的收集

对犯罪嫌疑人供述和辩解这一证据的收集一般可采取讯问的方式进行。由于涉及犯罪嫌疑人的权利和义务，所以在讯问过程中要严格遵守法定的程序，严禁刑讯逼供和以威胁、引诱、欺骗或者其他非法手段收集证据。

8. 鉴定意见、检测结论的获取

在火灾事故调查中，调查人员收集到的物证、书证，委托有资质的鉴定、检测机构进行鉴定、检测后获取鉴定意见、检测结论。调查人员所收集的物证、书证，没有必要都进行鉴定或检测，只有认为它具有某种证明作用，而调查人员又限于技术水平和设备条件的限制无法了解其证明作用时，才需送有关专业技术部门进行鉴定或检测。

鉴定程序的合法性对于鉴定意见、检测结论是否合法具有非常重要的作用，不合法的鉴定意见、检测结论不能作为定案的依据。物证鉴定的程序应包括一系列的从现场提取、送到鉴定部门、鉴定部门使用科学的方法得到鉴定意见的所有过程。

9. 勘验、检查笔录的制作

调查人员对火灾场所进行勘验的，制作勘验笔录；对可能隐藏违法（或犯罪）嫌疑人或证据的场所进行检查的，制作检查笔录。检查笔录的制作与勘验笔录的制作方法基本相同，可参考勘验笔录的制作。

五、火灾案件证据的运用

在火灾事故调查中，公安机关消防机构调查人员收集齐全部证据后，运用科学的方法，通过运用证据，使火灾事实的真相得以查明，认定火灾事实，查明起火原因、火灾责任，以及消防刑事案件犯罪嫌疑人有罪无罪、罪轻罪重和是否应当负刑事责任。

证据的运用必须遵守一定的规则，才能准确、合法地证明案件事实。与火灾事故调查有关的运用证据规则主要有以下几类：

（一）证据排除规则

在证据调查中收集证据，必须符合法律的规定。以违反法律禁止性规定或者侵犯他人合法权益的方法取得的证据，不能作为认定案件事实的依据。下列证据材料不能作为定案依据：① 严重违反法定程序收集的证据；② 以偷拍、偷录、窃听等手段获取侵害他人合法权益的证据；③ 以利诱、欺诈、胁迫、暴力等不正当手段获取的证据；④ 当事人无合法理由超出法定期限提供的证据；⑤ 当事人无正当理由拒不提供原件、原物，又无其他证据印证，且公安机关消防机构难以辨认的证据的复制件或者复制品；⑥ 被当事人或者他人进行技术处理而无法辨明真伪的证据；⑦ 不能正确表达意志的证人提供的证言；⑧ 不具备合法性和真实性的其他证据。

（二）优势证据规则

在运用多个证据证明同一案件事实要素，如果证据证明的内容有冲突，除了应审查判断其矛盾之处、矛盾的原因外，还可以采取优势证据规则对证据进行选择。证明同一事实的数个证据，其证明效力一般可以按照下列情形分别认定：

（1）国家机关以及其他职能部门依职权制作的公文书证优于其他书证；

（2）鉴定意见、现场笔录、勘验笔录、档案材料以及经过公证或者登记的书证优于其他书证、视听资料和证人证言；

（3）原件、原物优于复制件、复制品；

（4）法定鉴定机构的鉴定意见优于其他鉴定机构的鉴定意见；

（5）原始证据优于传来证据；

（6）其他证人证言优于与当事人有亲属关系或者其他密切关系的证人提供的对该当事人有利的证言；

（7）公安机关消防机构通过直接询问取得的证人证言优于违法嫌疑人、被侵害人提供的证人证言；

（8）数个种类不同、内容一致的证据优于一个孤立的证据。

（三）不能单独作为定案依据的证据规则

办理行政案件时，为了提高行政效率，有时一两个证据就可以定案。哪些证据可以单独作为定案的依据，法律并没有明确规定，法律只规定了不能单独作为定案依据的证据。下列证据不能单独作为定案依据：

（1）未成年人所作的与其年龄和智力状况不相适应的证言；

（2）与一方当事人有亲属关系或者其他密切关系的证人所作的对该当事人有利的证言，或者与一方当事人有不利关系的证人所作的对该当事人不利的证言；

（3）难以识别是否经过修改的视听资料、电子数据；

（4）无法与原件、原物核对的复制件或者复制品；

（5）有改动，当事人有异议的证据；

（6）其他不能单独作为执法根据的证据。

（四）免证规则

案件事实一般都需要用证据加以证明的，但有些事实则是无须证明的，下列事实公安机关消防机构可以直接认定：

（1）自然规律及定理；

（2）众所周知的事实；

（3）已经依法证明的事实；

（4）按照法律规定推定的事实；

（5）根据日常生活经验法则推定的事实；

（6）生效的人民法院裁判文书或者仲裁机构裁决文书确认的事实。

但是,当事人对以上所述(2)、(3)、(4)、(5)有相反证据足以推翻时,不能直接认定。

第七节 火灾和火灾原因分类

查清火灾和火灾原因的类别是火灾事故调查工作的目的和任务之一,也是认定火灾性质、处理火灾责任者和责任单位的依据之一。此外,在进行火灾统计、消防科学研究、学术交流、教学及其他消防工作中往往需要采用不同的分类方法和从不同角度调查火灾与起火原因。因此,在进行火灾事故调查时应根据所查明的线索和证据,正确对所调查的火灾和所查明的起火原因的类别进行划分。

一、火灾的分类

(一) 根据损失情况分类

根据公安部规定,火灾按照损失情况分为四类:特别重大火灾、重大火灾、较大火灾和一般火灾。

特别重大火灾是指造成 30 人以上死亡,或者 100 人以上重伤,或者 1 亿元以上直接财产损失的火灾。

重大火灾是指造成 10 人以上 30 人以下死亡,或者 50 人以上 100 人以下重伤,或者 5 000万元以上 1 亿元以下直接财产损失的火灾。

较大火灾是指造成 3 人以上 10 人以下死亡,或者 10 人以上 50 人以下重伤,或者 1 000 万元以上 5 000 万元以下直接财产损失的火灾。

一般火灾是指造成 3 人以下死亡,或者 10 人以下重伤,或者 1 000 万元以下直接财产损失的火灾。(注:“以上”包括本数,“以下”不包括本数。)

(二) 根据物质燃烧特性分类

根据《火灾分类》(GB/T 4968—2008),依据可燃物的类型和燃烧特性,将火灾分为 A、B、C、D、E、F 六类。

A 类火灾:指固体物质火灾。这种物质通常具有有机物质性质,一般在燃烧时能产生灼热的余烬。如木材、煤、棉、毛、麻、纸张等火灾。

B 类火灾:指液体或可熔化的固体物质火灾。如煤油、柴油、原油、甲醇、乙醇、沥青、石蜡等火灾。

C 类火灾:指气体火灾。如煤气、天然气、甲烷、乙烷、丙烷、氢气等火灾。

D 类火灾:指金属火灾。如钾、钠、镁、铝镁合金等火灾。

E 类火灾:带电火灾。物体带电燃烧的火灾。

F 类火灾:烹饪器具内的烹饪物(如动植物油脂)火灾。

(三) 根据火灾发生的场所分类

根据火灾发生的场所,可以将火灾分为化工火灾、建筑火灾、隧道火灾、森林火灾、公众聚集场所火灾、船舶火灾等。

二、火灾原因的分类

火灾原因的分类方法很多,不同的国家有不同的方法。我国目前主要从火灾统计和火灾事故调查的角度进行分类。

(一) 从火灾统计的角度分类

现行的火灾统计方法中将火灾分为放火、电气、违章操作、用火不慎、吸烟、玩火、自燃、雷击、原因不明、其他等十类。

(二) 从火灾事故调查的角度分类

由于火灾性质不同,社会危害程度不同,调查的主体不同,对火灾事故的处理方式不同,在火灾事故调查中,将火灾原因分为放火、失火和意外火灾。

1. 放火

放火是指行为人为达到个人的某种目的,在明知自己的行为会引起火灾的情况下,希望或放任火灾结果发生的行为。精神病人在不能辨认或不能控制自己行为时的放火除外。

放火是一种严重危害公共安全的故意犯罪行为,属于刑法严厉打击的范畴。根据放火的原因和目的可以将放火分为:政治目的的放火、为掩盖犯罪事实的放火、报复放火、为经济利益放火、自杀放火、精神病人放火、变态狂放火等。

2. 失火

失火是指行为人应当能预见到自己的行为可能引起火灾,但由于疏忽大意而没有预见;或者已经预见到但由于过于自信,轻信能够避免;或者不负责任、玩忽职守,以致火灾发生。失火是最常见的火灾,在火灾类别中占有相当大的比例,也是火灾事故调查工作查处的重点。这类火灾大多是由于用火不慎、管理不当,电气设备安装或使用不当,违反安全操作规程等因素所致。

3. 意外火灾

意外火灾是指由于不可抗拒或者不能预见的原因所引起的火灾。不可抗拒的火灾是指由于人类所不能控制的原因,如地震、海啸、雷击等自然灾害引起的火灾。不能预见的火灾是指由于人们在生产、生活和科研过程中未曾经历过或未掌握其规律而无法预见的火灾。

另外,也有从起火物的类型、起火源、起火原因分类的,此处不再赘述。

思 考 题

1. 火灾事故调查中哪些情形可适用简易程序? 简易程序的适用程序是什么?
2. 火灾事故调查的基本原则有哪些?
3. 火灾事故调查的主要任务是什么?
4. 火灾事故调查应当查明的案件事实有哪些?
5. 火灾案件证据有哪些特征?
6. 火灾按损失情况如何分类?
7. 火灾事故认定复核的程序是什么?

第二章　火灾事故调查询问

【学习目标】

1. 了解火灾事故调查询问的特点和作用。

2. 熟悉火灾事故调查询问的对象及询问内容、对重点询问对象的心理分析、言词证据的审查方法。

3. 掌握火灾事故调查询问的原则、询问的程序和基本要求、询问笔录的制作方法。

第一节　概　　述

火灾事故调查询问是指火灾事故调查人员根据调查需要，深入发生火灾的单位、起火场所及有关联的部门，向发现、扑救火灾人员，熟悉起火场所、部位和生产工艺人员，火灾肇事嫌疑人和被侵害人等知情人员了解发生火灾情况的行为，是火灾事故调查的主要工作内容之一。

一、火灾事故调查询问的特点

火灾事故调查询问的特点是调查活动在火灾案件发生之后进行，整个调查过程是一种回溯的逆推理过程，即从火灾结果推向起火原因。火灾现场调查询问可能贯穿于火灾事故调查工作的始终，它的目的是为火灾现场实地勘验提供线索，同时验证实地勘验所收集的痕迹和物证。因此，火灾现场调查询问通常在火灾现场实地勘验前就开始，并且同火灾实地勘验交错进行，也可根据火场实际情况以及勘验力量的配备情况与实地勘验同时进行。

火灾事故调查的客观依据是具体现场上的痕迹、物证及与火灾有关的人员所能提供的火灾信息。火灾的破坏性和隐蔽性决定着调查询问在火灾事故调查中的独特作用。火灾燃烧对现场的毁灭作用和灭火行动中对物态的破坏作用，导致现场遗留的痕迹和物证复杂难辨，物态变化较大，因果关系不明了。这就需要火灾事故调查人员充分利用火灾现场暴露性的特点，通过调查询问，发掘火灾在当事人和周围群众脑海中所留下的“痕迹”，再现火灾发生和发现的过程，了解起火时间、起火点、火灾蔓延过程及各种变化情况，有效地收集勘验线索和与火灾有关的证据。所以说调查询问在整个火灾事故调查中非常重要。

二、火灾事故调查询问的作用

通过对火灾当事人、责任者和证人等的调查询问，全面而有针对性地收集线索和证据，有利于高效查明起火时间、起火点及火灾的发生和发展过程，更有利于现场勘验、认定起火原因和火灾责任。因此，火灾事故调查人员在进行火灾事故调查的过程中，要充分利用一切机会，广泛深入地进行调查询问。调查询问具有以下作用：

（一）为现场勘验提供线索，明确调查方向

复杂火场，特别是烧毁、破坏情况比较严重的火场，有时单从烧毁痕迹、烟熏痕迹或其他火灾蔓延痕迹上很难确定起火部位。即使能够通过现场勘验得出结论，也需要花费数倍的时间，付出巨大的人力物力。火灾现场上有时存在着一次火流和二次火流，也就是燃烧蔓延方向返回的问题，一次火流留下的比较清楚的蔓延痕迹，有可能被二次火流所破坏。比如一座厂房内部发生火灾，火从窗户窜出去，烧到了堆在窗外的货物，货物猛烈燃烧后，又返扑到厂房，在这种情况下单凭火场上燃烧留下的痕迹，要准确地判断起火点是非常困难的。但是，若能找到几个，哪怕是一个可靠的发现起火较早的人，他就可以提供有价值的线索，从而使勘验范围合理地缩小，做到有的放矢地进行勘验工作，大大加快勘验的进程。

（二）有助于发现、判断痕迹物证

现场上的痕迹、物证的形成过程以及与火灾原因、火灾过程的关系有时单凭现场勘验并不能搞清楚，由于火灾当事人和群众了解火灾现场原有物品的种类、数量、性质及其位置关系，生产设备、工艺条件及故障情况，火源、电源的使用情况及其他情况，所以，在调查询问时，可以让他们提供哪些地方有哪些物品，有关物品是否为原来现场所有，可疑物品是否变动了位置，这些物品或痕迹在火灾过程中是如何形成的等。由此可以帮助火灾事故调查人员分析认定痕迹物证的证明作用、它们与起火的原因和火灾责任的关系等。

（三）验证现场情况

调查询问获取的线索，能弥补现场勘验的不足，有助于进一步深入细致地勘验现场。火灾现场情况是复杂的，由于火灾的破坏、灭火的影响以及人为的故意破坏，使火灾现场较原始现场有所变化，这些变化往往会使现场勘验工作误入歧途。调查询问所获取的线索、证据与现场勘验所获取的线索、证据互相配合、互相验证，可使现场勘验工作方向明确，更加深入细致。此外，群众对火灾的观察，由于发现的时间不同，观察的角度不同，个人的认识能力和认识水平以及其他因素的影响，有的比较片面，有的可能是错觉，有的甚至是假的，因此应尽量多收集群众提供的各种不同情况，并对其互相验证，加以分析，去粗取精，去伪存真，以便得出正确的判断。

（四）有利于分析判断案情

通过调查询问，可以了解到现场的人、事、物以及相互关系的详细情况，获得火灾发生前后群众的所见所闻。这些材料和实地勘验材料是分析火灾案情的重要依据之一。有时根据证人提供的线索，有可能找到火灾肇事嫌疑人或火灾肇事嫌疑人的直接见证人。

三、火灾事故调查询问的原则

火灾事故调查询问是一项十分细致而复杂的工作，其政策性、策略性、技术性、时效性很强。火灾事故调查询问的原则是由相关法律、法规规定的，是火灾事故调查中必须遵循的行为准则。在工作中应遵循如下一般原则：

（一）个别询问原则

《刑事诉讼法》第一百二十二条规定："侦查人员询问证人，可以在现场进行，也可以到证人的所在单位、住处或者证人提出的地点进行，在必要的时候，可以通知证人到人民检察院或者公安机关提供证言。在现场询问证人，应当出示工作证件，到证人所在单位、住处或者证人提出的地点询问证人，应当出示人民检察院或者公安机关的证明文件。询问证人应当个别进行。"同一起火灾案件有两个以上询问对象时，每次询问只能对一个询问对象进行，其他证人或无关人员不能在场。不得把几个证人召集在一起进行集体询问，更不能采用开座谈会或集体讨论的方式进行询问。坚持个别询问不仅是法律本身的要求，而且还具有多方面的意义：一是有利于火灾事故调查人员根据询问对象的不同情况，有针对性地提出问题和进行思想教育；二是有利于询问对象排除相互间的干扰和影响，打消顾虑，如实陈述；三是有利于火灾事故调查人员对各个询问对象陈述的情况进行分析、对比、印证；四是有利于对询问对象的作证行为和提供的情况进行保密。

（二）依法询问原则

火灾事故调查是一项严肃的执法工作，整个过程都必须依法进行。调查询问当然也不能例外。依法询问就是在火灾事故调查中必须按照法律法规的有关规定对被询问对象进行询问。我国相关法律法规对火灾证人、被侵害人和肇事嫌疑人的询问作出了许多明确的规定。例如：调查询问必须由办案人员进行且办案人员不得少于两人；询问火灾证人、受害人和肇事嫌疑人应当个别进行；询问前向被询问人应当如实地提供证据、证言和有意作伪证或者隐匿罪证要负的法律责任；依法制作询问笔录等。严格执行依法询问原则，是确保询问活动和询问结果合法性和客观性的基本保证。

（三）及时询问原则

在火灾事故调查过程中，一旦发现知情人，应当及时进行询问，尤其是对那些重要的知情人、流动性较强的知情人以及伤病情严重的被侵害人更应当立即进行询问。及时询问有利于防止被询问人受到某些消极因素的影响，发生拒证和伪证的情况；同时也可预防由于被询问人出走或者死亡失去收集证言的条件。

第二节　火灾事故调查询问的对象和内容

根据火灾现场的具体情况，确定火灾事故调查询问的对象和内容，是做好火灾事故调查询问工作的前提和基础。凡是了解火灾经过、熟悉现场情况，以及能为查明火灾原因提供信息和帮助的人，都应被列为调查询问的对象，而具体询问的内容则因人而异。

一、火灾事故调查询问的对象

在实际火灾事故调查工作中，通常被列为调查询问的对象是了解火灾经过，熟悉现场情况，能为查明火灾原因提供信息和帮助的人，主要包括：

(1) 最先发现火灾和目睹火灾发生发展变化的人及火灾报警人；

(2) 扑救火灾的人员；

(3) 最后离开起火部位的人；
(4) 熟悉起火场所、部位、生产工艺的人；
(5) 火灾肇事嫌疑人；
(6) 被侵害人；
(7) 其他有关人员。

二、火灾事故调查询问的主要内容

通过调查询问，要搞清起火前后火灾现场七个方面的情况：
(1) 建筑物的结构、空间组织、平面布局及实际使用状况、建筑耐火等级等；
(2) 火源、电源的分布及使用情况；
(3) 生产工艺流程、机器设备的布局，原料、产品的性质和火灾、爆炸危险性；
(4) 火灾事故前的异常情况；
(5) 在场人员的活动情况、防火安全制度的执行情况等；
(6) 起火时间、部位、火灾蔓延情况；
(7) 现场施救有关情况等。

三、不同对象调查询问的具体内容

（一）最先发现起火的人和报警人

(1) 发现起火的时间、地点，最初起火的部位及证实起火时间和部位的依据等。

(2) 发现起火的详细经过，即发现者在什么情况下发现，起火前有什么征象，发现时主要燃烧物质，有什么声、光、味等现象。

(3) 发现后火场变化的情况，火势蔓延的方向、燃烧范围、火焰和烟雾颜色变化情况。

(4) 发现火情后采取过哪些灭火措施，现场有无发生变动，变动的原因和情况。

(5) 发现起火时还有何人在场，是否有可疑的人出入火场，还有其他什么已知的情况。

(6) 发现起火时电源情况，电灯是否亮，设备是否转动等。

(7) 发现起火时的风向、风力情况。

(8) 报警时间、地点及报警过程。

（二）最后离开起火部位的人员或在场人员

(1) 在场时的活动情况，离开起火部位之前是否吸烟或动用了明火，生产设备运转情况，本人具体作业或其他活动内容及活动的位置。

(2) 离开之前火源、电源处理情况，是否关闭燃烧气源、电源，附近有无可燃、易燃物品及它们的种类、性质、数量。

(3) 在工作期间有无违章操作行为，是否发生过故障或异常现象，采取过何种措施。

(4) 其他在场人的具体位置和活动内容。何时，为何离去，有无他人来往，来此目的、具体的活动内容及来往的时间、路线。

(5) 离开之前，是否进行过检查，是否有异常气味和响动，门窗关闭情况。

(6) 最后离开起火部位的具体时间、路线、先后顺序，有无证人。

(7) 得知发生火灾时间和经过，对火灾原因的见解及依据。

（三）熟悉起火部位周围情况的人，熟悉生产工艺过程的人

(1) 建筑物的主体和平面布置，建筑的结构耐火性能，每个车间、房间的用途，车间内的设备及室内陈设情况等。

(2) 火源、电源情况。火源分布的部位及与可燃材料、物体的距离，有无不正常的情况，如是否采取过防火措施；架设线路的部位。电线是否合乎规格，使用年限，有没有破损漏电现象，负荷是否正常。

(3) 近期检查、修理、改造情况；机械设备的性能，使用情况和发生的故障等都应该了解清楚，以便推断出可能起火的物体和设备。

(4) 储存物资的情况，起火部位存放、使用的物资、材料、产品情况（包括种类、数量、相互位置）。如起火的房间或库房内是否有性能互相抵触的化学物品和自燃性物品；可燃性物品与电源、火源的关系；库内的通风是否良好，温度、湿度是否适当，以及是否漏雨、漏雪等。

(5) 有无火灾史。曾在什么时间、部位、地点，什么原因发生过火灾或其他事故，事后采取过什么措施。

(6) 设备及工艺情况，以往生产及设备运转情况。

(7) 有无防火安全规定、制度和操作规程，实际执行情况如何，有关制度和规程是否与新工艺、新设备相适应。

(8) 有哪些不正常现象，如：设备、控制装置及灯火闪动、异响、异味等。

（四）最先到达火场救火的人

(1) 到达火场时，火势发展的形势和特点，冒火冒烟的具体部位，火焰烟雾的颜色、气味。

(2) 到达火场时，火势蔓延到的位置和扑救过程。

(3) 进入火场、起火部位的具体路线。

(4) 扑救过程中是否发现了可疑物件、痕迹和可疑的人出入情况。

(5) 起火单位的消防器材和设施是否遭到了破坏。

(6) 起火部位附近在扑救过程中火势如何，是否经过破拆和破坏，原来的状态怎样。

(7) 采用何种灭火方式，使用什么灭火剂，作用如何。

（五）相邻单位目击起火的人和周围群众

(1) 起火前后他们目睹的有关情况，如发现起火的部位、范围、火势情况、起火前火源、电源的反常情况，是否发现可疑物等。

(2) 群众对起火的议论和反应。

(3) 当事人的有关情况。如政治、经济、作风和思想品质等，家庭和社会关系，火灾前后的行为表现等。

(4) 以往发生火灾及其他事故和案件情况。

（六）值班人员

(1) 交接班时间、记录。

(2) 检查情况、检查时间、检查部位、检查路线、检查次数、有无反常情况及处理情况等。

(3) 用火、用电情况，如本人吸烟、照明情况等。

(4) 发现起火经过、火势情况和采取的措施。

（5）值班巡逻制度、措施。

（6）有无人员进出及具体时间。

（七）火灾肇事嫌疑人和火灾被侵害人

（1）用火用电、操作作业的详细过程，有无因本人生产、生活用火或用电不慎，疏忽大意，违反安全操作规程而引起火灾的可能。火灾当时及火灾前当事人、被侵害人在何处，何位置、做什么，肇事前和受灾后的主要活动。

（2）起火部位起火物堆放情况，品种、数量与火源距离等。

（3）起火过程及扑救情况。

（4）受伤的部位、原因。

（5）对于居民火灾，还要了解当事人与邻居的关系，考虑有无因私仇或纠纷进行放火的可能。

（八）起火单位领导或户主

（1）向单位领导主要了解对起火原因看法，如内部矛盾，提供可疑人、重点人等。

（2）起火前有无火灾隐患及整改情况。

（3）以往火灾及其他事故方面的情况。

（4）安全制度的执行情况。

（5）损失情况。

（九）消防机构有关部门或人员

（1）到达火场时燃烧的实际位置及蔓延扩大情况，如最先冒烟冒火部位、塌落倒塌部位、燃烧最猛烈和终止的部位等。

（2）燃烧特征，如烟雾、火焰、颜色、气味、响声。

（3）扑救情况，水枪部署部位和堵截的部位、放弃的部位。

（4）扑救时出现的异常反应，气味、响声。

（5）采取的措施，开启和关闭阀门、开关、门窗；开启地板、墙壁、屋顶、天棚洞孔情况和具体部位。

（6）到达火场时，门窗关闭情况，有无强行进入的痕迹。

（7）断电情况，照明灯是否亮，机器是否转动等。

（8）设备、设施损坏情况，如输送气体、液体的管道和阀门状态，电气设备、用电器具改动情况等。

（9）起火源的状态。

（10）是否发现起火源及其他火种、放火遗留物（瓶子、桶、棉花、布团、火柴等）。

（11）到达火场时，其他人员活动情况，如扑救、抢物品情况，人员被火围困情况等。

（12）抢救人员经过路线和死者位置等。

（13）在场人员（单位领导、群众等）反映的有关情况。

（14）接火警时间、到达火场时间。

（15）天气情况，如风力、风向情况。

总之，调查询问要根据火灾事故调查的实际需要进行，对于那些起火原因比较清楚，痕迹物证十分明显充分的，则没有必要进行广泛的调查询问。

第三节　重点询问对象的心理分析

心理决定行为，而行为也是心理的体现。从心理学角度来看，火灾事故调查询问是火灾事故调查人员与被询问人之间一种特殊的社会交往活动，是以转变被询问人的消极心理倾向为目的的言语交往过程。在调查询问中，火灾事故调查人员只有准确把握和了解火灾肇事嫌疑人、证人、被侵害人的心理状态，对询问对象进行充分的心理分析，运用心理学上的策略手段，掌握询问中的主动权，从心理上战胜对手，才能使他们提供可靠的证言(供词)，并对证人证言进行可靠性分析。

一、对火灾肇事嫌疑人的心理分析

火灾肇事嫌疑人是可能造成火灾发生的直接当事人，通常对火灾的发生负有不可推卸的责任。他们往往为了推卸责任、逃避惩罚，施用各种手法阻抗交代案件的真相。在火灾事故调查中要有针对性地运用策略、计谋，摸清火灾肇事嫌疑人的心理，掌握他们的心理活动规律，突破其心理防线，迫使他们供述真相。由于不同火灾肇事嫌疑人的思想觉悟、个性特征、工作经历、肇事背景等的不同，他们在火灾前后的心理状态也不相同。

(一) 导致火灾发生常见的心理类型及特征

人为火灾的发生，除存在故意放火心理之外，通常都是由过失行为引起的。导致人为火灾的心理通常有如下七种：

1. 经验心理

这种心理在火灾事故中较为常见。一个单位的领导或重点防火部位的工作人员，凭年龄、资历、片面经验办事，思想上麻痹大意，忽视防火安全，其结果就会造成火灾事故。

2. 侥幸心理

有这种心理的人在生产中图省事，心想“我干了这么多年工作，从未发生过火灾，火灾哪有这么巧就会在我这里发生”，从思想上忽视了生产安全。一旦发生了火灾，这种人便无所适从，慌慌张张，不能立即报警和扑救，结果酿成大的灾害。

3. 冒险心理

持这种心理的人既懂防火安全制度，又清楚火灾的危险性，但基于抢时间、争高产、创效益，认为“艺高人胆大”，抱着只此一回的心理，违反有关安全生产规定，冒险蛮干，而酿成火灾。

4. 逆反心理

具有这种心理的人与单位领导由于某种原因产生了矛盾，便有意无意地违反安全操作规程或防火安全制度而造成火灾。

5. 好胜心理

这种心理多表现在青年人身上。有这种心理的人表现极为自信，不懂装懂，违反安全操作规程和消防安全制度，因而酿成火灾。

6. 反常心理

由于生病、过度疲劳、家庭矛盾、婚姻、恋爱等原因造成精神恍惚、精力不集中、丢三落四，以至操作失误，造成火灾事故。

7. 报复心理

火灾肇事嫌疑人由于与他人或领导闹矛盾，或者由于其他原因，抱着不可告人的目的，实施放火，造成公私财物损失和人员伤亡。

诱发火灾肇事嫌疑人造成火灾的心理并不是单一的，有时是由一种心理因素作用造成火灾，有时是由几种心理因素的共同作用造成火灾。所以分析火灾肇事嫌疑人的肇事心理时，应全面地、实事求是地分析。

（二）询问中火灾肇事嫌疑人的心理状态

火灾发生后，火灾肇事嫌疑人对于询问，在心理上大多数都有准备。首先他们对火灾责任的敏感性使其在询问开始时就多少认为火灾事故调查人员正在怀疑或者可能确定他们是责任者；其次就是开始考虑如何应对火灾事故调查人员的询问，进而去想如何使自己从火灾事故责任中脱身。

在实际的火灾事故调查中，有两种情况：其一是火灾事故较为简单、损失较少，火灾原因和火灾责任比较清楚，而且证据确凿，火灾肇事嫌疑人无法辩驳而迫不得已如实坦白；其二是火灾原因较为复杂，火灾损失巨大，有关责任和起火原因尚未查明，证明起火原因和火灾责任的证据不足。在第二种情况下，火灾肇事嫌疑人在询问中的心理状态及情绪表现通常有以下几种类型：

1. 恐惧

这种心理源于火灾肇事嫌疑人可能亲历了火灾发生发展过程，自身受到惊吓或者伤害；火灾肇事嫌疑人害怕查明火灾真相后，自己会受到无法接受和承担的严厉惩罚；感到自己的责任重大，在道德感、内疚感、罪责感和其他外部压力下所形成的心理特征。他们害怕自己受到惩罚，害怕自己的经济、名誉、地位受到损害，所以常有规避责任、逃避罪责、隐瞒事实的心理及行为，围绕着该不该承担责任、如何逃避和隐瞒责任、如何将责任转嫁以减轻自身罪责而产生强烈的心理冲突，其行为表现为：沉默不语；询问时避重就轻，顾左右而言他；只谈一些无关紧要的情节；反复声称和自己无关、自己不知道或已经说清楚了等。

部分火灾肇事嫌疑人在恐惧心理状态下会出现恐慌情绪，严重者表现为：一是神思恍惚，手足无措，自我控制能力减弱，有的会出现冒汗、脸色发白、肌肉颤抖等外部表现；二是语无伦次，吞吞吐吐，东拉西扯，神色慌张，对指控一概否认。一般是由于如下原因造成：火灾肇事嫌疑人发现自己的行为导致了没有预见到的火灾损失后果，这种后果超出了他的心理承受能力；询问中压抑、严肃的气氛和环境对火灾肇事嫌疑人心理上的压迫效应；存在侥幸心理的火灾肇事嫌疑人，其侥幸心理赖以存在的基础被揭穿等。恐慌心态多见于性格懦弱、胆小、为人老实或文化层次较低惧怕警察者，多为初犯或偶犯。上述情况会使询问难以进行，这时需要缓和询问气氛，放松询问节奏，稳定对方的情绪。

对于具有恐惧心理的火灾肇事嫌疑人，要教育引导其正确面对和认识自己行为已经造成灾害的现实，鼓励其理性认识所面临的状况，宣讲坦白从宽的政策，促使其坦白火灾真情实况。

2. 侥幸

持这种心理的火灾肇事嫌疑人认为他们故意或过失造成的火灾真相可能没有暴露；或者不能判断或肯定火灾事故调查人员是否已经掌握了相关情况和证据；认为需要审时度势，先看看再说，不到万不得已就不说出实情或者了解清楚了再说；或者认为只要不交代就可以逃避或减轻自己的责任。侥幸心理最常见的表现是：沉默不语、等待询问，问一句答一句；百般狡辩、甚至撒泼耍赖；信誓旦旦、故作知情状，将责任转移他人；故意提供新线索甚至假线索分散办案人员注意力，转移目标等。侥幸心理的一般表现是：初步询问时竭力试探询问人员对其作案证据的掌握情况，为有计划地阻抗询问作准备；或在接受询问时，以攻为守，辩解否认；或者寻找询问人员问话中的漏洞，主动反击；或者缄口不语，令你奈何不得。

火灾肇事嫌疑人侥幸心理的产生，一般出于两种情况，一是自认为手段高明、行为诡秘，攻守同盟牢固，轻视火灾事故调查人员获取证据的能力，因而自欺欺人，认为公安机关不能拿他怎么样，以这种盲目的安全感为基础而产生侥幸心理；二是一些火灾肇事嫌疑人回顾导致火灾的经过，分析了证据、案情和初步询问情况之后所产生的侥幸心理，这种侥幸心理的产生比前者更理智、更顽固，因而更不易消除。所以侥幸心理是火灾肇事嫌疑人坦白火灾真情的最主要的心理障碍之一。

但是有侥幸心理的人，只要其侥幸心理赖以存在的基础被戳穿，其对抗询问的防线就会瓦解。掌握适时出示证据是打消其侥幸心理的关键所在。

3. 阻抗

抗拒在心理学中又称之为阻抗。火灾事故调查询问中阻抗心理的出现大致有三种情况：一是在侥幸心理的基础上产生的阻抗心理，这种情况与侥幸心理的表现有许多相似之处；二是在绝望情绪支配下而产生的阻抗心理，这种火灾肇事嫌疑人自知火灾损失巨大，供述与否均难逃法网，于是在求生的愿望支配下作垂死挣扎，他们的心理活动是即使说出火灾真情也难以宽大，对抗询问或许能延缓时日，因此他们内心里仍然存在着侥幸心理；第三种情况是火灾肇事嫌疑人在反动思想意识和政治偏见支配下对抗询问，也有的是询问人员方法不当损害了对方的人格和自尊心，而表现出情绪对立。

阻抗心理的外部表现是：沉默不语，有问不答，顽固阻抗；或者岔开询问主题，东拉西扯；或者以攻为守，强词夺理，胡搅蛮缠，挑逗询问人员发火；或者假装痛苦，甚至悲伤，企图争取询问人员的同情；或者欺骗、乱供、搪塞、顶撞等。出现上述情况时，常常会使参加询问的火灾事故调查人员陷入僵局。这就要求火灾事故调查人员头脑要清醒，思维要敏捷，要准确把握对方心理，有效控制询问的氛围和进程。

4. 寄托心理

这是由于某些火灾肇事嫌疑人认为自己有后台、有关系、有票子等，即使火灾损失巨大、对社会造成严重危害，也会通过各种渠道大事化小、小事化了而产生的。对于持这种心理的人要对其晓以利害，纠正他们的错误认识，讲明国家政策、规定，破除其旁门左道的想法；必要时可以进行冷处理，适时出具有效证据，迫使火灾肇事嫌疑人开口。

5. 戒备心理

戒备心理是火灾肇事嫌疑人接受询问时的一种比较常见的心理现象。其表现是唯恐自己言多语失出现破绽，因而处处设防、时时戒备、言辞谨慎、字斟句酌。持这种心理的人防范意识极强，需要采取适当策略，攻破其心理防线。

（三）询问中火灾肇事嫌疑人的心理变化

不同的火灾肇事嫌疑人由于其个性不同，经历不同，所承担的火灾责任不同，因而在询问中所表现的心理特点也不完全相同，即使同一个人，在询问的不同阶段，其心理也是有发展变化的。只要火灾事故调查人员准确把握其心理变化规律，动之以情、晓之以理，积极地宣传党的政策和法律法规，主动地矫正他们的错误认知，就可以促使他们的心理向有利于调查案情的方向发展和转变。

询问的实践表明，火灾肇事嫌疑人在询问中的心理变化一般经过四个阶段，即试探摸底阶段、对抗相持阶段、动摇反复阶段和交代供述阶段。当然这四个阶段的划分并无绝对的界限，人与人之间的表现也有差别。

1. 试探摸底阶段

在询问之初，火灾肇事嫌疑人由于对案件的进展情况、证据的暴露情况、同伙情况等无法知晓，往往心烦意乱、焦虑不安。在这种情况下，他们会急于在与询问人员的接触中试探摸底，以了解公安机关对证据的掌握程度，同时也会注意观察和评价对手的特点和询问风格，以便制定应付询问的对策。这一阶段，火灾肇事嫌疑人，特别是那些有应讯经验的人，常常会采取以静观动、以虚代实的姿态，或者有预谋地做些供述；或者投石问路，索要证据，以便进行试探摸底。

2. 对抗相持阶段

经过初步询问，火灾肇事嫌疑人开始适应询问环境，对火灾事故调查人员的能力、经验也有了初步的了解，自认为“心里有底”，在此阶段对抗意识上升。尤其是触及其导致火灾的实质及涉及他的切身利益时，往往引起激烈的对抗，这时便进入了对抗相持阶段。这种对抗的表现为，当火灾事故调查人员穷追不舍地追问起火原因的具体情节时，他们不时地辩解，或极力地隐瞒，或回避、抵赖、否认、乱供、避重就轻等。这一阶段由于火灾肇事嫌疑人对抗心理正盛，容易使询问陷于僵局。

3. 动摇阶段

由于火灾事故调查人员善意地引导，积极地宣传国家的政策和巧妙地出示证据，火灾肇事嫌疑人的心理渐渐地出现动摇，侥幸心理、对抗心理暂缓。此时他们思想斗争往往异常激烈，想阻抗到底，又怕受到惩处；想回避，又挡不住火灾事故调查人员追问；想交代坦白事实真相，又怕同伙报复。所以，此时他们的心理活动处于动摇、矛盾、权衡利弊的阶段。在这个阶段火灾事故调查人员应该把握住时机，加以适当的引导，给他们指出坦白出火灾真相是唯一的出路。此时他们的心理一般会朝着坦白交代的方向转化的。如果方法不当，或未能把握住时机，就会延长僵持时间，使他们的对抗心理死灰复燃。

4. 坦白阶段

经过双方反复较量，火灾肇事嫌疑人渐渐感到如果对抗到底将对己无益，坦白火灾真相才是唯一出路。但由于畏罪心理和遗留的侥幸心理，他们心中仍存在着幻想，其表现为能少供就少供；有证据的便供，无证据的不供；询问紧的就供，一般询问的不供。

（四）询问的心理基础

询问是一种特殊的心理交往形式，是询问和被询问双方的心理互动过程。询问的成功进行，需要三个方面的心理基础，一是询问主体间心理接触的建立和保持；二是询问者对被询问者施以心理影响的可能性；三是使对方做好有利于供述的心理准备。

1. 心理接触

心理接触是询问的基本前提，是获取真实可靠供述的基本条件之一。因此，在询问之初及在询问过程中，都要建立和保持同对方的心理接触。心理接触的任务，是经过接触达到知己知彼，了解案情及对方心理等方面的信息，创造对话的气氛。具体来说，第一，通过心理接触，减轻询问环境气氛给对方心理造成的不必要的压力，引起对方回答问题的动机和兴趣，初步在询问双方中建立起正常的对话渠道；第二，通过心理解除，尽可能多地获取被询问人的个性特点以及他们对导致火灾行为后果和行为性质的认识等方面的信息，为进入询问实质性阶段准备条件、铺平道路。

心理接触具有单方面性质。因为心理接触是询问人员采取各种方法力图从对方那里获取尽可能多的信息，而自己在一定时期严守关于案件的信息。由于这种单方面性，询问中一方对另一方的强制性，双方利益的矛盾性，双方地位的不平等，使被询问人对火灾事故调查人员所采取的措施不是配合而是抵触。因此，如果在询问初期，未能建立起心理接触，那么在整个询问期间再建立接触就会变得困难起来，所以询问人员要注意把握与被询问人员的心理接触的主动性。

心理接触的方法主要有：通过提出使对方感兴趣的问题，进行积极的对话；帮助对方克服对自己命运、前途所持有的无所谓或冷漠的态度；注意倾听对方陈述，对其因不幸走上犯罪道路表示惋惜、同情，对导致火灾的恶果表示痛恨和谴责等。总之在心理接触时，一般不涉及火灾责任、犯罪实质等问题，只是在较为缓和的环境中，从对方愿意交谈的话题谈起，时间长短、内容多少、程度深浅则依案件的情况而定。这种接触一般持续到火灾事故调查人员认为可以开始进行实质性询问为止。

2. 心理影响

询问能否对火灾肇事嫌疑人产生积极的思想影响，也是成功询问的重要基础。我国的法律规定，不能以刑讯逼供和以威胁、引诱、欺骗以及其他非法手段施加心理影响。因此，心理影响必须在法律许可的范围内进行。

心理影响主要靠语言的作用，比如说服和思想教育。表情、适当的身体姿态和动作也可以产生心理影响。但是心理影响是以心理接触为前提的。因为只有通过心理接触，了解对方的心理活动、思想情绪、个性特点、文化素养等，才能有的放矢地采取能够产生积极心理影响的方法。要对被询问人施加心理影响，情感作用也是至关重要的，如利用火灾肇事嫌疑人过去的荣誉、曾经有过良好的经历、少儿时代的理想抱负等，激发其荣誉感、自尊心，唤起其对未来的美好向往；又如利用火灾肇事嫌疑人对国家财产的巨大损失和对被侵害人伤害的内疚，及对自己莽撞行为的悔恨，激发其真诚坦白火灾真情的决心。因此，情感的作用是不能忽视的。

心理影响的目的主要是为被询问人思索案情的认识活动、意向活动创造良好的心理环境，如帮助他们重现过去导致火灾的情境。所以，适宜的心理影响有利于火灾肇事嫌疑人的供述，也是在询问中采取适当策略的依据。

3. 心理准备

当火灾肇事嫌疑人经过心理接触，接受了心理影响，表示愿意坦白火灾真情，但由于心理压力、遗忘、思维和言语障碍等因素的影响不能充分表达自己的意愿时，就要通过解除其心理压力、唤起回忆、帮助思考等途径，使其做好心理准备，准确供述案情。

唤起回忆，是指对那些有坦白火灾真情的愿望，但存在回忆障碍的火灾肇事嫌疑人，通过运用心理影响，唤起他们对案情的记忆。由于询问时的紧张气氛，他们容易产生恐慌情绪，从而产生再现障碍。唤起他们记忆的方法，可通过改善询问环境和紧张气氛，以稳定情绪，或提供回忆线索，启发联想，从而引起正常回忆或纠正回忆错误。但一般不宜用已掌握的证据作为直接刺激物取代其回忆。

帮助思考，即在火灾肇事嫌疑人不能流畅供述和言语逻辑混乱时，帮助其恢复正常思维活动。他们言语逻辑的混乱，常常是其自身情绪波动或外部压力造成的。因而，询问人员应稳定其情绪，排除妨碍供述的杂念，帮助其按照案件发生顺序，按照记忆、思维活动的心理过程进行陈述。但应注意，帮助思考不能用暗示的方法，更不能指供、诱供。

在询问前或询问中，询问人员也应做好心理准备。这种心理准备包括：对火灾肇事嫌疑人对抗询问的可能性和采取的反询问方法的心理准备；针对火灾肇事嫌疑人的心理特点，选择适当的询问策略，制定正确询问方法的心理准备，这种心理准备是在熟悉案件情况，对责任者进行观察、询问等手段搜集了必要的信息，深入了解对象的基础上完成的。完成心理准备与完成物质准备一样，是实施询问的必要前提。

二、对证人和被侵害人的心理分析

证人和被侵害人在提供证言时，由于主观和客观因素的影响，证言往往与实际情况不符，这种现象的出现不外乎有两种可能，一是证人故意隐瞒事实真相，说了假话，这就是伪证；二是证人非故意“撒谎”，即他们主观上愿意揭示事实真相，而且也确实认为自己讲了真话，但实际上他们的陈述与实际情况不完全相符，甚至完全不符合。因此要分析他们的心理状态以及影响他们心理状态和证词的各种因素。

（一）对证人的心理分析

证人的情况比较复杂，可以作证的人的范围比较广泛，凡是直接、间接了解火灾案件情况的人都可能成为证人，其成分比较复杂，心理状态也比较复杂。常见的有如下几种心理状态。

1. 主动作证心理

公民出于维护国家法纪、履行作证义务的责任感、对受害者的同情心和讲清事实真相使案件水落石出的正义感，愿意配合火灾事故调查人员开展工作。这种证人作证时愿意将自己所知道的情况客观地、准确地陈述出来。但也有的证人出于对火灾肇事嫌疑人的愤恨，为使其受到严厉的惩罚而故意夸大情节，这是需要注意的。

2. 回避心理

不愿作证的人，大多是因为胆小怕事，缺乏正义感、责任感和同情心，把犯罪看作是与自己无关的事情，奉行明哲保身的哲学，害怕受到牵连和报复，这种人即便受到询问，也往往借故推辞，吞吞吐吐，不愿配合。具体表现为：规避心理、戒备心理、畏惧心理、对立心理、重“情义”心理。

3. 伪证心理

有的人由于与火灾或火灾肇事嫌疑人存在某种关系，往往提供虚假证言，或虚构火灾发生的情节、或夸大犯罪事实、或隐瞒火灾真相。其心理动机方面的原因比较复杂，大致有如下几种情况：

(1) 有的证人品质恶劣或心术不正，故意为难、捣乱，出假证明材料，使火灾事故调查工作难于进行，搞错方向，甚至冤枉好人等。

(2) 有的证人与火灾肇事嫌疑人有特殊关系(如老上级、老部下、密友、亲戚关系等)，故意出伪证，包庇火灾肇事嫌疑人。

(3) 有的证人与火灾案件的发生有因果关系，怕火灾肇事嫌疑人供出自己而受到惩罚，所以有意出伪证，以达到庇护火灾肇事嫌疑人隐蔽自己的目的。

(4) 有的证人与无辜群众有矛盾或与火灾肇事嫌疑人有意见而有意捏造事实、虚构情节，有时小事说大，有时无中生有，有意陷害无辜，所以出伪证。

(5) 有的证人受火灾肇事嫌疑人的威胁、利诱、收买等，不说真话或不敢说真话。

(6) 有的证人见到火灾肇事嫌疑人将受到惩罚而产生了恻隐之心，故意隐瞒某些情节。

(7) 有的证人怕暴露自己的隐私而故意隐瞒某些情节。

(二) 对被侵害人的心理分析

1. 被侵害人的心理倾向

一般来说，被侵害人、受伤人、受灾人往往具有强烈的自我保护意识和自我防卫要求，并要求严厉、迅速惩处火灾肇事嫌疑人，这两种心理倾向有时是矛盾的、对立的，有时又是统一的。

当这两种心理倾向是统一的、一致的、协调的时候，他们会积极配合火灾事故调查人员的工作，主动提供线索、证据和材料，以便使自己从巨大的痛苦中解脱出来，以达到保护自己、惩处火灾肇事嫌疑人的目的。

当这两种心理倾向不协调的时候，甚至是对立、矛盾的时候，那么被侵害人往往会出现反常现象，主要是被侵害人经过权衡利弊，认为控告、惩治犯人等并不足以达到保护自己的目的，甚至会扩大对自己的侵害，他就会采取某些不利于破案的举动。当他们受到侵害时，忍气吞声，拒不报案，甚至私了，从而招致更多的侵害。还有的被侵害人出于强烈的自我保护的心理倾向，会有另外一些心理表现，如有的因自己与犯罪人有着人身依附或其他利害关系，不仅不去追究犯罪人的罪责，反而加以隐瞒包庇；有的由于不相信公安机关能保护自己、惩处犯人，于是自己铤而走险亲自报复犯罪人；有的虽然配合公安机关工作，但出于强烈的报复情绪，故意渲染或故意忽略某些情节。

因此，被侵害人任何心理和行为的表现，都是其对自己和对犯罪人的两种心理倾向和态度相互斗争的结果，决定了他们在接受调查时所持的态度和表现。

2. 被侵害人接受询问时的心理状态

(1) 应激障碍

火灾常常是在被侵害人毫无精神准备的情况下发生的，这种突发性事件往往使被侵害人不知所措、精神恐惧，内心慌乱失措，失去正常的感知能力，所以对现场情况无法正确感知，甚至出现错觉、幻觉，而这种慌乱、恐惧情绪状态往往持续较长时间，以至在接受询问时，心情仍无法稳定，对受害事实、经过仍无法准确回忆。这种情况下虽然被侵害人愿意揭露犯罪事实、配合调查，但其对受害事实的描述与事实仍会有某些出入。所以，对被侵害人的陈述要进行认真客观地分析。

(2) 激愤心理

由于被侵害人在精神上、肉体上、财产上受到不同程度的侵害和损失，所以他们心中对火灾及火灾肇事嫌疑人是极端气愤和仇恨的。这使得他们在陈述时，常常带有浓厚的情绪色彩，有的会由于激愤和仇恨而扩大事实；有的则是添枝加叶，夸大其词。

(3) 沉重的压力感

有的被侵害人不仅受到火灾的侵害，同时还可能受到火灾肇事嫌疑人的更大威胁、恐吓；有的不仅财产受到损失、人身受到损害，而且名誉受到损害，精神也受到打击。因而这类被侵害人大多有沉重的心理压力。如有的被侵害人为保全自己的名誉而不说出自己的受害事实；有的被侵害人不相信公安机关能无私执法，而对询问态度冷漠，不愿合作；也有的被侵害人因与火灾肇事嫌疑人有某种牵连，不肯如实陈述或者自觉心中有愧，不敢向火灾事故调查人员如实提供火灾真情。

（三）影响证人和被侵害人心理的主要因素

证人作证和被侵害人陈述的不同态度是受其心理支配的，而其心理又受许多主观和客观因素的制约和影响。影响证人和被侵害人心理的主要因素有：

1. 证人与被侵害人的思想觉悟和道德品质

证人和被侵害人的思想觉悟和道德品质受证人和被侵害人的人生观和世界观的制约。思想觉悟是一个人对政治制度、经济制度的态度，对待国家和民族的态度，由此而产生的政治责任感和思想境界等。道德品质包括个人对待生活、职业、家庭、恋爱、婚姻、友谊等的观念。在这些内在动力的作用下，有的证人和被侵害人正气凛然，不顾个人得失；有的证人大义灭亲，检举揭发自己的亲人；也有的证人屈服于压力和利诱，或者为了追求个人利益，作违背事实的虚假证言和陈述；有的则采取多一事不如少一事的态度，怕惹祸上身，因而不愿作证；还有一些知情人由于对人民政府怀有敌意或心怀不满，而拒绝作证或不如实作证，甚至嫁祸于人。

2. 政治、经济和治安形势

国内的政治、经济和治安形势，对证人和被侵害人作证的动机和态度常常会产生直接的影响。在政治稳定、经济繁荣、国泰民安的形势下，自然会激励证人主动如实地作证。相反，在社会混乱、犯罪猖獗和人们缺乏安全感的情况下，证人做证的积极性就会受到一定的影响，甚至会违心地作证。

3. 证人和被侵害人与案件存在的利害关系

证人、被侵害人与火灾案件或责任者存在着利害关系时，证人和被侵害人作证的动机常常受到很大影响。例如，一些证人或被侵害人本身与火灾案件的发生有瓜葛，担心“拔出萝卜带出泥”，出于保护自己的需要，难以如实提供证言；有些证人或被侵害人与火灾肇事嫌疑人是至亲好友，出于维护亲友的利益，而偏袒责任者；还有些证人或被侵害人在工作上、物质生活上或其他方面依赖于火灾肇事嫌疑人，往往也会形成如实作证的障碍。相反，如果证人或被侵害人与火灾肇事嫌疑人有过利害冲突，则有可能作出不利于火灾肇事嫌疑人的证言。还有一些被侵害人出于愤恨，乘机发泄、夸大事实或多报损失等。

4. 询问态度和询问方法

证人和被侵害人能否顺利地如实地作证，与询问者在询问过程中所采取的态度和方法有密切的关系。在询问时，火灾事故调查人员的一言一行都传播着相应的信息，对证人的心理都有影响。火灾事故调查人员如能做到发出的信息具有客观、公正的性质，就能有效地消除证人或被侵害人如实提供证言的心理障碍。如果询问的方法不当、态度欠佳，必然会加重证人的心理障碍。

第四节　调查询问的方法和要求

火灾案件的调查询问工作是一项广泛细致的群众工作，是火灾事故调查的必要手段，是依靠群众查清火灾原因的有效方法。它与刑事案件的调查询问工作除了有共同点之外，还有其独有的特点，其一是被调查询问的人除了放火嫌疑人之外，绝大多数人，包括造成重大损失和严重后果的火灾直接责任人员在内，都是基本群众；其二是残留的痕迹、物证较少，物体形态变化较大，再加上灭火过程中极易破坏火场原始状态，这就给调查询问带来很大的困难。但是火灾事故调查人员只要充分掌握案情和认真分析被询问人员的心理状态及对询问的态度，讲究科学的询问方法，注重对策，自始至终紧紧围绕火灾原因开展调查询问工作，任何性质的火灾，一般说来都是可以调查清楚的。

一、火灾事故调查询问的程序和基本要求

（一）火灾事故调查询问的程序

1. 一般规定

担负火灾事故调查询问的人员应当是公安机关消防机构具备相应资质的执法人员。询问人员必须为两人以上（火灾事故调查简易程序除外），一般来说一人负责提问，一人负责记录。

询问人员必须遵守回避原则。根据《公安机关办理行政案件程序规定》第 14 条规定，有下列情形之一的，应当自行提出回避申请：

（1）是本案的当事人或者当事人的近亲属的；

（2）本人或者其近亲属与本案有利害关系的；

（3）与本案当事人有其他关系，可能影响案件公正处理的。

2. 告知程序

在开始询问时必须做到使证人明确其权利、义务，《刑事诉讼法》第一百二十三条规定："询问证人，应当告知他应当如实地提供证据、证言和有意作伪证或者隐匿罪证要负的法律责任"。这个环节属于法定程序，不能省略，而且必须在询问笔录中明确记录。在询问结束时，火灾事故调查人员应当针对提问的内容，重申告知事项，并让被询问人签字、按手印。证人在提供证言之前就明确自己应负的法律责任，有利于提高证言的可靠程度。

3. 特殊询问对象的询问

（1）对聋哑人的询问

询问聋哑人，应当借助通晓手语的人进行翻译，并要保证翻译人员与案件本身及被询问人无利益关系或者可能影响询问的其他关系，以保证询问的真实有效性。同时应在询问笔录中注明被询问人的聋哑情况以及翻译人的姓名、住址、工作单位和联系方式等关键信息。

（2）对未成年人的询问

对未成年人进行询问，需通知其法定监护人或法定代理人到场，以便消除未成年证人的恐惧和阻抗心理，保障未成年人的合法权益和身心健康，使他们能够将自己知道的情况全部真实反映出来。同时，有上述人员在场时，还应注意防止法定监护人或法定代理人对询问进行干扰，要明确要求不能代为回答问题和提供证言，也不能误导未成年人。

（3）对外国人或少数民族群众的询问

当被询问对象为外国人或与询问人员无法沟通的少数民族群众时，火灾事故调查人员应为其聘请翻译人员。受聘的翻译人员必须与案件无关，且与被询问人、肇事嫌疑人、被侵害人等无利益关系或其他任何可能影响询问的关系。翻译人员应具备能够准确翻译、转达

询问双方意思的能力，且应在询问笔录上签名。翻译人员只能起到翻译作用，不得擅自发问或代答，或者擅自揣测、改变询问双方的意思。

4. 询问笔录的制作程序

询问笔录的制作必须符合法律规定的程序，具体内容参见本章第六节“火灾事故调查询问笔录”中的相关内容。

（二）调查询问的基本要求

调查询问要及时、全面、细致、客观、合法。

1. 及时

调查询问是一项涉及面广、时间性强、要求严格、艰巨复杂的工作。它主要是通过人们头脑中的记忆来了解火灾案件的真相，所以要抓住起火不久、人们记忆犹新、精神比较振奋、尚未受到外界各种因素影响、顾虑小的有利时机，迅速出火场，及时询问有关人员，以获取更多真实可靠的线索和证据。否则，时过境迁、证据被毁、证人遗忘、证人受家庭或火灾肇事嫌疑人的影响，会给调查工作带来极大的困难，甚至造成案件无法调查的结果。调查询问越及时，获取的线索和证据就越真实可靠。

2. 全面

所谓全面，不是期望在一个被询问者口中获得火场各方面的情况，而是一经询问，即敏捷地分辨出被询问者比较清楚的方面或问题，问清事件的来龙去脉，不能粗枝大叶，马虎从事。同时也要听取不同意见和看法，正面的意见要收集，反面的否定意见也要收集。决不能只听一面之词，满足于一得之见。只有全面、细致、占有材料充分，才能透过现象看本质，准确地查证火灾案件。

3. 细致

在调查询问中，不仅要注意获取那些明显的情节，而且要注意发现和获取那些与案件有关的所有细微情节，使调查的各种情况，包括时间、地点、情节都有完善性、联系性和逻辑性。进行调查询问时，应当既全面又细致，一个看来很平常的情况，一个很细微的痕迹、物证（例如一根烧残的火柴杆，一颗金属熔珠等），往往都能给分析案情、调查破案提供重要的线索和证据。

4. 客观

调查询问中要求火灾事故调查人员按照火灾案件的本来面目去认识，要有实事求是的科学态度。对群众的询问和分析判断案情都应持客观的态度，决不能先入为主、偏听偏信、带着框框去调查询问，更不能主观臆断去分析判断案情，否则会把调查工作引入歧途。

5. 合法

调查询问是一项法律性、政策性很强的工作，火灾事故调查人员要严格按有关法律询问证人、索取证言，对于火灾事故的责任者和肇事者，在没有履行法律手续之前，仍享有公民权利，严格区分两类不同性质的矛盾，划清过失犯罪和放火罪的界线，划清询问与审讯的界线，在法律法规规定的权限范围去工作，按调查询问的程序去询问，使用合法的手段获取证人证言或供词。

二、火灾事故调查询问的方法

在实际工作中，不同性质的火灾，发生火灾的原因不同，询问的对象特质也不同，因此火灾事故调查询问并没有固定的模式和方法，必须在实际工作中不断归纳、总结、积累经验。只要充分把握和了解被询问对象的心理特质，对其进行恰当的心理分析，将火灾事故调查询问与火灾现场勘察的结果相互印证，注重调查询问中的策略技巧，就能够通过火灾事故调查询问最大限度地获取有价值的线索和信息，使火灾事故调查工作顺利有效地进行。

（一）对火灾肇事嫌疑人的询问

对火灾肇事嫌疑人进行询问往往是要通过询问查明火灾现场勘验中难以查清的情节、查证核实某些证据和线索。所以在询问的过程中要灵活运用询问方法，善用一些策略技巧，根据火灾肇事嫌疑人交代问题的态度，促使其作出真实的供述，常采用的询问策略技巧有以下几种：

1．利用矛盾

火灾肇事嫌疑人为掩盖事实真相，往往歪曲事实，捏造情节，编造口供，因而不可避免地在口供中出现种种矛盾。善于发现和利用这些矛盾，是揭穿被询问人狡猾说谎的有效手段。

火灾肇事嫌疑人口供中的矛盾不外乎有三种情况：其一是被询问人前后供词之间的矛盾，例如第二次口供和第一次口供之间的矛盾，或者在同一次口供中，后面的供词同前面的供词有矛盾；其二是被询问人口供与客观事实之间的矛盾，例如被询问人为了证明发生火灾前自己不在现场，提出他当时在电影院正看某部电影，而实际上当时这个电影院放的是另一部电影；其三是被询问人与其他火灾肇事嫌疑人口供或其他证人证言之间有矛盾。

在使用上述策略时，一条很重要的策略规则就是，不要一发现矛盾就立即予以揭露和批驳。在此种情况下的有效策略是在不让其觉察的情况，向被询问人提出一些有关问题，让其充分表演，作茧自缚，最后经过周密研究，结合进行调查询问和现场勘验所获取的线索和证据，揭穿其说谎欺骗的不老实态度，使其陷入无法抵赖的被动境地。这时，火灾事故调查人员可针对火灾肇事嫌疑人的恶劣态度，进行批判和教育。如果其还想狡辩顽抗，可结合运用其他策略手段（例如适当地使用一点证据），促使其改变态度。

2．侧面迂回

当火灾肇事嫌疑人不愿如实交代问题时，采取侧面迂回的策略手段进行询问，往往能收到良好的效果。

所谓侧面迂回，就是询问火灾肇事嫌疑人时不一下子触及问题的核心，而是先从侧面入手，由远及近，由表及里，向被询问人提出与核心问题有某种联系的问题，然后在确有把握的情况下，直接就核心问题进行询问。采用这种策略，首先泛泛地向被询问人问一些与核心问题无关的问题，同时有意识地夹杂一些与核心问题有某种联系但无明显联系的问题。这样能麻痹被询问人，使其思想上解除戒备，从而出其不意地取得火灾肇事嫌疑人的真实陈述。只要其如实回答这些问题，以后他们就无法在核心问题上撒谎。例如，询问盗窃放火案件的嫌疑人时，不让其首先交代盗窃仓库物资和放火的问题，而是让其详细叙述案件发生前后这段时间内，他到过哪些地方，接触过哪些人，办了哪些事。如果他在这些问题上如实陈述，最后将无法否认他盗窃放火的事实；如果他在这些问题上说了谎，那就会出现矛盾。这时火灾事故调查人员可以采用利用矛盾的策略，加以揭露。

3．利用薄弱环节

火灾肇事嫌疑人在被询问的过程中，每时每刻都在揣测火灾事故调查人员可能提出什么问题，如何回答这些问题。但是不管他们怎样挖空心思、弄虚作假，既然造成了火灾，他的

“防线”总是不牢固的，在造成火灾的过程中总会留下这样或那样的痕迹和物证。火灾事故调查人员在做询问准备时，应考虑到火灾肇事嫌疑人对提出的问题可能做出的回答；还应熟悉那些已经掌握了的证据材料；要预测火灾肇事嫌疑人对哪些问题可能有较多的准备，对哪些问题可能没有准备。这样即使当被询问人千方百计地掩盖犯罪事实，不愿交代问题时，火灾事故调查人员仍然可以从被询问人没有准备而自己却已经掌握了可靠证据的问题入手，出其不意地进行询问，以达到利用薄弱环节、打开缺口的目的。

运用这种策略的条件，一是选择好薄弱环节，二是要在这个薄弱环节上掌握可靠有力的证据。

4. 出示证据

个别火灾肇事嫌疑人自认为活动隐蔽、手段高明，不相信公安机关能掌握其造成火灾的证据，因而态度顽固，矢口否认自己造成火灾的行为。在这种情况下，出示证据往往可以破除火灾肇事嫌疑人的幻想，促使其交代问题。应用出示证据的策略时，应注意如下问题：

(1) 正确掌握出示证据的时机

掌握适当时机是使用证据是否有效的重要策略规则。不能一遇到被询问人狡辩，就立即出示证据，这样做往往收不到应有的效果。使用证据一定要分析被询问人的思想情况，确定他的思想上是否开始转变，是否已出现交代问题的可能性。若被询问人思想上已经有所触动，已经出现交代问题的可能性，出示证据很可能收到良好效果；若没有掌握好时机，就会出现出示一条，就供认一条的被动局面，发挥不了使用证据这一策略的威力。

(2) 正确选择出示的证据

正确选择证据是使用好证据的重要一环。选择证据时应考虑证据是否可靠，没有绝对把握的材料，不能使用。其次应注意证据证明力的强弱。要细心研究是直接证据，还是一般间接证据。使用证据一定要能触动被询问人，迫使其交代问题。同一个问题有几个证据可利用时，应当挑选其中最能促使火灾肇事嫌疑人思想转变的证据。使用证据时要衡量得失，绝不能得不偿失。一个火灾案件中，能使用一个证据解决问题的，就不要使用其他证据。决不能将全部证据抛出，不留余地。通过秘密手段获取的材料，不应公开作为证据使用。

(3) 周密估计火灾肇事嫌疑人可能做出的辩解

出示证据这一策略通常是在被询问者矢口否认、拒供抵赖的情况下运用的。所以，在使用证据前，一定要周密估计被询问人可能对证据提出的辩解，以及针对这些辩解向被询问人提出的问题。要通过提问堵死被询问人可能做出的狡辩。这样，出示证据就容易突破被询问人的防线，促使其不得不交代问题。

此外，出示证据也要同其他策略结合运用(例如，与利用矛盾的策略结合使用)，才能取得更好的效果。

(二) 对证人、被侵害人的调查询问

对证人、被侵害人的调查询问就是火灾事故调查人员直接与证人、被侵害人等接触，就某个与案件有关的情况开展询问，通常采取个别询问的方式。从心理学的角度看，调查询问中既要讲究询问艺术，还必须具有科学的方法和态度。根据被询问人的不同心理状态，通常可采用的策略技巧有以下几种：

1. 迂回地谈

先从周边情况开始谈，如天气、时事、个人兴趣谈起，有时还可谈及身体情况、街坊关系等问题，从谈话中掌握被询问人的发言特点，观察心理状态，逐步引入正题。

2. 辅助地谈

当被调查询问人在语言上表达困难时，可择机适当地提供话题，加以辅助。但应注意的是，只引发话题，而不参入个人意见。

3. 摘要提示

把被询问者松散的谈话，适当地加以总结归纳，摘出要点，提示给他们，这样能使他们所谈的内容相应集中。

4. 穷追不放

当谈话涉及问题的实质时，要集中话题，采取“打破砂锅问到底”的精神穷追不放。但也要掌握话题频率，当追问到一定程度时，还要注意有节奏的间歇，可以找些轻松的话题，缓和一下紧张气氛，然后再继续追问。倘若对方含糊其词时，还应往下追问。他们回答不清楚时还可以插问。追问的方式有正面追问、侧面追问、系统追问、补充追问。如果对方故意用“不知道”、“没看见”之类的话搪塞时，可权衡当时情况，采取反感追问。这些反感的问题，就是要激起对方的冲动，达到与火灾事故调查人员合作的目的。

5. 反复询问

谈话中谈到关键问题时必须反复询问，其目的是要起到重复查证的作用。

6. 引发话题

火灾事故调查人员必须掌握谈话的范围，不要离题太远，有时候则应引发话题，避免停顿。引发话题的时机，应该在对方处于恐惧、怀疑、惊诧等心理状况下采用。引发话题可以采用“开门见山”、“旁敲侧击”、“投石问路”等方式，依对方情况而定。

7. 善于判断

遇到有些情况不是非常必要时，就不要向被询问人追问某一问题内心深处的症结，只询问此事的外围情况即可(如涉及被询问人个人隐私时)，然后予以分析、判断，从而达到弄清事实真相的目的。

8. 感化

对于那些容易冲动而且重感情的人，要视情况，触动其内心感情发生变化，使其谈论问题。

9. 收束话题

主要问题谈到一定程度之后，就要有层次地收束话题，此时要对照调查提纲，对调查的内容略加总结，如有遗漏，还可以用提问的方式重引话题。

总之，火灾事故调查询问方法要视情况灵活运用，针对不同的被询问对象采用不同的询问方法和策略技巧；对同一被询问者，在不同的询问阶段也可采用不同的方法。对证人和被侵害人所使用的上述策略技巧也适用于对一般火灾肇事嫌疑人的询问。

第五节　火灾事故调查言词证据的审查与验证

通过火灾事故调查询问所获取的证据可以统称为狭义的火灾事故调查言词证据，主要包括三部分内容，即火灾肇事嫌疑人的供述和辩解、被侵害人的陈述和证人证言。在众多的案件证据之中，言词证据具有生动形象、具体、获取效率高、办案成本低等优点。但是，与实物证据相比，由于受各种主客观因素的影响，言词证据也存在虚假或失真等致命缺点。因此，为了保证火灾事故调查的有效性和真实性，需要对言词证据进行必要的审查判断，以判明其真伪。

一、审查验证证言的重要性

与实物证据相比，言词证据具有自身独特的优点：能够形象生动、详细具体地反映案件事实，使得调查人员能够迅速地从总体上把握案件的全貌，这是痕迹、物证等实物证据所无法比拟的；言词证据收集方法需要的技术含量少，不需要额外的仪器设备，办案成本低；言词证据获取效率高，可以在有限的时空范围内，实现取证量的最大化等。但与此同时，以语言为载体的言词证据，不可避免地会受各种主客观因素或其他因素的影响而出现虚假或失真现象的致命缺点。

（一）主观因素方面

言词证据的提供者与案件存在着某种利害关系，可能使其在主观上作虚假陈述。如部分火灾肇事嫌疑人为了逃避罪责，常故意隐瞒案件真实情况，提供虚假情况。也有部分被侵害人出于加重火灾肇事嫌疑人处罚的目的而故意夸大某种事实或情节，作出虚假陈述。还有部分被侵害人为了保全自身的名誉或隐私，也常常会隐瞒案件的真实情况。虽然一般证人、鉴定人与案件没有直接利害关系，但也会由于其个人品质、出于个人私利、受到威胁、利诱等因素的影响，而出现主观上不愿意作证、客观上作伪证或故意作出错误鉴定结论的现象。

（二）客观因素方面

即使政治责任感很强，或者最诚实、最善良的证人所提供的证言，也可能出现与案件事实不符的情况。因为言词证据的形成是一个相当复杂的过程，一般应经过感知、记忆、陈述三个阶段。在这三个阶段中，言词证据都有可能因各种客观因素的影响而出现失真现象，使其与案件真实情况差异较大，甚至严重失实。如在感知阶段中的个人生理条件、心理素质、感知时的自然环境状况（如距离远近、光线明暗、气候条件等）会不同程度地影响言词证据提供者的感知能力；记忆阶段中的感知强度与频率、情绪、年龄等因素也会影响言词证据提供者的记忆能力；陈述阶段中的对问题的领悟能力、文化程度和社会经历等客观因素也会影响言词证据提供者的陈述能力。这些客观因素都在不同程度上制约言词证据的真实性和完整性。

（三）其他因素方面

部分调查人员在收集言词证据过程中，由于业务水平较低，制作的询问笔录、讯问笔录出现错误，与被侵害人陈述、火灾肇事嫌疑人供述、证人证言相差较大；使用翻译人员的翻译水平等因素也可能影响言词证据的真实性等。

按照证据本质属性的要求，只有那些能够证明案件真实情况的客观事实，才能作为定案的证据。我国《刑事诉讼法》第四十八条第3款也规定"……证据必须经过查证属实，才能作为定案的根据"。因此，只有对言词证据进行必要的审查判断，才能鉴别真伪，去伪存真，保证言词证据的客观真实性、合法性，为以后正确适用法律奠定基础。

二、审查验证言词证据的一般方法

（一）客观判断法

客观判断法，即通过火灾发生、发展、变化的一般规律和常识对言词证据进行审查，鉴别其真伪和证明力的方法。证据内容是否符合客观事实,需要与发生火灾时的环境、条件联系起来比较分析。传统证据理论认为,证据是产生于案件事实之中的、与其具有某种联系的客观事实。它或是案件事实发生时对客观外界产生的影响,或是案件事实作用于人的感觉器官而留下的影像。言词证据中的证人证言、被害人陈述、火灾肇事嫌疑人供述都是在案发之时,案件事实作用于证人、被害人、知情人的感觉器官而留下的印象。尽管这些印象在人脑感知、储存、再现过程中不可避免打上了人的烙印,掺杂了主观因素,但这些感知或反映必须以客观存在的案件事实为基础,从不同角度反映着客观存在的犯罪事实。因此,对言词证据的审查判断,必须坚持客观性标准。

例如:室外地面上的人无法看到二楼以上楼层的地板,而只能看到其顶部,对于室内地面上开始燃烧起火的情况看不太清楚,只能看到上部的火焰、光或烟,在调查时注意收集不同位置的人的陈述,可以鉴别证据的真伪。

（二）实验法

实验法,是指为了审查判断某一现象或事实在一定时间内或一定条件下能否发生或怎样发生,还原现场条件将该现象或事实进行重演,得出可能或不可能发生的结论,以此对言词证据进行验证的方法。言词证据是案件事实作用于证人、被害人、知情人的感觉器官而留下的印象,其从不同角度、不同程度上反映着与案件有关的事实,和案件事实之间具有必然的客观联系,它不以人们的主观意志而转移。因此,在对言词证据进行审查判断时,应审查其与案件事实有无联系以及联系的紧密、强弱程度。在审查判断时,既不能主观臆断,也不能牵强附会。否则,会把调查活动引入歧途,得出错误的结论和判断。但确定其与案件事实的关联性是一个非常复杂的问题。由于每个作证主体的背景不同、同本案的关系不同,确定所提供证据的关联性,需要经过对比、分析、推理,直至实物验证等,才能确定言词证据与案件事实有无关联及联系程度。这也是每个调查人员必须掌握的基本功,它直接反映着调查人员的业务能力和知识水平。因此,在对言词证据进行审查判断时,应从其与案件事实之间存在具体联系入手,具体分析其能证明何种事实或情节及其证明力的强弱。

例如,某起特大火灾,现场内数百人的死亡是舞厅内悬挂的化纤布条快速燃烧并放出大量有毒气体造成的。为了验证这些布条的燃烧速度,可以在现场上还原火灾前的布局,对布条进行燃烧实验,验证言词证据的真实性。

（三）比较印证法

比较印证法,是指火灾事故调查人员对于指向同一问题或事实的实物或言词证据进行对照、比较分析,发现和区分异同,进而确定其中各证据的真伪和证明力的一种方法。结合火灾现场勘验,将各个证据加以对照比较,在联系中考虑其是否一致,就比较容易发现异同和矛盾,然后通过深入调查,鉴别其中的真伪。比较印证的过程就是去伪存真的过程。运用比较印证法审查验证言词证据,应该注意的问题有:

第一,进行比较印证的证据必须具有可比性,即这些证据都是用来证明火灾中某一个事实或有因果关系的事实的。

第二,否定证据必须有充足的根据;认定证据彼此之间的一致性、互相联系,必须是本质上的一致、客观上的联系。

第三,对证明同一事实,证明方向相反的证据,必须弄清各自的真伪及其与火灾案件的联系,结合各类证据做出正确判断。

（四）逻辑证明法

逻辑证明法是运用形式逻辑审查验证言词证据的方法。其主要有：① 直接证明法，即从已知证据按照推理的规则直接得出案件事实结论的一种证明方法；② 反证法，即通过确定某证据为虚假来证明与之相反的证据为真实的一种证明方法；③ 排除法，即把被证明的事实同其他可能成立的全部事实放在一起，通过证明其他事实不能成立来确认或推论需要证明的事实成立的一种证明方法。

三、对被侵害人陈述的审查验证

被侵害人是火灾的直接受害者，其陈述在大多数的情况下是客观真实的，但也存在部分被侵害人因为受各种主客观因素的影响而导致其提供的情况与案件事实出入较大的现象。对其陈述的审查验证应重点放在以下几个方面：

（一）审查验证被侵害人陈述案情时的精神状态

对于火灾的侵害，不同的被侵害人会表现出不同的精神状态，不同的精神状态对其陈述内容的真实性也会产生不同的影响。如有的被侵害人出于对火灾肇事嫌疑人的愤恨，可能会故意夸大犯罪事实和情节，以求严惩罪犯；有的被侵害人受人利诱、威胁而不敢说出事实的真相或先证后翻；有的被侵害人为报复他人而故意编造虚假事实与情节等。因此，必须注意观察和判断被侵害人陈述时的心理因素和精神状态。

（二）审查被侵害人与火灾肇事嫌疑人的关系

一般而言，被侵害人与火灾肇事嫌疑人素不相识或关系正常，其虚假陈述的可能性较小；相反，如果被侵害人与火灾肇事嫌疑人有这样或那样的利害关系，那么其陈述中出现虚假成分的可能性就较大；如夸大事实情节，加重火灾肇事嫌疑人罪责，或缩小、隐瞒事实真相，为嫌疑人开脱罪责。因此，对被侵害人与火灾肇事嫌疑人在案发前的关系应进行审查判断。

（三）审查判断被侵害人陈述内容前后是否矛盾，是否符合事物的发展规律

客观真实的陈述前后应一致，而且也是符合事物的发展规律的。若发现被侵害人陈述内容不合情理或前后矛盾，应进一步询问或采用其他的方法进行核实。另外，对于被侵害人陈述内容与案件其他证据存在矛盾的，也应进一步查证，以判明真伪。

四、对火灾肇事嫌疑人供述的审查验证

火灾肇事嫌疑人与案件的处理结果关系最为密切，部分火灾肇事嫌疑人为了逃避罪责或减轻处罚，常常会提供虚假的口供。因此，对火灾肇事嫌疑人的口供应重点进行审查判断。审查判断应重点放在以下几个方面：

（一）审查火灾肇事嫌疑人供述的动机

实践表明，火灾肇事嫌疑人对犯罪事实的供述存在着各种各样的动机：有的是出于真诚悔过，投案自首，如实供述火灾事实；有的是在确凿、充分的证据面前被迫交代；有的是出于“江湖义气”或其他原因独揽罪责，等等。火灾肇事嫌疑人的不同供述动机，对其口供的真实性存在不同影响。因此，不能简单地认为凡是火灾肇事嫌疑人已供认的罪行就可以信以为真，而必须仔细审查其供述的动机，以辨明真伪。

（二）审查火灾肇事嫌疑人供述的内容是否合情理，前后供述是否一致、有无矛盾

对于火灾肇事嫌疑人供认的火灾事实，要根据各个案件的具体情况，从火灾的时间、地

点、动机、目的、手段和后果等方面分析其是否合乎客观实际和事物的发展规律，并审查其前后供述是否一致，有无逻辑矛盾等。如果火灾肇事嫌疑人所供述的情节不合乎火灾发生的一般规律，或其供述前后矛盾，漏洞百出、时而翻供，则不可轻易相信，必须进一步调查核实，判明真假。

（三）审查火灾肇事嫌疑人供述是在何种情况下提供的，事前有无串供或受外界影响等情况

尤其应注意查清在讯问火灾肇事嫌疑人时有无诱供、威胁、刑讯逼供等非法取证的情况。对于以非法取证手段取得的供述不能采用，必须依照法定程序重新进行讯问。

（四）对火灾肇事嫌疑人供述的审查判断必须结合其他证据进行对比分析

不仅要查清火灾肇事嫌疑人前后供述的内容是否一致，而且要查清与同案中其他火灾肇事嫌疑人之间、证人证言的供述及其他实物证据是否一致。如果同案多名火灾肇事嫌疑人的供述基本一致，并且其供述也能被证人证言、实物证据所证明，那么火灾肇事嫌疑人的供述就较真实。反之，任何一方面出现矛盾，都可能说明火灾肇事嫌疑人供述可能存在着虚假的成分，应进一步核实，通过证据间对照分析找出破绽。

五、对证人证言的审查验证

一般证人与案件的处理结果并无直接联系，其主观上提供虚假证言的可能性相对较小。对证人证言的审查判断应重点放在以下几个方面：

（一）审查判断证人的作证能力

《刑事诉讼法》第六十条规定：生理上、精神上有缺陷，不能明辨是非、不能正确表达的人不能作为证人。因此，在对证人证言的审查判断时，首先应考察证人在生理、精神上是否有缺陷。若部分证人虽然生理、精神上有缺陷，但在某些方面能辨别是非，并能正确表达，仍应肯定其作证资格。对于证人作证能力的认定，应当根据案件的复杂程度、作证能力对证人智力发育的要求程度，并结合有关证人的生理、心理环境因素，据案情加以审查判断。

（二）审查判断证人的品格、操行以及与案件的关系

实践证明，凡是品格、操行优良的证人，其证言较为真实可靠；反之，其证言可靠性较弱。但应注意的是，对此不能一概而论，应具体情况具体分析，不能以证人的身份、地位作为其证言证明力的唯一标准。同时还应审查证人与案件之间的关系，深入调查证人与被侵害人、火灾肇事嫌疑人之间有无利害关系。一般情况下，证人与案件当事人无任何利害关系，则其陈述相对来说比较可靠；反之，则虚假的可能性较大，应重点审查。证人与被害人、火灾肇事嫌疑人的利害关系是十分复杂的，既可能是财产关系，也可能是奸情、私仇关系，还有可能是亲属关系、上下级等关系。这些关系的存在，都有可能影响证人客观、公正陈述，从而影响证人证言的真实性。

（三）审查证人的感知能力、记忆能力、表达能力

证人的感知能力直接影响着证言的客观性和全面性，因此，对证人的感觉器官是否正常、感知案件情况时的客观环境和条件好与坏等这些影响证人感知能力的客观因素应进行审查。其次，证人的良好记忆力也是证人提供证言的必要条件，但证人的年龄、健康状况、知识经验都会对其记忆力产生影响，因此，也应对证人的年龄、健康状况、知识经验等因素进行审查判断。再次，证人的表达能力也直接影响着证言的证明力。即使证人对案件的感知能

力、记忆能力都正常，但表达能力存在缺陷，同样也会影响证言的证明力。因此，对证人的表达能力进行审查判断也是必要的。

（四）审查判断证人证言内容是否合理以及与其他的证据是否有矛盾

一份真实的证言在内容上应当前后一致，没有矛盾。如果一份证言在内容上前后矛盾或与其他的证言存在矛盾，那么这份证言就可能存在虚假的成分，应进一步审查判断，以判明其真伪。此外，还应当审查证人证言与其他实物证据之间有无矛盾，这也是审查证人证言是否真实的一个重要方面。

（五）审查判断获取证言的途径、过程是否合法

应审查调查人员在获取证人的证言时是否采取暗示、诱导，是否向证人透露有关案情，是否存在刑讯逼供等情况。如存在上述情况，所获取的证言不能作为证据使用。还应审查询问笔录形式要件是否符合法律规定，有无证人、调查人员的签名或盖章等。

第六节　火灾事故调查询问笔录

进行现场询问，必须制作正式笔录。现场询问笔录是法律文书。现场询问笔录对于确定火灾原因、处理责任者都有重要意义，是认定火灾原因的重要证据材料。

一、制作火灾事故调查询问笔录的要求

制作现场询问笔录必须准确、客观、完全、合法。具体地说，有以下几项要求：

(1) 必须两人（或两人以上）询问，一人问、一人记。

(2) 对于询问对象的陈述要按他本人的语气记录，并且尽可能做到逐句记述，不能做任何修饰、概括和更改。

(3) 对于询问时的问和答，也应当逐句记入笔录里，并且要反映出问与答的语气、态度，必要时，可以把问、答双方的动作和面部表情也记入笔录。

(4) 询问结束，必须向询问对象宣读笔录，或者询问对象亲自阅读。如果询问对象请求补充和修改，应当允许，并让询问对象在补充、修改处按手印或签名、盖章。

(5) 询问对象请求亲笔书写证言，应当允许。但必须事先认真地询问，然后要求询问对象立即在询问地点进行书写。必要时火灾事故调查人员可以把他要回答的问题列举出来，让他亲自书写。询问对象书写完毕后，应马上检查笔录里所写证言是否完全，若不完全，可以让他进行补充。

(6) 询问笔录应按顺序编号，并由询问对象逐页签名、盖章或按手印。火灾事故调查人员及其他人员（如翻译人员等）也应在笔录上签字。

(7) 对于每一个询问对象的询问笔录，都必须单独制作，不允许把几个询问对象的证言写在同一份笔录里，更不允许只制作某一个询问对象的笔录，而让其他询问对象在该笔录上分别签名。

(8) 询问笔录正文里遗留下来的空白页、行，在询问对象签字以前，都应由询问人画线填满。

(9) 现场询问笔录的用纸必须合乎要求，字迹必须清晰、工整。

(10) 现场询问笔录必须用钢笔或毛笔书写，不能用圆珠笔或铅笔记录。

上述要求，火灾事故调查人员必须严格遵守，不得破坏其中任何一项。否则，询问笔录就会失去它应有的证据价值和法律效力。

二、调查询问笔录的内容格式

现场询问笔录一般由开头、正文和结尾三部分组成。现分别简述于下：

（一）开头部分

开头部分主要记明如下内容：

（1）笔录的名称：询问笔录。

（2）询问人员的姓名、单位。

（3）询问的地点、时间。

（4）被询问对象的简况：姓名、性别、年龄或出生日期、国籍、民族、文化程度、工作单位、职业或职务、家庭住址、身份证号码、联系电话等。

（二）正文部分

在这一部分里，采取一问一答的形式，主要记载：询问对象陈述的关于火灾事实的详细情况、经过、感受火灾时的客观条件，有谁了解情况以及询问人员想要了解的情况等。

（三）结尾部分

基于询问对象阅览笔录的方式不同，在询问笔录的末尾以下列词句结束较为妥当："笔录已经本人阅读，记载无误"，或者是"笔录已向我宣读，记载无误"，并加按手印。

三、调查询问笔录示例

询 问 笔 录　　　　第×次　共×页

询问时间：×年×月×日×时×分　至　×年×月×日×时×分

询问地点：

询问人：　　　　工作单位：　　　　职务：

记录人：　　　　工作单位：　　　　职务：

被询问人：　　　　曾用名：

性别：　　　　民族：　　　　年龄：　　　　文化程度：

工作单位：　　　　职务 ：

户籍所在地：

详细住址：

身份证号：　　　　联系电话：

问：我们是________________的工作人员，现依法向你询问____________________案的有关问题，请你如实回答，作伪证、假证或隐匿证据将追究相应的法律责任。对与本案无关的问题，你有拒绝回答的权利。你是否听清楚了？

答：听清楚了。

问：火是怎样着起来的？

答：车间暖气管漏气，田××和我用电焊补漏时，火花溅到车间里的聚苯乙烯板材上而着起了火。

问：请你把起火前后的详细经过讲一讲好吗？

答:今天早上一上班,我先打扫卫生。大约1小时左右安排田××把车间内南端暖气漏气的地方用电焊补漏,田××又让我与他一起去焊补。干活前,我们用废铁板将附近的聚苯乙烯板挡上,锅炉工停了暖气,我们就开始焊补。暖气漏气部位在车间南端房顶上,田××在上边焊,我在下边递东西。

问:你们怎样发现起火的?

答:刚开始焊,一根焊条未用完,田××告诉我着火了,我回头一看聚苯乙烯板堆边着火了。

问:聚苯乙烯板堆垛最高层表面用铁板盖严了吗?

答:盖了。可能不严,火星落上,起了火。

问:你说一下起火的位置和起火的时间?

答:聚苯乙烯板堆垛南边顶部先着的,大约11时左右着的火。

问:发现起火后,你们干了些什么?

答:田××在板堆上扑火,我跑出去叫人,取灭火器,后来火就着大了。

问:你们动电焊时,还有谁知道?

答:除我们两人外,还有孙××知道,其他人不清楚。

问:田××和你有电焊工证吗?

答:田××有没有我不知道,我没有。

问:你们在焊接前知不知道动明火可能引燃车间里的聚苯乙烯板?

答:知道,所以先用铁板盖挡着,防止掉上火星,干活时认为没事,没想到火烧得那么大。

问:你们干活前,到厂保卫科办理过动火手续吗?

答:没有,我们以前干这种活从未办过动火手续。

问:干活前你们有无安全防护措施?

答:当时我们将一个灭火器放在后门边,别的措施就没有了。

问:你们在干电焊活前,单位领导讲安全防火了吗?

答:没有。

问:平时你们单位在防火安全方面对工人进行培训吗?

答:没有。

问:别的情况还有吗?

答:没有了。

以上笔录已向我宣读,记载无误
韩××(签字或盖章)

××××年×月×日

思考题

1. 火灾事故调查询问的原则是什么?
2. 火灾调查询问的主要对象有哪些?
3. 对言词证据如何审查?
4. 制作火灾调查询问笔录有哪些要求?

第三章　火灾现场勘验

【学习目标】

1. 了解火灾现场勘验的任务、基本要求、现场勘验的方法。

2. 熟悉火灾现场勘验的职责、火灾现场的特点、火灾现场保护的方法。

3. 掌握现场勘验的原则、现场勘验的程序及方法、不同现场勘验记录的制作方法及要求。

火灾的发生、发展都有一定规律，掌握火灾的发生、发展、蔓延的规律和特点，并提取相关痕迹物证，对查明火灾原因至关重要。火灾现场勘验的过程就是从认识火灾发生、发展、蔓延的基本过程入手，以火灾现场不同部位的燃烧状态和痕迹为依据，首先确定起火部位和起火点，然后提取痕迹物证并对照当事人和有关群众的访问笔录，研究和分析它们之间的相互关系，确定火灾原因的过程。火灾现场勘验是实施火灾事故调查、搜寻火灾痕迹物证的重要手段之一，是查明火灾原因的重要途径。

第一节　概　　述

火灾现场勘验是指现场勘验人员依法并运用科学方法和技术手段，对与火灾有关的场所、物品、人身、尸体表面等进行勘验、验证，查找、检验、鉴别和提取物证的活动。火灾现场勘验是发现、研究、提取火灾证据的重要手段，也是通过现场分析作出火灾结论的系统调查工作。

一、火灾现场勘验的管辖

火灾现场勘验的法定主体是公安机关消防机构，有时需要聘请有关单位派专家协助工作。火灾现场勘验工作由负责火灾事故调查管辖的公安机关消防机构组织实施，火灾当事人及其他有关单位和个人予以配合。负责火灾事故调查管辖的公安机关消防机构接到火灾报警后，应立即派员携带装备赶赴火灾现场，及时开展现场勘验活动。

但具有下列情形的火灾，公安机关消防机构应立即报告主管公安机关通知具有管辖权的公安机关刑侦部门参加现场勘验：① 有人员死亡的火灾；② 国家机关、广播电台、电视台、学校、医院、养老院、托儿所、幼儿园、文物保护单位、邮政和通信、交通枢纽等社会影响大的单位和部门发生的火灾；③ 具有放火嫌疑的火灾。

对于勘验中发现放火案件线索，涉嫌放火罪的，经公安机关消防机构负责人批准，将现场和调查材料一并移交公安机关刑侦部门并协助勘验；确认为治安案件的，移交治安部门。

二、火灾现场勘验的任务

火灾现场勘验的主要任务：发现、搜集与火灾事实有关的证据，分析火灾发生及发展过程，为认定火灾事实、处理火灾案件提供证据。

围绕火灾现场勘验的主要任务，火灾现场勘验主要查清：

(1) 火场的方位及地形地物状况。

(2) 建筑物、构造物的耐火等级及其在火灾中被烧损的情况。

(3) 设备、物品、火源、电源等的位置及被烧情况。

(4) 木结构木家具的烧毁、倒塌、炭化程度；金属结构受热变形、变色、烧熔、破裂、塌落等情况。

(5) 火灾蔓延及烟熏情况。

(6) 发火物、引火物和发热体的残留状态及其位置；其他残留物的状况。

(7) 起火部位、起火点的位置及其附近物品的残留状况。

(8) 爆炸中心的位置和破坏状况；冲击波破坏的范围和程度；抛出物的种类、体积、重量、分布、方向和距离等。

(9) 尸体的数量、位置、姿态、死因；受伤人员的情况。

(10) 消防设施的效能、被破坏等情况。

(11) 其他情况。

三、火灾现场勘验的基本要求

(一) 及时

火灾现场本身就是破坏性的现场，而且随着时间的推移，各种能反映火灾事实的痕迹物证的特征受到各种不确定因素破坏的可能性就大，物体本身也可能发生变化。及时、迅速开展火灾现场勘验，有利于发现、提取能够证明火灾事实的证据，为尽快认定火灾性质，查处火灾事故打下良好基础。因此，火灾发生后，火灾现场勘验人员要及时开展火灾现场勘验工作。

(二) 合法

火灾现场勘验是一种执法行为，火灾现场勘验应当依法进行。现场勘验活动必须遵守法律的规定，使勘验活动具有合法性，使收集的物证、制作的现场勘验笔录都具有证据效率。

火灾现场勘验过程应当遵守《火灾现场勘验规则》的相关规定。如果现场勘验过程没有严格遵守相应程序，即使获得了能证明火灾事实的证据材料，也可能由于程序不合法而使这些证据材料失去证明作用。

(三) 细致

火灾现场勘验工作是一个发现、发掘、提取能够证明火灾事实痕迹物证的过程。火灾现场勘验人员面对的是一个经过燃烧、火灾扑救破坏的面目全非的变动现场，正常环境条件下存在的物品经过火灾的破坏后，会变得与原始状态完全不一样，加上火灾扑救中的破坏，会进一步加大现场的变化，使火灾现场勘验工作变得更加复杂和困难，因此火灾现场勘验人员在进行勘验活动时必须认真、仔细和周密。

火灾现场勘验工作辛苦、环境恶劣、责任重大，火灾事故调查人员要有勇于面对挑战、勇于克服困难的精神，以强烈的责任感认真做好现场勘验工作，该收集的证据要予以全部收集，这样才能圆满完成整个勘验工作。

（四）实事求是

实事求是要求火灾事故调查人员在现场勘验中，要尊重火灾现场的客观事实，不能先入为主，要采取实事求是、客观公正的态度，维护法律的公正性。决不能弄虚作假、歪曲事实，切忌主观臆断，更不能迫于上级要求限期破案的压力而炮制假痕迹、假证据。要按照火灾现场本来的面貌来记录和反映现场情况，做到实事求是。

四、火灾现场勘验的准备工作

现场勘验具有严格的时间要求，一旦发生火灾，不管白天黑夜，刮风下雨，酷暑严寒，都要立即赶赴现场，及时对火灾现场进行勘验。抓住火灾刚发生不久，燃烧痕迹和各种物证比较明显，火场有关人员也记忆犹新等有利时机，就能获得良好的勘验效果，反之，就会由于人为或自然的原因，使现场遭到破坏，或者由于事过境迁，失去机会，给火灾事故查处带来困难。因此，火灾事故调查人员必须经常保持战斗状态，发扬雷厉风行的作风，发生火灾后要用最快的速度赶赴火场。

（一）平时的准备工作

平时的准备工作是一项经常性的准备工作，做好平时的准备工作是做好火灾现场勘验的必要保障。作为火灾事故调查人员，应根据火灾现场勘验工作的实际需要做到以下几点：

（1）要熟练掌握业务及专业知识。火灾事故调查人员应根据现场勘验工作的需要经常学习有关建筑、化工、电工等方面的知识及现场勘验和物证鉴定的新方法和新成果，以适应不同火灾现场勘验的需要。

（2）努力提高绘图、照相、录像等专业技能。

（3）配备必要的勘验工具，如火灾现场勘验箱、照相器材、录音、录像设备、钢卷尺（或其他尺子）等，并能熟练操作、使用各种仪器、设备。

（4）要做好勘验仪器、工具的维护保养，使其处于完好状态。车辆和通讯联络工具也要保证好用、畅通，以备迅速出动。

（5）配备必要的勘验防护用品。

（二）临场的准备工作

火灾现场勘验人员到达现场后，首先应当在统一指挥下抓紧做好实地勘验的准备工作。

1. 观察火灾现场燃烧状况

在到达火灾现场后，火灾事故调查人员要立即选择便于观察火场全貌的立脚点，观察记录下列情况：

（1）火势状态、蔓延情况、火焰高度及颜色、烟的气味及颜色，建筑物及物品倒塌情况。

（2）扑救情况、破拆情况、抢救人员及财物情况。

（3）人员动态，可疑的人和事。

2. 开展勘验前的询问，了解火灾现场情况

现场勘验前向事主、火灾肇事者、发现人、报警人、了解火灾现场情况的人等了解有关火灾和火场的情况，为进行现场勘验提供可靠线索。有疑难问题，如化工火灾问题、电子产品火灾问题等，可直接请教有关专家。应了解的情况如下：

(1) 可能的起火部位、起火点、起火源、起火物。

(2) 火灾发生、发展的过程。

(3) 火灾现场有什么危险情况,如高压电源线落地、泄漏可燃气体、建筑物有倒塌危险等。

(4) 索取建筑物原来的图纸、设备目录、说明书等。

(5) 了解火灾现场保护情况。

(6) 火灾当时的气象情况。

3. 成立火灾现场勘验小组

火灾发生后,负责火灾事故调查的公安机关消防机构应当根据火灾事故调查的复杂程度以及火灾事故调查的实际需要成立火灾现场勘验小组,每个勘验小组中勘验人员不得少于两人,分工协作。对于有重大政治、经济影响的火灾,现场勘验小组人员除公安机关消防机构的火灾事故调查人员外,还应包括刑事技术、检察、安全生产监督管理和保险等部门的相关人员。若遇到特殊火灾现场,可邀请有关专家参加现场勘验、物证鉴定和起火原因的分析。火灾事故调查除了成立现场勘验小组外,还应成立现场保护小组、调查询问小组、损失统计小组和综合小组等。

4. 邀请现场勘验见证人

为了保证现场勘验的客观性、合法性,使勘验记录有充分的证据效力,现场勘验前,应在发案地点公安基层单位协助下,邀请两名与案件无关、为人公正的公民作现场勘验的证人。见证人的职责主要是通过亲身参加实地勘验的全部活动,目睹勘验人员在火灾现场发现、提取与火灾有关的痕迹与物证。如果在诉讼活动中对这些证据(痕迹、物证)的来源发生争议或怀疑时,他们可以出庭作证。因此,见证人必须自始至终地参加对现场的实地勘验。在勘验过程中发现痕迹、物证时应当主动让见证人过目。勘验结束后,应当让见证人在现场勘验笔录上签字。勘验前,要向见证人讲清见证人的职责,同时向他们讲明现场勘验的纪律,不能随意触摸现场上的痕迹、物品,对勘验中发现的情况,不能随意泄漏。考虑到见证人在诉讼活动中的特殊地位,他们的证词是诉讼证据之一,为保证证据的客观性、真实性,案件当事人及亲属,公、检、法的工作人员,不应充当现场勘验的见证人。

5. 准备勘验器材

常用的有勘验箱、照相器材、绘图器材、清理工具、提取痕迹物证的仪器和工具、现场检验仪器以及个人防护装备等。

6. 做好个人安全防护,排除险情

现场勘验人员进入现场勘验之前,应当做好个人安全防护工作,应查明以下可能危害自身安全的险情,并及时予以排除,保证现场勘验安全、顺利地进行:

(1) 建筑物可能倒塌、高空坠物的部位。

(2) 电气设备、金属物体是否带电。

(3) 有无可燃、有毒气体泄漏,是否存在放射性物质和传染性疾病、生化性危害等。

(4) 现场周围是否存在运行时可能引发建筑物倒塌的机器设备。

(5) 其他可能危及勘验人员人身安全的情况。

7. 确定勘验程序

进入火灾现场实地勘验前,现场勘验负责人应当根据现场特点和实际情况,确定进入现场的路线、勘验的步骤和方法。一般情况下，对于火灾现场范围较小、破坏较轻、起火部位和原因比较容易认定的火灾现场，其勘验的过程可简单些；而对于复杂的火灾现场，为了使现场勘验工作有序进行，应按照程序进行现场勘验，以免遗漏重要物证。

五、火灾现场勘验的方法

（一）静态勘验

静态勘验是指勘验人员不加触动地观察现场物体由于火灾的发生、蔓延和扩大而引起的变动、变化，观察各种痕迹、物证的特征、所在位置及相互关系，并对其进行固定、记录。

（二）动态勘验

动态勘验是指勘验人员在静态勘验的基础上，对怀疑与火灾事实有关的痕迹、物证等进行翻转、移动的全面勘验、检查，其目的是更深入地分析、研究该痕迹、物证的形成原因及证明作用。

对火灾现场进行勘验，从整体来讲，应按照环境勘验、初步勘验、细项勘验、专项勘验的步骤进行，但具体的现场则可以根据具体情况采用不同的方法，采用何种方法应根据火灾现场情况而定：

1. 离心法

离心法是由现场中心向外围进行勘验的方法。这种方法适用于火灾现场范围不大，痕迹、物证比较集中，中心部位比较明显的火灾现场，也适用于在无风条件下形成的均匀平面火场。

2. 向心法

向心法是由现场外围向中心进行勘验的方法。这种方法适用于火灾现场方位不大，痕迹、物证分散，可燃物燃烧均匀，中心部位不突出的火灾现场。

3. 分片分段法

分片分段法是根据现场的情况将现场分片分段进行勘验的方法，适用于范围较大或者狭长的火灾现场。当现场环境较为复杂时，为了寻觅痕迹、物证，特别是微小痕迹、物证，可以分片分段进行勘验。如怀疑有多个起火点的现场，可以从各个重点部位分头进行勘验，或逐个进行勘验。

4. 循线法

循线法是沿着行为人进出现场的路线进行勘验的方法。对于放火现场，若现场上的痕迹反映清楚，放火者进出火场的路线又容易辨别出来，或经过现场访问可查清放火者进出的路线，即可沿着放火者进出火场的路线进行勘验。

六、火灾现场勘验的原则

火灾现场勘验应遵守“先静观后动手、先照相后提取、先表面后内层、先重点后一般”的原则。

（一）先静观后动手

在勘验火灾现场时，不要急于移动、扒掘现场物品，而是应在仔细观察的基础上，制定勘验路线、步骤和方法。这样可以避免火灾现场遭受大的破坏，有利于寻找、发现有价值的线索。

"先静观后动手"的原则要求火灾现场勘验人员在移动和变动火灾现场任何一个痕迹或物品之前，一定要认真考虑移动和变动痕迹或物品可能会对现场造成什么样的影响。因为火灾现场勘验过程一般是不可逆，在没有弄清楚现场具体情况之前，不可贸然行事，否则可能对现场造成不可恢复的破坏，从而影响后续的勘验工作。

（二）先照相后提取

对于现场勘验中发现的各种痕迹、物证，不应立即提取，而是应使它保持在原始的位置和状态，用笔录、照相或录像的方法予以固定，并经见证人（或当事人）见证后才予以提取，确保证据的真实性和合法性。

（三）先表面后内层

对物体进行勘验时，应先对物体的表面进行勘验，然后才对物体的内部进行勘验。在扒掘现场残留堆积物时，应先从表面开始清理，边清理边观察塌落层次以及清理出来的物品，这样才能发现物证和减少对物证可能造成的破坏。

（四）先重点后一般

在现场勘验中，为了确保不遗漏、不破坏重要的物证，以及尽快查明火灾事实，每一阶段的勘验工作都应先从重点部位开始，然后再到一般部位；先勘验重要的物证，再勘验一般的物证。

七、火灾现场勘验职责

火灾现场勘验工作主要包括：现场保护、实地勘验、现场询问、物证提取、现场分析、现场处理，根据调查需要进行现场实验。公安机关消防机构勘验火灾现场由现场勘验负责人统一指挥，勘验人员分工合作，落实责任，密切配合。

火灾现场勘验负责人应具有一定的火灾事故调查经验和组织、协调能力，现场勘验开始前，由负责火灾事故调查管辖的公安机关消防机构负责人指定。

（一）现场勘验负责人应履行的职责

(1) 组织、指挥、协调现场勘验工作。

(2) 确定现场保护范围。

(3) 确定勘验、询问人员分工。

(4) 决定现场勘验方法和步骤。

(5) 决定提取火灾物证及检材。

(6) 审核、确定现场勘验见证人。

(7) 组织进行现场分析，提出现场勘验、现场询问重点。

(8) 审核现场勘验记录、现场询问、现场实验等材料。

(9) 决定对现场的处理。

（二）现场勘验人员应履行的职责

(1) 按照分工进行现场勘验、现场询问。

(2) 进行现场照相、录像，绘制现场图。

(3) 制作现场勘验记录，提取火灾物证及检材。

(4) 向现场勘验负责人提出现场勘验工作建议。

(5) 参与现场分析。

第二节　火灾现场保护

火灾现场是指发生火灾的地点和留有与火灾原因有关的痕迹物证的场所。火灾现场保留着能证明起火点、起火时间、起火原因等的痕迹物证，如不及时保护好火灾现场，现场的真实状态就可能受到人为或自然原因的破坏，不但增加了火灾事故调查的难度，甚至也可能永远查不清起火原因。

公安机关消防机构接到火灾报警后，应当立即派员赶赴火灾现场，做好现场保护工作，确定火灾事故调查管辖后，由负责火灾事故调查管辖的公安机关消防机构组织实施现场保护。保护人员要有高度的责任心，坚守岗位，尽职尽责，保护好现场的痕迹物证，自始至终地保护好火灾现场。

一、火灾现场的特点

（一）火灾现场的暴露性与破坏性

由于火灾本身的破坏作用（爆炸、燃烧等）和人为的破坏作用（救火、伪造现场）等原因，火灾现场具有复杂而又不完整的破坏性特点；此外，火灾现场的种种变化，都可以为人们所感觉到，使人有可能凭直观就能发现哪里发生了火灾，以及火灾发生的情况。通过视觉，观察到火灾的燃烧过程；通过听觉，听到了火灾燃烧、倒塌以及爆炸的声响；通过嗅觉，闻到火灾中不同物质燃烧的气味等等。所以，火灾具有很大的暴露性特点。火灾现场的破坏性和暴露性的特点，为我们消防工作提出了在救火时及火灾后保护好现场，火因调查过程中注意再现火灾在周围群众记忆中的"痕迹"问题。

（二）火灾现场的复杂性与因果关系的隐蔽性

由于火灾的破坏性和人为的破坏作用，往往使能反映出起火部位、起火点以及起火原因的痕迹与物证也遭到了不同程度的破坏，在原来的痕迹物证上留下了很多新的加层痕迹与物证，使火灾现场更加复杂化；由于火灾现场的破坏性，要"再现"火灾的发生、发展过程是一个逆推理过程。在推理过程中，由于痕迹物证被破坏或烧毁，推理过程往往因此中断，这反映了火灾现场的复杂性。这种现象与本质之间、现象与因果关系之间的复杂性，反映了因果关系的隐蔽性特点，所以在火灾事故调查中，一定要细致、全面、科学。

（三）同类现场的共同性与具体火灾现场的特殊性

火场上的现象尽管很复杂，表现形式也是多样的，但总的来说，同样的事物总是或多或少地有着某些相同的特征，火灾现场也不例外。同类火灾现场具有某些相似的特征，这些相同的特征都反映着同类火灾现场的共同性，通过这些共同性，我们就可以把这一类火灾从另一类火灾中区别出来，找出同类火灾现场的一般规律和特点，去指导火灾现场的调查工作。

虽然同类火灾现场的现象具有共同性，但是同类火灾现场中的具体火灾现场由于各种原因的影响（如建筑结构、火灾燃烧时间、灭火过程中的破坏作用等等），其所表现出来的现象又不是完全相同的，都有着自己的特殊性，有时在这些特殊性中就隐藏着火灾原因的真相，对于这种情况我们就要具体问题具体研究，不能忽略任何一个细节，这也是作为一名火灾事故调查人员所应具备的一项特殊技能，即要有敏锐的洞察力。

二、火灾现场的分类

(一) 根据火灾现场形成之后有无变动分类

根据火灾现场形成之后有无变动,可将现场分为原始现场和变动现场。

1. 原始现场

原始现场就是火灾发生后到现场勘验前,没有遭到人为的破坏或重大的自然力破坏的现场。原始现场能真实、客观、全面地反映房屋倒塌、火灾发展、蔓延的本来面目,火灾的痕迹物证较完整,对分析火灾原因比较有利。

2. 变动现场

变动现场是指火灾发生后由于人为的或自然的原因,部分或全部地改变了现场的原始状态。这类现场对于火因调查会带来种种不利因素,会使火因调查人员失去本来可以得到的痕迹与物证。对于这类现场,我们应及时地进行访问调查,了解在灭火过程中由于抢救排险、破拆、水渍、水流冲击、喷洒灭火剂等因素所造成的对火灾现场破坏程度,搜集在人们记忆中的"痕迹",以便加以分析研究。

(二) 根据火灾现场的真实情况分类

根据现场的真实情况,可将现场分为真实现场、伪造现场和伪装现场。

1. 真实现场

真实现场是火灾发生后到现场勘验前无故意破坏和无伪装的现场。

2. 伪造现场

伪造现场是指与火灾责任有关联的人有意布置的假现场。伪造现场有两种情况,一是犯罪分子为了掩盖其如盗窃或贪污、杀人等犯罪行为,伪造火灾现场以淹没证据,转移调查人员的视线;二是故意伪造假现场以陷害他人,进行陷害、报复、泄愤。

3. 伪装现场

伪装现场是指火灾发生后,当事人为逃避火灾事故责任,有意对火灾现场进行某些改变的现场。如把放火伪装成失火或把失火伪装成意外事故等。

对于以上五种现场,我们应在实践中总结规律、经验加以区别,以免误判火灾。

此外,根据发生火灾的具体场所是否集中,可将火灾现场分为集中火灾现场和非集中火灾现场,大多数火灾现场是集中的,但也有火灾发生在此,火灾原因在彼,以及由于飞火和爆炸造成的不连续的、非集中的火灾现场等。

三、火灾现场保护的方法

火灾现场保护工作是做好火灾现场勘验工作的重要前提。火灾发生后,如不及时保护好现场,现场的真实状态就可能受到人为的或自然的原因(如清点财物、扶尸痛哭、好奇围观、刮风下雨、采取紧急措施等)的破坏。火灾现场是提取查证起火原因痕迹物证的重要场所,若遭到破坏,则直接影响火灾现场勘验工作的顺利开展,影响勘验人员获取火灾案件现场诸因素的客观资料。这种现场,即使勘验人员十分认真、细致也会影响勘验工作的质量,影响对某些问题(如案件定性、痕迹形成原因等)作出准确的判断。只有把火灾现场保护好了,火灾事故调查人员才有可能快速、全面、准确地发现、提取火灾遗留下来的痕迹物证,才有可能不失时机地补充提供现场访问的对象和内容、获取证据材料。因此在火灾事故调查工作中要务必保护好火灾现场。

（一）火灾现场保护的要求

(1) 现场保护人员必须在火灾事故调查组负责人领导下开展工作。火灾发生后，特别是发生对社会、经济影响较大的火灾后，一般都会成立火灾事故调查组，领导和协调整个火灾事故调查工作。现场保护人员必须在火灾事故调查组的领导下开展工作，一切行动听指挥。

(2) 扑救火灾的过程也是保护火灾现场的重要环节。灭火指挥员在灭火行动中应有保护现场的意识，尽可能避免现场受到更严重的破坏，除了必要的情况外，尽量避免采用直流水流灭火，而应使用开花或喷雾水流灭火，还应尽量减少拆除或移动现场中的物品。参加救援的人员，应树立全局观念，在灭火救援的同时，尽可能地保护现场，把对现场的破坏降到最低限度。

(3) 火灾事故调查人员应及时赶赴现场协调现场保护工作。火灾事故调查人员到达现场后，应主动、及时地部署现场保护工作，以减少人为、自然因素的影响。辖区公安派出所、失火单位和个人都有保护现场的责任，广大公民都有义务协助保护现场。辖区公安派出所、失火单位的安保人员等，都是调查人员进行现场保护所依靠的骨干力量。

(4) 现场勘验时所有人员不得携带与现场勘验无关的物品进入现场，严禁在火灾现场内做与火灾事故调查无关的事情，特别应禁止所有人员在现场吸烟。勘验过程中的帽套、鞋套和其他包装物，以及用过的矿泉水瓶等，应集中处理，严禁随地丢弃。

(5) 中介机构的有关鉴定人员需要进入现场收集证据的，必须经公安机关消防机构或火灾事故调查组负责人的同意。现场勘验人员有权制止他们损坏痕迹物证和不利证据保全的行为，必要时可向公安机关消防机构负责人报告，以中止其证据收集活动。

(6) 勘验过程中，在满足勘验要求的前提下，应力求保护现场的原始状态。对情况较为复杂的现场或勘验人员认为需要继续研究、复勘的现场，应视情况予以全部保留或局部保留。

(7) 应挑选工作认真、责任心强的人担任现场保护人员。此外还应对现场保护人员进行必要的审查，与火灾有直接利害关系的人不得担任现场保护人员。必要时，可由公安机关负责确定火灾现场保护人员。

(8) 现场保护人员应明确责任、明确分工。对现场保护人员应进行现场保护纪律的教育，并严格落实交接班制度。

(9) 决定封闭火灾现场时，公安机关消防机构应当在火灾现场对封闭的范围、时间和要求等予以公告。制作填写《封闭火灾现场公告》(附表 3-1)，并在火灾现场醒目位置张贴公告。

（二）火灾现场保护的范围

火灾发生后，火灾事故调查人员必须迅速赶赴现场，首先了解发生火灾前后的情况，查证属实后，根据现场的具体情况，划定现场保护的范围。一般情况下，保护范围应包括被烧到的全部场所及与起火原因有关的一切地点。保护范围圈定后，禁止任何人进入现场保护区，现场保护人员未经许可不得无故进入现场移动任何物品，更不得擅自勘验，对可能遭到破坏的痕迹物证，应采取有效措施，妥善保护，但必须注意，不要因为实施保护措施而破坏了现场上的痕迹物品。

确定保护火场的范围，应根据起火的特征和燃烧特点等不同情况来决定，在保证能够查清起火原因的条件下，为火灾后不更多地影响正常生产和正常生活秩序，尽量把保护现场的范围缩到最小限度。如果在建筑群中起火的建筑物只有一幢，那么需要保护的现场也只限于起火的那一幢。在一幢建筑物内如果起火的部位只是一个房间，则需要保护的火场也应限定在这个房间的范围内。

但遇到下列情况时，需要根据现场的条件和勘验工作的需要扩大保护范围：

1. 起火点位置未能确定

起火部位不明显；起火点位置看法有分歧；初步认定的起火点与火场遗留痕迹不一致等。

2. 电气故障引起的火灾

当怀疑起火原因为电气设备故障时，凡属于火场用电设备有关的线路、设备，如进户线、总配电盘、开关、灯座、插座、电机及其拖动设备和它们通过或安装的场所，都应列入保护范围。有时因电气故障引起火灾，起火点和故障点并不一致，甚至相隔很远，则保护范围应扩大到发生故障的那个场所。

3. 爆炸现场

对建筑物因爆炸倒塌起火的现场，不论抛出物体飞出的距离有多远，也应把抛出物着地点列入保护范围，同时把爆炸场所破坏和影响到的建筑物等列入现场保护的范围。但并不是要把这么大的范围都封闭起来，只是要将有助于查明爆炸原因、分析爆炸过程及爆炸威力的有关物件保护和圈定。

4. 有放火嫌疑的现场

有放火嫌疑的火灾现场，因放火嫌疑人会在现场周围留下某些痕迹物证，此时不能只限于保护着火的现场，必须扩大现场保护范围，以保护重要的物证不被破坏。具体扩大保护的范围视情况而定。

5. 飞火引起的火灾现场

对于怀疑是飞火引起的火灾现场，也应扩大现场保护的范围，把可能产生飞火的火源与火灾现场之间的区域列入保护范围，以便收集飞火的证据。

（三）火灾现场保护的时间

现场保护时间从发现火灾时起，到整个火灾事故调查工作结束为止。在保护时间内，对确需要及时恢复生产，且对现场不会造成严重破坏，不影响火灾事故调查的，公安机关消防机构可视情况予以批准。

当事人对火灾事故认定不服，应当延长现场保护时间。延长期间的火灾现场保护工作由当事人自行负责。

为了尽可能地减少火灾间接损失，尽快恢复灾后正常的生产和生活秩序，公安机关消防机构应及时勘验火灾现场，开展火灾事故调查，及时作出火灾事故认定，尽早解除火灾现场的保护。火灾现场保护时间，由负责火灾事故调查工作的领导根据火灾事故调查工作的具体情况确定。

（四）火灾现场保护的方法

1. 灭火中的现场保护

消防指战员在灭火战斗展开之前进行火情侦察时，应注意发现和保护起火部位和起火点。对于起火部位，在灭火中，特别是扫残火时，在这些部位尽可能使用开花水流，不要轻易破坏或变动物品位置，应尽量保持燃烧后物体的自然状态。特别是起火部位、起火源地段要特别小心，尽可能不拆散已烧毁的结构、构件、设备和其他残留物。如果仍有燃尽的危险应用开花水流或喷雾进行控制，避免更大水流的冲击。在翻动、移动重要物品以及经确认死亡的人员尸体之前，应当采用编号并拍照或录像等方式先行固定。

2. 勘验前的现场保护

火灾被扑灭后，消防部门应立即组织、指挥、协同起火单位，保护现场。

(1) 露天火灾现场的保护方法

对露天现场的保护，首先应在发生案件的地点和留有与火灾有关的痕迹物证的一切场所的周围，划定保护范围。保护范围划定后，应立即布置警戒，禁止无关人员进入现场。如果现场的范围不大，可以用绳索划警戒圈，防止人们进入，对现场重要部位的出入口应设置屏障遮挡或布置看守；如果火灾发生在交通道路上，在农村可实行全部封锁或部分的封锁，重要的进出口处，布置专人看守或施以屏障，此后根据具体情况缩小保护范围；在城市由于人口众多，来往行人、车辆流动性大，封锁范围应尽量缩小，并禁止群众围观，以免影响通行。

(2) 室内火灾现场的保护方法

对室内现场的保护，主要是在室外门窗处布置专人看守，或重点部位加以看守加封；对现场的室外和院落也应划定出一定的禁入范围，防止无关人员进入现场，以免破坏了现场上的痕迹与物证；对于私人房间要做好房主的安抚工作，劝其不要急于清理。

(3) 大型火灾现场的保护方法

利用原有的围墙、栅栏等进行封锁隔离，尽量不要阻塞交通和影响居民生活，必要时应加强现场保护的力量，待勘验时，再酌情缩小现场的保护范围。

3. 勘验中的现场保护

现场勘验也应看作是保护现场的继续。有的火场需要多次勘验，因此在勘验过程中，任何人都不应有违反勘验纪律的行为。勘验人员在工作中认为烧剩下的一些构件或物体妨碍工作，也不应随意清理。在清理堆积物品、移动物品或取下物证时，在动手之前，应从不同角度拍照，以照片的形式保存和保护现场。

4. 现场痕迹物证的保护方法

无论是露天现场还是室内现场，对于留有尸体痕迹、物品的场所均应该严加保护。为了引起人们的特别注意，以防无意中破坏了痕迹物证，可在有痕迹物证的周围，用粉笔或白灰划上保护圈记号。对室外某些痕迹、物证、尸体，容易被破坏的，可用席子、塑料布、面盆等罩具遮盖起来。有时火灾痕迹物证会留在曾在火场上活动过的小动物身上(如猫、鸟、鼠等)也应注意追踪和保护。

对易消失和损毁的痕迹物证，如汽油、煤油、酒精等一些易挥发的可燃液体，在光照风吹条件下很容易渗透、挥发掉，在火灾扑灭后，应尽快提取并密封；一些燃烧痕迹留在烧损严重的建筑墙体等残垣断壁上，很容易倒塌损毁，对此类痕迹也应及早拍照固定。

总之，现场保护痕迹物证的方法要根据火灾现场实际情况出发设法保护。

5. 现场尸体的保护方法

对于火灾、爆炸现场的尸体，如现场尚有火势蔓延危险或现场存在爆炸危险，尸体有遭到破坏的可能时，应及时设法将尸体移除现场。移动尸体时，应注意不要给尸体造成新的损伤或使尸体上原有的附着物脱落或黏附上新的其他物质，并记录尸体的原始位置和姿态。如果现场尸体较多时，可以用布条缠绕在尸体上并编上号，逐一记下尸体的原始位置。如果火灾已经扑灭，危险已经排除，则不必移动尸体，可等待法医到场后进行处理。

（五）火灾现场保护中的应急措施

保护现场的人员不仅限于布置警戒线，封锁现场，保护痕迹物证，由于现场有时会出现一些紧急情况，所以现场保护人员要提高警惕，随时掌握现场的动态，发现问题，负责保护现场的人员应及时对不同的情况积极采取有效措施进行处理，并及时向有关部门报告。

(1) 扑灭后的火场“死灰”复燃，甚至二次成灾时，要迅速有效地实施扑救，酌情及时报警。有的火场扑灭后善后事宜未尽，现场保护人员应及时发现，积极处理，如发现易燃液体或者可燃气体泄漏，应关闭阀门，发现有导线落地时，应切断有关电源。

(2) 对遇有人命危急的情况，应立即设法实行急救，对遇有趁火打劫，或者二次放火的，思维要敏捷，对打听消息、反复探视、问询火场情况以及行为可疑的人要多加小心，纳入视线后，必要情况下移交公安机关。

(3) 危险物品发生火灾时，无关人员不要靠近，危险区域实行隔离，禁止进入，人要站在上风处。对于那些一接触就可能被灼伤或有毒物品、放射性物品引起的火灾现场，进入现场的人，要佩戴隔绝呼吸器，穿全身防护衣，暴露在放射线中的人员及装置要等待放射线主管人员到达，按其指示处理，清扫现场。

(4) 被烧坏的建筑物有倒塌危险并危及他人安全时，应采取措施使其固定。如受条件限制不能固定时，应在其倒塌之前，仔细观察并记下倒塌前的烧毁情况、构件相互位置及可能与火灾原因有关的重要情况，最好在其倒塌之前，拍照记录。

采取以上措施时，应尽量使现场少受破坏，若需要变动时，事前应详细记录现场原貌。

（六）火灾现场勘验后的处理

在火灾现场保护封闭期间，现场勘验工作结束后，火灾现场勘验负责人根据现场勘验收集的痕迹物证并结合调查访问所获得的信息进行分析判断，如果火灾事故认定的证据足够充分，现场没有必要保留时，可决定解除现场保护并通知当事人可以清理现场。如仍有疑点需要进一步查清，需要进一步收集痕迹物证时，则必须继续做好火灾现场保护工作。具有下列情形之一的，应保留现场：

① 造成重大人员伤亡的火灾；

② 可能发生民事争议的火灾；

③ 当事人对起火原因认定提出异议，公安机关消防机构认为有必要保留的；

④ 具有其他需要保留现场情形的。

对需要保留的现场，可以整体保留或者局部保留，应通知有关单位或个人采取妥善措施进行保护。对不需要继续保留的现场，及时通知有关单位或个人。

第三节　火灾现场勘验程序

火灾现场勘验主要是为了找到并收集确定起火点和证明起火原因的痕迹物证。进入火灾现场开展实地勘验工作时，确定科学合理的勘验程序有利于有效保护好火灾现场，提高火灾现场勘验的效率，全面收集并提取火灾事故认定的证据，以防遗漏。一般情况下，火灾现场勘验程序可按照环境勘验、初步勘验、细项勘验和专项勘验的步骤开展现场勘验工作。

一、环境勘验

环境勘验是指火灾现场勘验人员在火灾现场的外围进行巡视，观察和记录火灾现场外围和周边环境情况的一种勘验活动。环境勘验过程中，现场勘验人员主要是观察和记录，一般不触动现场的物品，现场勘验人员可以通过绘图、文字记录、照相或录像的方式记录现场及其周边环境。通过环境勘验，可以使勘验人员对火灾现场及周边环境有一个整体的概念。

（一）环境勘验的目的

(1) 查明火灾现场方位及与周边环境的关系。察看火灾现场周边环境，明确其他建、构筑物与火灾现场的联系。

(2) 判定有无外部火源的可能性。通过环境勘验，判断火灾有无外来火源、电源故障引燃的可能性；判断有无可能是外部人为的因素引发的火灾，有无可疑的痕迹。

(3) 确定火灾范围和火灾现场外部的燃烧特点。通过环境勘验，确定火灾现场范围和火灾现场外部的燃烧特点，从整体上初步判断火灾现场各部位燃烧的轻重情况、火灾蔓延的大致方向，为下一步的勘验划定区域，确定勘验方法。

(4) 验证、核实有关火灾现场情况的证言。火灾事故调查人员在开始勘验前总会了解到一些关于最先起火的大致部位的证言，可通过环境勘验对这些证言予以初步验证、核实。

（二）环境勘验的内容

环境勘验包括两个方面的内容，一是对火灾现场周围环境的观察；二是从火场外部向火场内部的观察。

1. 对火场外部环境观察的主要内容

(1) 道路及围墙、栏杆有无可疑出入的痕迹。包括车印、攀登痕迹、引火物残体等，以判定有无放火的可能。

(2) 火场周围的所有烟囱的高度及与火场的距离、使用燃料的种类、当时的风力和风向、烟囱有无飞火引起的可能。

(3) 火场周围灰坑等其他临时用火点存灰及用火情况，并查明与火场的距离。

(4) 火场周围与上空通过的电气线路、进户线状况，广播、通讯等线路之间的间距。

(5) 火场周围地下是否有通过的可燃气体和液体的管道，管道和阀门的状态情况如何。

(6) 若雷击火灾。观察火场地形、火场最高物体与周围物体相对高度，判定可能的雷击点与起火范围之间的关系。

(7) 火场周围与生产、生活有直接关联的场所，如变配电室、锅炉房、值班室、倒班宿舍等。

(8) 现场周围有无监控录像设备。

2. 从火场外向火场主体观察的主要内容

(1) 燃烧范围、大致的燃烧终止线。

(2) 火场燃烧破坏程度，如建筑物屋顶塌落部位。

(3) 火场外表的大的物体构件倒塌形式和方向，如墙体房架等。

(4) 火场外表形成的烟熏痕迹，如建筑物门、窗外檐部烟迹。

(5) 火场外表形成的低熔点物体熔化、滴落痕迹，如建筑物墙体外表形成的沥青流淌痕。

(6) 通向火场的通道、开口部位变化情况,如建筑物的门窗扇、阳台围栏变形情况、破碎玻璃散落方向、抛出物的分布等。

环境勘验应当由现场勘验负责人率领所有参加实地勘验的人员,在火场周围进行巡视,观察的过程是先上后下,先外后内,发现可疑痕迹、物证,及时记录拍照并可以将实物固定、提取。

(三) 环境勘验的要求

(1) 环境勘验不是对现场进行简单巡视,而是一种勘验活动,是对现场周边情况边察看、边思考、边分析的勘验活动,只看不思考、不分析的环境勘验是没有意义的。

(2) 环境勘验是对火灾现场周边的物证进行收集的过程。对已经发现的物证,应及时进行收集、保全,而不应等到环境勘验结束时再回来提取证据。

(3) 除非必要,环境勘验一般不能破坏火灾现场现存的状态或改变物体的位置。

(4) 环境勘验中应注意从外围观察火灾现场是否存在可能危及勘验人员安全的各种险情,如观察现场电气线路是否带电,是否有倒塌危险,是否存在化学危险品等。

(四) 环境勘验的方法

环境勘验一般是由实地勘验人员在火灾现场周边进行巡视,从不同方向、不同的高度察看火灾现场的外部和内部情况,必要时可用望远镜观察。环境勘验一般只进行静态勘验,但若发现可疑痕迹、物证。例如火灾现场外部遗留的引火物、攀登工具、容器等,应及时拍照或录像固定,并可提取实物。

环境勘验一般是在火灾现场周边进行巡视察看,但如果现场处于交通要道或繁华场所,应当从最容易受到破坏和有碍交通的地点开始勘验,勘验结束后可尽快恢复交通。

二、初步勘验

初步勘验是指火灾现场勘验人员在不触动现场物体和不变动现场物体原来位置的情况下对火灾现场内部进行的一种静态勘验活动。

(一) 初步勘验的目的

(1) 查清火灾现场的全貌,核定环境勘验的初步结论。主要查清现场的建筑结构、内部平面布局、物品设备放置的位置以及它们被火烧毁、烧损的情况,印证在环境勘验中观察到的初步结论。

(2) 查清现场内部火源、热源、电源、气源、可燃物品和设备的摆放位置和使用状态。

(3) 收集能证明火灾蔓延方向、起火物和引火源的各种物证。

(4) 查清火势蔓延路线,确定起火部位。

(5) 初步验证当事人或证人提供的有关起火部位、起火物和引火源的情况。

(二) 初步勘验的内容

通过观察判断火势蔓延路线,确定起火部位和下一步的勘验重点,主要内容有:

(1) 现场不同方向、不同高度、不同位置的烧损程度。

(2) 垂直物体形成的受热面及立面上形成的各种燃烧图痕。

(3) 重要物体倒塌的类型、方向及特征。

(4) 各种火源、热源的位置和状态。

（5）金属物体的变色、变形、熔化情况及非金属不燃烧物体的炸裂、脱落、变色、熔融等情况。

（6）电气控制装置、线路位置及被烧状态。

（7）有无放火条件和遗留的痕迹、物品。

（8）初步勘验的其他内容。

（三）初步勘验的要求

（1）初步勘验不是仅仅对现场的物体进行观察，更重要的是对现场的物体要从其原来的用途、位置、状态和火灾后的变化等方面进行分析，判断它们有什么证明作用，证明了什么火灾事实等。对有证明价值的物证，要及时予以固定、保全。

（2）初步勘验应用静态勘验的方式，不可以改变所勘验的物体或痕迹物证的位置，也不可以拆卸或破坏，应保持其原始状态，这样才便于分析、比较其在火灾前的位置、状态与火灾后的关系。通过这样的比较，才能发掘证明火灾事实的证据。

（3）火灾事故调查人员在初步勘验中，通过对现场物体和痕迹物证的研究，应该对火灾发生、蔓延的过程以及可能的起火原因有一个比较正确的判断。

（四）初步勘验的方法

（1）在火灾现场内部站在可以观察到整个火灾现场的制高点，对火灾现场全面从上到下、从远到近地巡视。观察整个火灾现场残留的状态，并寻找出一条可以在火灾现场中巡行的通道。

（2）沿着所选择的通道，对火灾现场仍然按从上到下、从远及近地全面观察，对重点部位、可疑点反复观察。

（3）观察火灾蔓延终止部位周围的情况。因为火灾不是由一点向四周蔓延的，例如一侧有砖墙，火就可能向一个方向蔓延，这时如果只注意周围严重的烧毁情况，忽视停止部位附近具体情况，就可能把起火点的位置搞错，漏掉真正的起火点，所以要观察火灾终止线的具体情况，分析判断为何在此终止。

（4）观察整体蔓延情况。当一个建筑群中有几栋建筑物被烧或者一栋建筑物的几层被烧，这时要仔细观察研究每栋、每层、每个房间起火蔓延的途径。栋与栋之间一般在下风方向飞火蔓延，如果离的近，也可能由热辐射和热气对流综合作用下引燃。因飞火引燃的建筑物也在引火物建筑下风向，引火点位置一般比起火建筑物低。层与层之间一般通过楼梯、送风管道及其他竖向孔洞蔓延，有时也通过窗口向上蔓延。如果楼层未烧毁，不会由上到下蔓延。同层各房间一般通过门、走廊蔓延，平房多通过闷顶蔓延。要按上述对象中火流曾经蔓延过的地方寻找蔓延的痕迹，分析哪层、哪一间先着火，进而再找起火点。

（5）从火灾现场内部观察火灾现场外围情况，有无外来火源的可能，观察内容与环境勘验内容一样，但观察角度不同。

（6）根据现场访问提供的线索，对可能的起火点、发火物及危险物品存放的位置，进行验证性勘验。

（7）初步勘验以后，在不破坏现场的条件下，应该找出一条现场的路线。让参加现场访问的人员、必要的证人进入现场提供证言启发思路，使访问工作与实地勘验结合起来，加速查明火灾原因。

（五）初步勘验应注意的问题

（1）勘验人员在每一个观察点要搞清楚自己观察的位置和方向。

（2）要从各个方向观察现场中被烧毁的状态。

（3）凡是现场中遗留的一些物体，都要毫不例外地慎重对待，不可轻易抛弃。哪怕是只剩下一块木板，熔化了的金属片，落在地上的玻璃块，搭落的电线，对研究问题都可能起到作用。

（4）对烧毁的建筑物及其内部物体要结合原来的状况进行考察研究。要索取火灾现场起火前建筑物或设备安装的平面图及其他有关资料，以便对照分析。救火中或灭火后被人移动过的物体，可按起火前的方位复原，按照起火前的本来面目和火灾中被烧的状态考察。

（5）在初步勘验阶段，一般不要动手拆卸被烧的物体，不要剥离和翻动堆积物，只要起火部位没确定，一般不得挖掘现场。

（6）注意发现特点。烧毁的状况一般是与火灾发展蔓延的规律分不开的。因此一些勘验人员习惯于勘验中惯用蔓延规律的公式，忽略了烧毁状况所具有的并不十分突出的特点，使调查结果脱离实际，造成错误。热气流向上升，建筑火灾向上蔓延，某几层着火，从下层找原因，这是一个规律，但也有特殊性。如果一个多层建筑的竖井中，管道的包敷材料就会一直下落到底层，而且整个竖井内都会猛烈燃烧，火灾通过各层竖井的木门向走廊蔓延，发生立体火灾。如果不注意竖井的燃烧状态，尤其不注意每层竖井门及门框烧毁及烟熏的状态，而且不认真提出为什么各层都同时着起火来的问题，就容易在第一层下功夫。再如一般可燃物质，距火近的先着起来，但是如果火源是强烈的辐射源，位置在比较靠近墙的地方，由于墙的阻挡，往往离辐射源远的那侧窗框先被引着。因此要认真细致观察每一烧毁状态，认真发现其烧毁特点，分析成因，参照其他调查资料综合比较，以取得比较可靠的结果。

三、细项勘验

细项勘验是指对初步勘验中确定的重要部位和所发现的痕迹、物证进行扒掘、检验的一种动态勘验活动。

（一）细项勘验的目的

（1）核实初步勘验的结果，确定起火部位、起火点。

（2）解决初步勘验中的疑点。对于初步勘验中发现的可疑状况进行认真勘查、检验，明确其产生原因、对火灾及事实的证明作用。

（3）在起火部位处收集、保全证明起火物、引火源和起火原因的物证。

（4）验证证人证言或当事人陈述中有关起火点、引火源和起火经过的火灾事实，以及询问中获得的有关起火物、起火点的情况。

（5）确定专项勘验的对象。

（二）细项勘验的内容

（1）可燃物烧毁、烧损的状态。主要根据可燃物的位置、形态、燃烧性能、数量、燃烧痕迹，分析其受热或燃烧的方向。根据燃烧炭化程度或烧损程度，分析其燃烧蔓延的过程。

（2）建筑物和物品塌落的层次和方向。建筑物以及室内的物体在火灾中会发生倾倒、塌落现象。例如木结构屋架经过燃烧失去了强度就会倒塌；钢结构屋架也同样抵挡不了高温的破坏；存放物品的地板、货架、桌椅、橱柜经过燃烧，不仅本身会塌落或倾倒，放在上面的物品也会掉落。被烧木结构屋架和物体的塌落或倾倒是按照燃烧的顺序、程度形成层次和方向的。由此我们可以分析哪些地方先于哪些地方燃烧。

(3) 物质的熔痕和粘连物。火灾现场上电气线路以及用电设备上的熔痕有的可能直接反映出起火原因和火势蔓延路线,有的金属、玻璃、塑料等物质因受热变形熔化或同其他物质粘连在一起,这对分析火灾的发展过程有很强的证明作用。

(4) 建筑物结构和构件的耐火性能及其燃烧过程。火灾发展蔓延的速度,是由建筑结构和起火点周围构件的耐火性能决定的,从起火到燃烧终止的全部燃烧过程,直接受到建筑结构和构件耐火性能的影响,这对确定起火部位和燃烧时间,是一个重要的参考因素。

(5) 烟熏痕迹。要根据空间和建筑结构分析烟雾流动方向和途径,根据烟熏的形态和颜色分析火灾的燃烧程度和蔓延过程。

(6) 堆积物的层次、厚度、被烧后残留物的形态。

(7) 悬挂物掉落的位置和形态。

(8) 不燃物质的被损坏及被烧情况。

(9) 搜集现场残存的发火物、引火物、发热体的残体。

(10) 人员烧死、烧伤情况,死者姿态,判断伤者遇难前行动情况。

根据以上主要情况仔细研究每种现象和各个痕迹形成的原因,把现场中心与火灾蔓延有关联的各种事物和现象联系起来,就可以客观地、有根据地判断火灾发展蔓延途径、起火点的位置以及在该部位可能出现的起火原因。

(三) 细项勘验的要求

1. 准确确定扒掘的范围

火灾现场面积一般很大,但是能够表明起火原因的痕迹、物证,一般只能集中在一个地方或一个地段。其余大部分是起火后,因火焰蔓延而被燃烧,这些地方可能存在有关蔓延的痕迹,但是不容易发现能够证明起火原因的痕迹和物证。因而需要进行全面扒掘。扒掘的范围,应根据引火物、最初燃烧物质以及发火的痕迹所在的位置及其分布情况而决定。这些痕迹一般应集中在起火部位、起火点的位置及其附近,扒掘时应以起火部位及其周围的环境为工作范围,这个范围不宜太大,以免浪费时间,分散精力,这个范围也不宜太窄,以免遗漏痕迹。

2. 明确挖掘目标,确定寻找对象

如果事先没有明确寻找目标,则极易迷失方向,影响勘验的速度。挖掘寻找的目标,通常是起火点、引火物、发火物、致火痕迹以及与起火原因有关的其他物品、痕迹。对不同的火场,应该有不同的重点和目标,这些重点和目标不应主观决定,要根据调查访问及初步勘验所得的经过分析和验证的材料确定。

3. 要耐心细致

扒掘过程,特别是在接近起火部位时,必须做到"三细",即细扒、细看、细闻。应该使用双手或用铁丝制成的小扒子细细扒掘,绝对禁止在扒掘起火部位时用锹、镐等较大的工具。在扒掘中发现堆层中有较大的物体或长形物件时,不能搬撬或者拉出,防止搅乱了层次,应将它们保留,并不要使它们自然跌落或翻倒,将它们上面和周围的堆积物清除,细心观察,检验得出结论后再将其搬出,继续扒掘。发现可疑的物质必须细心观察、嗅闻,辨别其种类、用途及特征,在清除发现物体的尘埃时,不要用手剥,应用毛刷或吹气轻轻除去,发现某些不能辨认的可疑物质，应迅速拿去化验。

4. 注意物品与痕迹的原始位置和方向

起火点是根据物品与烧毁程度及痕迹特点确定的，如果依据的物品移动了位置或变动了方向未加查明，则会由此作出错误的判断。辨别物品是否改变了方向的方法一般是：询问事主、了解情况的人；根据物品原始的印痕加以辨认；有无被移动的痕迹；其所处位置是否正常。

5. 发现物证不要急于采取

发现有关的痕迹和物证，作记录和照相后，应使其保留在所发现的具体位置上，保持原来的方向、倾斜度等。总之，使之保留原来的状态，对它周围的"小环境"也要保护好，以待分析现场用，切不能随意处理。因为火灾现场实地勘验，特别是起火点及起火原因的判断，往往需要反复勘验才能确定。对于一个具体痕迹、物证，只有充分搞清了它的形成过程，各种特征及证明作用时，才能按一般收取物证的方法采取。关于起火点和起火原因的证据，必须在实地勘验最后结束前才能提取。有的时候需要邀请证人、当事人和起火单位代表过目，统一结论后再提取。

（四）细项勘验的方法

火灾现场勘验可以根据实际情况采用剖面勘验法、逐层勘验法、复原勘验法、筛选勘验法和水洗勘验法等。

1. 剖面勘验法

剖面勘验法是在初步判定的起火部位处，将地面上的燃烧残留物和灰烬扒掘出一个垂直的剖面，在扒掘剖面过程中和完成后，通过观察残留物每层燃烧的状况，辨别每层物质的种类，从而判断火灾蔓延过程的方法。剖面勘验法适用于已经初步判定了起火部位，对该部位进行进一步勘验和收集更多的证据时运用，注意在建立这个剖面时不要破坏原堆积物的层次。对于容易塌落的堆层，可扒掘成阶梯形剖面。在起火部位不同位置应用剖面勘验法，通过比较不同剖面各自的堆积物体和燃烧状况，分析火势发展蔓延的过程，可以判断起火点。

2. 逐层勘验法

逐层勘验法是对火灾现场上燃烧残留物的堆积物由上往下逐层剥离，并观察每一层物体的烧损程度和烧毁状态的方法。剥离中要注意搜集物证和记录每层的情况。这种勘验方法完全破坏了堆层的原始状态，因此要特别细致、认真。

3. 复原勘验法

复原勘验法是在询问证人的基础上，将残存的建筑构件、家具等物品恢复到原来的位置和形状，以便于观察分析火灾发生、发展过程的方法。复原时刻采用两种方法：残骸复原法和绘图复原法。残骸复原法是指收集现场物品残骸，根据证人证言及现场情况，将残骸拼接，分析其原始状态。绘图复原法是指按照证人提供的现场原始状况绘制现场复原图，了解起火前现场原始状态。

4. 筛选勘验法

筛选勘验法是对需要详细勘验、范围比较大，只知道起火点大致的方位，但又缺乏足够的材料证明确切的起火点位置的火灾现场采用的一种方式。是对可能隐藏有小型物证的火灾现场的残留物，通过适当的手段除去杂物，找出痕迹物证的方法。筛选勘验法常用于在现场残留物中收集短路喷溅熔珠、金属小零件、电焊熔珠、毛发和纤维等。火灾事故调查人员根据所需要收集的物证的特征，采用不同的方法：

(1) 使用筛子筛去杂物。分别用网眼大小不同的筛子，从大到小用筛子去掉杂物，最后在剩余的杂物中寻找证物。

(2) 用清水冲去杂物。用桶、盆等将残留物盛装起来，然后用水将残留物中漂浮的炭化物去掉，最后在剩余的沉淀物中寻找物证。

(3) 直接从残留物吸取。使用磁铁等直接在现场残留物中搅动，通过磁场作用吸取细小的铁磁性金属，如打火机零件、电焊熔珠等。

5. 水洗勘验法

水洗勘验法是用水清洗起火点所在的表面或其他一些特定的物体和部位，发现和收集痕迹物证的方法。水洗勘验法的步骤：首先用逐层勘验法清理待勘验部位上部的堆积和残留物，到达待勘验部位的表面时，用清水冲洗，再用扫帚、毛刷等工具轻刷，使待勘验部位的表面显露出来。水洗勘验法可以显示出待勘验部位的表面痕迹，主要适用于：

(1) 起火点处地面可能有液体流淌的痕迹、炸裂痕迹和燃烧黏连物等，通过水洗勘验可以判断是否有可燃液体燃烧，并鉴别黏连物的种类。

(2) 现场的某部位和物体有疑点，通过水洗勘验观察其是否有漂起物(如油类)和沉淀物(如金属熔珠)。

(3) 需要确认某部位和物体上形成的颜色变化层次或炸裂脱落程度的，通过水洗勘验可达到此目的。

初步勘验和细项勘验是现场实地勘验的两个步骤。在实地勘验中往往是同时或交替进行的，不能简单地认为初步勘验与细项勘验是孤立的两个阶段。倘若对任何一个痕迹、物证都要按部就班地分阶段勘验，这样不仅会浪费时间和人力，而且还可能破坏痕迹和物证，给勘验工作带来损失。

四、专项勘验

专项勘验是指对火灾现场收集到的引火物、发热体以及其他能够产生火源能量的物体、设备和设施等具体对象所进行的勘验活动。通过专项勘验，可以判断被勘验对象的性能、用途、使用和存放状态、变化特征等，分析其发生故障的原因或造成火灾的原因。

(一) 专项勘验的目的

(1) 勘验、鉴别引火源、引火物的特征。

(2) 勘验生产工艺流程(或工作过程)形成引火源或故障的原因和条件。

(3) 勘验引火源与起火点、起火物的关系。引火源与起火点、起火物是否是有一个有机的整体。

(4) 勘验引火源与起火物的性质，判定引火源的能量是否足以引燃起火物。

(二) 专项勘验的内容

专项勘验主要是查找引火源、引火物或起火物，收集证明起火原因的证据。主要内容是：

(1) 电气故障产生高温的痕迹。

(2) 机械设备故障产生高温的痕迹。

(3) 管道、容器泄漏物起火或爆炸的痕迹。

(4) 自燃物质的自燃特征及自燃条件。

(5) 起火物的残留物。

(6) 动用明火的物证。

(7) 需要进行技术鉴定的物品。

(8) 专项勘验的其他内容。

(三) 专项勘验的要求

(1) 专项勘验是对特定的物体或物质进行勘验,火灾事故调查人员应更多地使用现场勘验器材、仪器,提高对物证识别、判断的能力。现代科学技术的普及,为现场勘验活动提供了许多先进的勘验器材、仪器,拓展了物证的范围,提高了火灾事故调查人员发现物证的能力。如仅靠火灾事故调查人员的感官,无法识别现场物质的磁性,但通过使用特斯拉计,则可以测量出物体磁场的强弱,从中判断是否发生雷击或短路。

(2) 专项勘验不应仅限于对某个物体进行单独、孤立地勘验,而应把这个物体与周围物体(或事物)之间的有机联系,以及它们共同形成的证明作用作为一个整体来进行勘验。如怀疑是易燃液体输送过程中因产生静电引起火灾,则专项勘验不应只勘验产生静电的部位,而应把可能产生静电的整个工作过程(或生成工艺流程)作为对象来进行勘验,这样才能达到专项勘验的目的。

(3) 专项勘验可以使用各种先进的技术手段,但决不能破坏物证具有的证明作用的特征。

(四) 专项勘验的方法

专项勘验主要是对引火源物证或某些特定的物体进行专门勘验,以判定其与起火原因的关联性。进行专项勘验的主要方法有以下几种:

1. 直观鉴别法

直观鉴别法是指具有一定专业知识的火灾事故调查人员根据自己的知识、经验,通过感官或运用简单仪表对物证直接进行的分析鉴定,以及对现场一些化工、电气、工艺流程、仪器设备的分析鉴定等。

2. 物理分析检测法

物理分析检测法是用物理学的方法对待勘验的物品进行勘验检查的方法。专项勘验中常用的物理学检测方法有:

(1) 金相分析法。通过金属构件内部金相组织变化,分析发生这种变化的条件,从而判断火场温度及发生这种变化的原因,主要用于电气火灾、雷击火灾金属物证的鉴定。

(2) 剩磁检测法。剩磁检测用来测定火场铁磁性物件的磁性变化,以判断该物体附近火灾前是否有大电流通过,主要用来鉴别可能是雷击或较大电流短路造成的火灾。

(3) 炭化导电测量法。电弧或强烈火焰可使木材等有机材料炭化导电,通过炭化层电阻的测量,鉴别电弧造成的火灾或分析火势蔓延的方向。

(4) 力学性能测定法。力学性能测定主要是对材料包括焊缝的机械强度、硬度等方面的测定,以分析破坏原因、破坏力及火场温度。

(5) 断口及表面分析法。主要是对金属材料破裂断面特征和材料内外表面腐蚀程度的观察检验,从而分析判断材料的破坏形式和破坏原因。

3. 化学分析法

化学分析法就是火灾事故调查人员在现场使用便携的化学分析仪器对待勘验物体的化学性质进行简单的识别、判断的方法。专项勘验中，需要使用化学分析方法的，主要是对所勘验物体是否含有易燃液体、可燃气体进行定性的勘验检测。若需对该物体的性质作更多的了解，只能提取检材送有关鉴定机构进行鉴定、检测。现场勘验中常用的化学分析仪器有可燃气体探测仪、易燃液体探测仪、直读式气体检测管和便携式气象色谱仪等。

4. 法医检验法

通过法医鉴定死、伤原因以及与火灾的关系，借以判断火灾性质及火灾原因。

5. 模拟实验法

模拟实验是指在火灾现场，按照发生火灾时的时间、气象条件、现场物品存在状况等相同或相近的参数，进行火灾起火可能性、蔓延时间、火灾途径、烟气毒性等方面内容的实验。通过模拟实验，可以帮助调查人员验证对某些火灾痕迹物证的判断或对火灾某些事实的推断。实验结论可作为火灾事故认定的参考，但不能作为认定火灾事故的证据。

五、火灾现场尸体的勘验

火灾现场勘验人员应对现场中的尸体进行表面观察，主要内容是：尸体的位置、姿态、损伤、烧损特征、烧损程度、衣着等。

翻动或者将尸体移出现场前应编号，通过照相或者录像等方式，将尸体原始状况及其周围的痕迹、物品进行固定。观察尸体周围有无凶器、可疑致伤物、引火物及其他可疑物品。

现场尸体表面观察结束后，公安机关消防机构应立即通知本级公安机关刑事科学技术部门进行尸体检验。公安机关刑事科学技术部门应出具尸体检验鉴定文书，确定死亡原因。

六、火灾现场痕迹物证的提取

（一）痕迹物证的提取方法

火灾痕迹物证是指证明火灾发生原因和经过的一切痕迹和物品。包括由于火灾发生和发展而使火场上原有物品产生的一切变化和变动。研究火灾痕迹物证，就是要研究每种痕迹和每种物证的形成过程，找出它们的本质特征，并利用这种特征证明火灾发生、发展过程的事实真相。认识了它们的形成过程及证明作用，也就基本掌握了临场鉴定的原理和一般鉴定的方法。

火灾痕迹物证按其形态分为固态、液态、气态三种。有时气态物证被吸附于固体、溶解于液体物质中，有的液态物证浸润在纤维物质、建筑构件或泥土中，此类物证应连同载体一并提取。

1. 固态物证的提取

火灾现场经常提取的物证主要是固体实物。如火柴、电热器具、短路电线，与起火有关的开关、插销、插座，自燃物质的炭化结块，浸有油质的泥土、木块，带有摩擦痕的机件，有故障的阀门，爆炸容器的残片，爆炸物质的残留物、喷溅物、分解产物，被烧的布匹、纸张及灰烬等。

对于比较坚固的固体物证，在拍照、记录后可直接用手拿取。如果怀疑是放火工具、用品时，则应戴上手套，或垫上干净的纸持其边角处取下，并妥善保存，以避免留下自己的手印和擦掉上面原有的指纹。

2. 液态物证的提取

对于液体物证可用干净的取样瓶装取。在条件许可的情况下，应该用欲取液体将取样瓶冲洗两遍。浸润在木板、棉织物等纤维材料以及泥土里的液体，连其固体物品一起提取，样品也要放在广口玻璃瓶或者其他能密封的容器内，防止液体挥发。

弥散在空气中的气体最好用专门的气体收集器收集。在没有这种专门的收集器的情况下，也可以自制一些土设备。例如，大号注射器或者洗耳球上插一段玻璃管代替，在用它们吸收样品气体后，用胶帽封住注射器的吸入口，用小号的橡皮塞子塞住玻璃管的吸入口。若大量采取，则可以准备一个气囊和一只皮老虎，将气囊压瘪，用皮老虎反复吸入，充入皮囊封住气口。

3. 气态物证的提取

采取气体试样时，应及时赶到现场，并注意防止中毒。在收集气体样品时要注意空气不易流通的部位，如在房间的上角，地面的低洼处，爆炸容器内部空间等气体容易滞留的地方发现和收集。对于被吸附于固体、液体中的气体物证，连其固体或液体一并提取。

（二）火灾现场痕迹物证提取及委托鉴定的一般要求

（1）火灾现场勘验过程中发现对火灾事实有证明作用的痕迹、物品以及排除某种起火原因的痕迹、物品，都应及时固定、提取。现场中可以识别死者身份的物品应提取。

（2）现场提取火灾痕迹、物品，火灾现场勘验人员不应少于两人并应有见证人或者当事人在场。

（3）提取痕迹、物品之前，应采用照相或录像的方法进行固定，量取其位置、尺寸，需要时绘制平面或立面图，详细描述其外部特征，归入现场勘验笔录。

（4）提取后的痕迹、物品，应根据特点采取相应的封装方法，粘贴标签，标明火灾名称、提取时间、痕迹、物品名称、序号等，由封装人、证人或者当事人签名，证人、当事人拒绝签名或者无法签名的，应在标签上注明。检材盛装袋或容器必须保持洁净，不应与检材发生化学反应。不同的检材应单独封装。

（5）提取电气痕迹、物品应按照以下方法和要求进行：

① 采用非过热切割方法提取检材。

② 提取金属短路熔痕时应注意查找对应点，在距离熔痕 10 cm 处截取。如果导体、金属构件等不足 10 cm 时，应整体提取。

③ 提取导体接触不良痕迹时，应重点检查电线、电缆接头处、铜铝接头、电气设备、仪表、接线盒和插头、插座等并按有关要求提取。

④ 提取短路迸溅熔痕时采用筛选法和水洗法。提取时注意查看金属构件、导线表面上的熔珠。

⑤ 提取金属熔融痕迹时应对其所在位置和有关情况进行说明。

⑥ 提取绝缘放电痕迹时应将导体和绝缘层一并提取，绝缘已经炭化的尽量完整提取。

⑦ 提取过负荷痕迹，应在靠近火场边缘截取未被火烧的导线 2～5 m。

（6）提取易燃液体痕迹、物品应在起火点及其周围进行，提取的点数和数量应足够，同时在远离起火点部位提取适量比对检材，按照以下提取方法和要求进行：

① 提取地面检材采用砸取或截取方法。水泥、地砖、木地板、复合材料等地面可以砸取或将留有流淌和爆裂痕迹的部分进行切割。各种地板的接缝处应重点提取，泥土地面可直接铲取；提取地毯等地面装饰物，要将被烧形成的孔洞内边缘部分剪取。

② 门窗玻璃、金属物体、建筑物内外墙、顶棚上附着的烟尘，可以用脱脂棉直接擦取或铲取。

③ 燃烧残留物、木制品、尸体裸露的皮肤、毛发、衣物和放火犯罪嫌疑人的毛发、衣物等可以直接提取。

④ 严重炭化的木材、建筑物面层被烧脱落后裸露部位附着的烟尘不予提取。

⑤ 检材的提取数量：炭灰及地面每点不少于 250 g；烟尘每点不少于 0.1 g；毛发不少于 1 g；衣物不少于 200 g；指甲可以剪掉的部分全部提取。

(7) 现场提取痕迹、物品应填写“火灾痕迹物品提取清单”(附表 3-3)，由提取人和见证人或者当事人签名；见证人、当事人拒绝签名或者无法签名的，应在清单上注明。

(8) 需要进行技术鉴定的火灾痕迹、物品，由公安机关消防机构委托依法设立的物证鉴定机构进行，并与物证鉴定机构约定鉴定期限和鉴定检材的保管期限。

(9) 公安机关消防机构认为鉴定存在补充鉴定和重新鉴定情形的，应委托补充鉴定或者重新鉴定。补充鉴定可以继续委托原鉴定机构，重新鉴定应另行委托鉴定机构。

(10) 现场提取的痕迹、物品应妥善保管，建立管理档案，存放于专门场所，由专人管理，严防损毁或者丢失。

第四节　模拟实验

火灾事故调查中的模拟实验，是为了审查判断某一火灾在一定的时间内或情况下能否发生，而依法将火灾发生的过程加以再现的一种实验，同时还是检验火场痕迹物证的一种手段，是验证起火原因及有关证言真实性的一种方法。模拟实验由火灾现场勘验负责人根据调查需要决定。

一、模拟实验的目的

模拟实验通常是在火灾现场或实验室内进行，根据火灾时起火部位的气象条件、可燃物状况等，通过模拟实验认识燃烧的形成规律，对火灾的着火、火势蔓延等过程，及火灾的总体过程，如顶棚射流、通风口、壁面、可燃物等影响因素，进行再现性实验，以验证或核实起火原因，研究火势蔓延扩大过程，为分析判断火灾事实提供依据。

模拟实验要解决什么问题，是根据火灾现场勘验的实际需要决定的。通过模拟实验可以为最后确定起火原因提供科学依据。而且通过模拟实验，一方面进一步了解火灾发生和发展的过程；另一方面可以验证目击者或知情人证言的真实性，从而有利于统一认识，查明和正确判定起火原因。

二、模拟实验的内容

模拟实验应验证如下内容：

(1) 某种引火源能否引燃某种可燃物。

(2) 某种可燃物、易燃物在一定条件下燃烧所留下的某种痕迹。

(3) 某种可燃物、易燃物的燃烧特征。

(4) 某一位置能否看到或听到某种情形或声音。

(5) 当事人在某一条件下能否完成某一行为。

(6) 一定时间内，能否完成某一行为。

(7) 其他与火灾有关的事实。

三、模拟实验的准备工作

模拟实验的效果如何，取决于准备工作的好坏。因此，必须根据实验所要解决的问题做好充分的准备。

(1) 准确确定实验内容、次数和实验方案。

(2) 确定进行模拟实验的时间和地点、环境条件。

(3) 做好参加实验人员的组织工作，必要时请某些专业人员参加。

(4) 准备好模拟实验所必需的材料、工具、测量仪器及其他物品。

四、模拟实验的要求

(1) 模拟实验应尽量选择在与火灾发生时的环境、光线、温度、湿度、风向、风速等条件相似的场所。实验应尽量使用与被验证的引火源、起火物相同的物品。

(2) 实验现场应封闭并采取安全防护措施，禁止无关人员进入。实验结束后应及时清理实验现场。

(3) 应坚持对同一情况进行反复实验，并变化实验方法，以得出可靠的结论。

(4) 现场模拟实验应由两名以上现场勘验人员进行。实验人员应在《现场实验报告》上签名。

五、模拟实验记录

现场模拟实验应照相，需要时可以录像，并制作《现场实验报告》。《现场实验报告》应包括以下内容：

(1) 实验的时间、地点、参加人员。

(2) 实验的环境、气象条件。

(3) 实验的目的。

(4) 实验的过程。

(5) 实验使用的物品、仪器、设备。

(6) 实验得出的数据及结论。

(7) 实验结束时间，参加实验人员签名。

尽管模拟实验具有针对性，但它毕竟不是起火的客观事实，模拟实验的条件尽管和起火条件十分接近和相似，但是火灾规律具有确定性和随机性的双重特性，因此模拟实验不可能使起火过程完全再现。不能以模拟实验成功与否作为火灾结论的唯一依据，要结合其他证据进行深入细致的分析研究，综合判断出正确的结论。

第五节　火灾现场勘验记录

火灾现场勘验记录是研究起火原因的重要依据，也是处理火灾责任者的重要证据之一，是具有法律效力的原始文书。火灾现场勘验记录主要由“火灾现场勘验笔录”(附表 3-2)、现场照相、现场摄像、现场制图等组成，还可采用录音等记录方式作为补充。

一、火灾现场勘验笔录

现场勘验笔录是对火灾现场及勘验活动所进行的一种客观记载，是火灾事故调查人员依法对火灾现场及其痕迹、物证的客观描述和真实记录。它是分析研究火灾现场、认定起火点和起火原因、处理火灾事故责任者的有力证据资料，是具有法律效力的原始文书。因此，认真做好现场勘验笔录，对确认火灾原因工作有着十分重要的意义。勘验现场后，必须制作“火灾现场勘验笔录”，提取的痕迹、物品应当填写“火灾痕迹物品提取清单”(附表 3-3)。现场勘验笔录的记述要客观全面、准确，手续要完备，符合法律程序，才能起到证据作用。

现场勘验笔录应当与实际勘验的顺序相符，用语应当准确、规范。同一现场多次勘验的，应当在初次勘验笔录基础上，逐次制作补充勘验笔录。

(一) 火灾现场勘验笔录的基本形式和内容

1. 绪论部分

绪论部分的主要内容有：

(1) 起火单位的名称。

(2) 起火和发现起火的时间、地点。

(3) 报警人的姓名、报警时间。

(4) 当事人的姓名、职务。

(5) 报警人、当事人发现起火的简要经过。

(6) 现场勘验指挥员、勘验人员的姓名、职务。

(7) 见证人的姓名、单位。

(8) 勘验工作起始和结束的日期和时间。

(9) 勘验范围和方法、气象条件等。

2. 叙事部分

叙事部分主要写明在勘验过程中所发现的情况，主要包括：

(1) 火灾现场位置和周围情况。

(2) 火灾现场中被烧主体结构(建筑、堆场、设备)，结构内物质种类、数量及烧毁情况。

(3) 物体倒塌和掉落的方向和层次。

(4) 烟熏和各种燃烧痕迹的位置、特征。

(5) 各种火源、热源的位置、状态，与周围可燃物的位置关系，以及周围可燃物的种类、数量和被烧状态，周围不燃物被烧程度和状态。

(6) 电气系统情况。

(7) 现场死伤人员位置、姿态、性别、衣着、烧伤程度。

(8) 人员伤亡和经济损失。

(9) 疑似起火部位、起火点周围勘验所见情况。

(10) 现场遗留物和其他痕迹的位置、特征。

(11) 勘验时发现的反常情况。

3. 结尾部分

结尾部分的内容为：

(1) 提取火灾物证的名称、数量。

(2) 勘验负责人、勘验人员、见证人签名。

(3) 制作日期。

(4) 制作人签名。

(二) 火灾现场勘验笔录的制作方法

火灾现场勘验笔录的制作方法主要包括如下几个方面：

(1) 在现场勘验过程中随手记录，待勘验工作结束后再整理正式笔录。现场勘验笔录应该由参加勘验的人员当场签名或盖章，正式笔录也应由参加现场勘验的人员签名或盖章。

(2) 在现场勘验过程中所记录的笔录草稿是现场勘验的原始记录，修改后的正式笔录一式多份，其中一份与原始草稿笔录一并存入火灾事故调查档案，以便查证核实。

(3) 多次勘验的现场，每次勘验都应制作补充笔录，并在笔录上写明再次勘验的理由。

(4) 火灾现场勘验笔录一经有关人员签字盖章后便不能改动，笔录中的错误或遗漏之处，应另作补充笔录。

(5) 火灾现场勘验笔录中应注明现场绘图的张数、种类，现场照片张数，现场摄像的情况，与绘图或照片配合说明的笔录应加以标注(在圆括号中注明绘图或照片的编号)。

(三) 制作火灾现场勘验笔录的注意事项

制作火灾现场勘验笔录应注意如下事项：

(1) 内容客观准确。

(2) 顺序合理。笔录记载的顺序应当与现场勘验的顺序一致，笔录记载的内容要求逻辑性，可按房间、部位、方向等分段描述，或在笔录中加入提示性的小标题。

(3) 叙述简繁适当。与认定火灾原因、火灾责任有关的火灾痕迹物证应详细记录，也可用照片和绘图来补充。

(4) 使用本专业的术语或通用语言。

二、火灾现场照相

火灾现场照相能真实地反映出火灾现场原始面貌，它能客观地记录火灾现场上的痕迹物证，火灾现场照片是分析认定火灾原因和处理火灾责任者的主要证据之一。火灾现场照相补充了现场勘验笔录的不足。

(一) 火灾现场照相的目的和作用

1. 目的

通过照相的方法，真实地记录火灾现场的客观事实，为分析研究火灾性质、确定火灾原因提供依据和形象资料，为追究火灾责任和惩治犯罪提供证据。

2. 作用

(1) 能够完整地、客观地、形象地、真实地反映现场情景和具体事物的状态。

(2) 能够迅速地记录火场状况和火灾痕迹物证。

(3) 能够将难以提取的痕迹物证,不受任何损坏地提取下来。

(4) 能够将某些肉眼难以看见或分辨不清的痕迹物证显现出来。

(二) 现场照相的种类

根据火灾现场照相所反映的内容,可将现场照相分为:方位照相、概貌照相、重点部位照相和细目照相。

1. 方位照相

现场方位照相应反映整个火灾现场及其周围环境,表明现场所处位置及与周围建筑物等的关系。

这种照相要反映的场景较大,在选择拍摄地点时,一般要离火场距离远些、位置高些。这样才能把整个火场所处的地理环境和方位反映出来。对于那些不便于后退和登高的狭窄现场,可以换广角镜头,以扩大拍照范围;相反地,如果是由于火场火势太大或其他原因不能靠近火场,而拍照距离太远以致用标准镜头拍照的影像太小而看不清时,可以换用望远镜头以得到较大而清晰的影像。在拍照火场上的火焰火势时,要尽量选择火场的侧风方向或上风方向位置,即便于观察和拍照,也便于安全撤退。

在拍摄过程中,要注意把那些代表火场特点的建筑物或其他带有永久性的物体,如车站、道路、管廊以及明显的目标如起火单位(车间)的名称、门牌号等等,拍照下来,用以说明现场所处的方位(环境、位置和方向)。

2. 概貌照相

火场概貌照相是以整个火灾现场或现场主要区域作为拍摄内容的,从中要反映出整个火灾现场的火势蔓延情况和现场燃烧破坏情况。这种照相宜在较高的位置拍照。分别从几个位置拍照火场上的火点分布、燃烧区域、火焰和烟雾情况等,为分析火势蔓延、起火部位提供依据。

概貌照相反映的是火场的全貌和火场内部各个部位的联系,可以使人明确地了解火场的范围、烧毁的主要物品、火灾蔓延的途径、起火部位等,即全面反映整个火场情况。现场概貌照相应拍照整个火灾现场或火灾现场主要区域,反映火势发展蔓延方向和整体燃烧破坏情况。

3. 重点部位照相

火场重点部位照相主要反映火场中心地段,是拍照那些能说明火灾起因、火灾蔓延扩大,这种现象的现场遗留下的物体或残迹以及其他所处部位,例如起火部位、烧损最严重的地方、炭化最重的区域、残留的发火物和引火物残体、烟熏痕迹、危险品和易燃品原来所在的位置等。对于放火案件还要拍摄放火者对建筑物和物品的破坏情况、抛弃的作案工具等痕迹、物证;对于爆炸火灾现场,要拍摄爆炸点、抛出物、残留物等的位置。

需要反映出物证大小或彼此相关物体间的距离时,可在被拍摄位置放置米尺。这种照相距被拍摄物体较近,又要反映物体和痕迹等之间的关系,所以应尽量使用小光圈,以增长景深范围,使前后景深物影像清晰。要正确选择拍照位置,尽量避免物体、痕迹的变形,在照明方面,应用均匀光线,同时注意配光的角度,以增强其反差和立体感。

现场重点部位照相应拍照能够证明起火部位、起火点、火灾蔓延方向的痕迹、物品。重要痕迹、物品照相时应放置位置标识。

4. 细目照相

火场细目照相是拍摄现场所发现的各种痕迹、物证，以反映这些痕迹、物证的大小、特征等。这些镜头是直接说明起火原因的。这种拍照一般是在详细勘验阶段进行的，也有的物证是在现场处理完毕进行拍照，可以移动物体的位置，改善拍照条件，客观、真实地表示其真实的大小。这种照相的拍照对象多种多样，拍照方法应根据具体对象、特点的不同而定。对于较小的痕迹、物体，为了影像清晰，特征反映明显，可采用原物大或直接扩大的拍摄方法。对于那些不易提取的痕迹(如烟熏痕迹)，只有在原位拍照才能反映其特征时，要注意现场配光和拍照方位，使其痕迹形状、特征能被清晰地记录下来。

现场细目照相应拍照与引火源有关的痕迹、物品，反映痕迹、物品的大小、形状、特征等。照相时应使用标尺和标识，并与重点部位照相使用的标识相一致。

（三）现场照相的要求

1. 要了解现场情况，拟订拍照方案

到达火灾现场后，应首先了解观察现场情况，即对火场内外的各种物体、痕迹的位置和状况有一概括的了解。以此为根据，确定拍照的程序、内容、方法，以便有条不紊地进行拍照。

2. 现场照片要能说明问题

对现场上的各种现象，特别是一些反常现象，要认真客观地拍照，以便能反映出痕迹、物证、起火点等的特征并具有一定的证明作用。

3. 现场照片的排列能反映现场的基本情况和特点

排列顺序依火场具体情况而定。一般的排列顺序有：按照现场照相的内容和步骤排列；按照现场勘验的顺序排列；按照火灾发展蔓延的途径排列。火灾现场照片无论采用哪一种方式排列，都必须连贯地、中心突出地表达现场概貌和特点。

4. 文字说明

文字说明要求准确、通顺，书写工整，客观地反映现场实际情况。

三、火灾现场摄像

摄像技术可以将火灾现场的燃烧状态、火灾发展蔓延、火灾扑救、火灾现场的勘验过程等各种复杂情况及其在时间和空间中的关系记录下来，以获得可观、真实和连续的视觉形象。现场摄像不仅在火灾现场勘验、检验痕迹物证、提供犯罪证据和法律诉讼中有重要作用，而且在信息传递、消防宣传教育、防火监督和战术讲评等方面都能起到特有的作用。

（一）火灾现场摄像的内容和要求

火灾现场摄像需要记录的火灾现场内容与火灾现场照相基本相同，反映的信息更加丰富。在具体的操作中，现场摄像内容与要求主要有：

1. 火灾现场方位摄像

火灾现场方位摄像反映现场周围的环境和特点，并表现现场所处的方向、位置及其与其他周围事物的联系。这一内容，一般用远景和中景来表现。摄像时，宜选择视野较为开阔的地点，把能够说明现场位置和环境特点的景物、标志摄录下来。常用的拍摄方法有摇摄法和推摄法。当火灾现场周围建筑物较多时，需要从几个不同的方向拍摄，反映其位置和环境。

2. 火灾现场概貌摄像

火灾现场概貌摄像是以整个火灾现场为拍摄内容，反映现场的基本情况。可分为两部分：

（1）拍摄火灾扑救过程，如起火部位、燃烧范围、火势大小、抢救物资和疏散人员、破拆、灭火活动的镜头。

（2）拍摄勘验活动的过程，如火灾现场范围及破坏程度、损失情况、火灾现场内各部分之间的关系等。

3. 火灾现场重点部位摄像

火灾现场重点部位摄像是以起火部位、起火点、燃烧严重部位、炭化严重部位和遗留火灾痕迹物证的部位为拍摄内容，反映其位置、状态及相互关系。火灾现场重点部位摄像是整个现场摄像中的重要部分，常用的拍摄方法有：

（1）静拍摄，对现场的原貌进行客观记录。

（2）动拍摄，将勘验、现场挖掘和物证提取的过程一同拍摄。

4. 火灾现场细目摄像

火灾现场细目摄像是以火灾痕迹物证为拍摄内容，反映火灾痕迹物证的尺寸、形状、质地、色泽等特征，常采用近景和特写的方法拍摄。拍摄时，应选择适宜的方向、角度和距离，充分表现痕迹物证的本质特征。对各种痕迹物证拍摄时，应在其边缘位置放置比例尺。

5. 火灾现场相关摄像

火灾现场相关摄像包括拍摄现场范围、现场分析会和对痕迹物证进行检验分析、模拟实验等活动的过程，可根据火灾的具体情况而定。

（二）火灾现场摄像方法

1. 光线的运用

光线是勾画物体轮廓，反映物体细节、质感和色泽的物质条件。光线的运用关键在于把握光线的强度、照射方向、光比和光源的色温。

2. 画面构图

摄像画面构图的原则是突出主体、色调统一、画面均衡和图像连续。影响摄像构图的因素较多，拍摄时，主要通过改变摄像距离、拍摄角度和方向、镜头焦距以及正确地运用光线，有机地将这些因素组合在一起。

3. 摄像技法

火灾现场摄像中，主要采用如下技法：

（1）摇摄法。指摄像机的位置不变，改变摄像机镜头轴线的拍摄方法。根据拍摄景物的需要，摇摄可以水平或者上下方向转动镜头。

（2）推、拉摄法。推摄是指被摄主体不变，摄像机位置向被摄主体方向推进，或变动摄像机镜头的焦距（从广角到长焦）使画框由远而近的一种拍摄方法。拉摄是指被摄主体不变，摄像机逐渐远离被摄主体，或变动镜头的焦距（由长焦到广角）使画框由近及远与主体脱离的一种拍摄方法。

（3）移动拍摄。移动拍摄是指依靠人体移动或将摄像机架设在活动物体上，并随之运动而进行的拍摄。常用于长条形的烟熏痕迹、管道、走廊等的拍摄。

（4）跟摄。跟摄是指摄像机跟随运动的主体一起运动进行的拍摄。拍摄时，摄像机的运动速度与被摄主体的运动速度始终保持一致，主体在画框中处于一个相对稳定的位置，画面的景别不变，而背景环境则始终处在变化中。

4. 镜头的长度

镜头的长短对于画面的表现效果有极大的影响。镜头长度的确定应以看清画面内容为依据。根据景别、画面的明暗、动与静和节奏快慢，确定具体的时间长度。一般固定镜头能看清楚的最短时间长度为：全景 6 s、中景 3 s、近景 1 s、特写 2 s 拍摄时，必须保证足够的录制时间长度，以便于后期的制作。

四、火灾现场绘图

火灾现场勘验人员应制作现场方位图、现场平面图，绘制现场平面图应标明现场方位照相、概貌照相的照相机位置，统一编号并与现场照片对应。根据现场需要，选择制作现场示意图、建筑物立面图、局部剖面图、物品复原图、电气复原图、火场人员定位图、尸体位置图、生产工艺流程图和现场痕迹图、物证提取位置图等。

（一）常用火灾现场绘图

1. 火灾现场方位图

现场方位图主要表达现场在周围环境中的具体位置和环境状况，如周围的建筑物、道路、沟渠、树木、电杆等以及与火灾现场有关的场所，残留的痕迹、物证等的具体位置都应在图中表示出来。方位图还可具体分为平面图、立面图、剖面图和俯视图。其基本内容为：

（1）标明火灾区域及周围环境情况。

（2）标明该区域的建筑物的平面位置及轮廓，并标记名称。

（3）标明该区域内的交通情况，如街道、公路、铁路、河流等。

（4）用图例符号标明火灾范围，起火点、爆炸点等的位置，或可能是引发火灾的引火源位置。

（5）标明火灾现场的方位，发生火灾时的风向和风力等级。

（6）火灾物证的提取地点。

2. 火灾现场全貌图

火灾现场全貌图主要描绘火灾现场内部的状况，如现场内部的平面结构、设备布局、烧毁状态、起火部位、痕迹物证的具体位置以及与相关物体的位置关系等。

3. 火灾现场局部图

火灾现场局部图主要描绘起火部位和起火点，反映出与火灾原因有关的痕迹、物证、现象和它们之间的相互关系。根据火灾现场的实际情况可绘出局部平面图、局部平面展开图、局部剖面图。

4. 专项图

专项图主要配合专项勘验，对痕迹、物证细微特征突出描述。

5. 火灾现场平面复原图

火灾现场平面复原图是根据现场勘验和调查走访的结果，用平面图的形式把烧毁或炸毁的建筑物及室内的物品恢复到原貌，模拟出事故前的平面布局。平面复原图是其他形式复原图的基础和依据。火灾现场平面复原图的基本内容如下：

（1）室内的设备和物品种类、数量及摆放位置，堆垛形式的物品，应加以编号并列表说明。

（2）起火部位及起火点。

6. 火灾现场立体复原图和立体剖面复原图

火灾现场立体复原图是以轴测图或透视图的形式表示起火前（或起火时）起火点（部位）、尸体、痕迹物证等相关物体空间位置关系的图。

立体剖面复原图，是在立体复原图的基础上，用几个假设的剖切面，将部分遮挡室内布局的墙壁和屋盖切去，展示室内的结构及物品摆放情况的图形。

（二）火场现场绘图方法

1. 比例图

按比例绘图要按整个火灾现场的大小，现场上的物体与物体之间的距离，按实际尺寸，并按一定比例画在图纸上。

2. 示意图

在绘制示意图中，整个现场的长、宽，现场上物体与物体之间的距离都不是按一定比例绘制的。若有些物体的大小、长短和相互距离对于火灾原因的认定有必要时，可用实际数字注明。

3. 比例、示意图结合

绘制比例图，同时又使用示意图将这两种图在一个火灾现场图中综合使用，要根据现场的实际情况来确定什么图使用什么比例图，什么图绘制示意图，两种方法综合使用通常在绘制某些连片大火和户外火灾时使用，来表现大面积的火灾现场。

（三）火灾现场绘图的基本要求

（1）重点突出、图面整洁、字迹工整、图例规范、比例适当、文字说明清楚、简明扼要。

（2）注明火灾名称、过火范围、起火点、绘图比例、方位、图例、尺寸、绘制时间、制图人、审核人，其中制图人、审核人应签名。

（3）清晰、准确反映火灾现场方位、过火区域或范围、起火点、引火源、起火物位置、尸体位置和方向。

【附表 3-1】

封闭火灾现场公告

根据《中华人民共和国消防法》第五十一条第一款和《火灾事故调查规定》第十六条、第十七条的规定，从______年__月__日__时__分起，对______________________________火灾现场（地址：________________）予以封闭。

封闭范围为警戒标志以内的区域。禁止任何人擅自进入封闭区域，违者依法追究相应法律责任。

警戒标志撤除时，视为现场封闭解除。

特此公告。

（公安机关消防机构印章）

年　　　月　　　日

【附表 3-2】

第__次勘验

第__页共____页

火灾现场勘验笔录

勘验时间：________年____月__日__时__分至____月__日__时__分

勘验地点：____

勘验人员姓名、单位、职务(含技术职务)：____________________________

____

____

____

____

勘验气象条件(天气、风向、温度)：____________________________

勘验情况：____

____

____

____

____

____

____

____

____

____

____

____

____

____

____

____

____

勘验负责人(签名)：________________ 记录人(签名)：________________

勘验人(签名)：____

证人或当事人(签名)：______年__月__日 身份证件号码：________________

单位或住址：____

证人或当事人(签名)：______年__月__日 身份证件号码：________________

单位或住址：____

【附表 3-3】

（此处印制公安机关消防机构名称）

火灾痕迹物品提取清单

起火单位/地址：________________　　提取日期：____年__月__日

序号	名　称	编号	提取部位	规格	数量	特　　征

提取人	姓　　名	工作单位	签　名
			年　月　日
			年　月　日

证人或当事人	姓　　　名	身份证件号码	单位或住址	联系电话	签　名
					年　月　日
					年　月　日

注：此文书由公安机关消防机构存档。

思　考　题

1. 什么是火灾现场勘验？火灾现场勘验的主要任务是什么？
2. 火灾现场勘验的原则是什么？
3. 火灾现场有哪些特点？如何实施火灾现场保护？
4. 什么是环境勘验？环境勘验的目的是什么？
5. 什么是初步勘验？初步勘验的目的是什么？
6. 什么是细项勘验？细项勘验的目的是什么？细项勘验的方法有哪些？
7. 什么是专项勘验？专项勘验的目的是什么？专项勘验的方法有哪些？
8. 火灾痕迹物证提取的要求有哪些？
9. 模拟实验《现场实验报告》的内容包括哪些？
10. 火灾现场勘验记录包括哪些内容？分别有什么要求？

第四章 火灾痕迹物证

【学习目标】

1. 了解痕迹物证的研究内容。
2. 熟悉各类痕迹物证的形成机理及火灾痕迹物证的委托鉴定程序。
3. 掌握各类痕迹物证的基本特征及证明作用。

第一节 概 述

一、火灾痕迹物证的概念及研究内容

（一）火灾痕迹物证概念

火灾痕迹物证是指证明火灾发生原因和经过的一切带有痕迹的物体。包括由于火灾发生和发展而使火场上原有物品产生的一切变化和变动。

（二）研究内容

研究火灾痕迹物证，就是要研究每种痕迹和每种物证的形成过程，找出它们的本质特征，并利用这种特征证明火灾发生、发展过程的事实真相。认识了它们的形成过程及证明作用，也就基本掌握了临场鉴定的原理和一般鉴定的方法。因此，对每种痕迹物证应研究以下内容：

（1）形成机理及形成过程；

（2）本质特征；

（3）证明作用；

（4）发现、取样与固定；

（5）临场鉴定方法；

（6）实验室检验；

（7）模拟实验。

二、火灾痕迹物证的形成

火灾痕迹物证的形成，除了证明起火原因的那部分痕迹物证外，其余都是火灾作用的结果。这种火灾作用有直接的或间接的：直接作用有火烧、辐射、烟熏等；间接作用有因建筑构件造成的倒塌、碰砸等。证明起火原因的那部分痕迹物证，有的是人为的，有的是自然形成的。从各种痕迹形成机理看，由于火灾作用形式不同，物质燃烧性质不同，在火灾中有的主要是发生化学方面的变化，有的主要发生物理方面的变化，也有的兼而有之。各种痕迹物证

的形成和遗留都有其一般的规律性和特殊性，而研究其形成规律，尤其是它的特殊性，是解决火灾现场问题的关键。

三、火灾痕迹物证的证明作用及注意事项

（一）证明作用

火场的种种痕迹物证，根据不同的形成过程和特征直接或间接证明火灾发生时间、起火点位置、起火原因、扩大过程、蔓延路线、火灾危害结果及火灾事故责任等。

如烟熏痕迹是能证明阴燃起火的主要证据之一。阴燃起火是在通风不良、供氧不足的情况下形成的不完全燃烧。阴燃过程中产生的烟气中含有大量游离碳粒子，随烟气流动时黏附于其停留和扩散的地方后形成烟熏痕迹。在首先起火的房间里，因为房间内供氧不足，可燃物处在不完全燃烧状态，烟气充满室内空间，致使在天棚、墙壁、门、窗等部位形成浓密的烟熏痕迹，有别于其他蔓延成灾的房间。

（二）注意事项

（1）就一种痕迹物证来说，可能有某种证明作用，但是这种证明作用并不是在任何火场上都能体现。例如，烟熏痕迹在某个火场上能证明起火点，那是它在那个具体火场，那种具体物质在那种具体条件下燃烧遗留的结果。而在另一个火场，则不一定能形成具有那种形状和特征的烟熏痕迹，也就不能证明起火点。另外，一种痕迹物证可能有几种证明作用，这是对许多火场概括的结果，在一个火场上它兼有几种证明作用的情况不是没有，但是很少。因此有的痕迹物证在某个火场上只能起到一种证明作用，甚至没有任何证明作用。如烟熏痕迹在不同的火灾现场和情况下，可以证明起火点、蔓延路线和火灾时间等。

（2）依靠某一种痕迹就证明某个事实，有时也是很不可靠的。在利用痕迹物证证明过程中，必须利用多种痕迹物证及其他火灾证据共同证明一个问题，才能保证证明结果的可靠性。例如窗户玻璃破坏痕迹的特征说明起火点在某个房间内；门、窗框是从里向外烧，窗户外面上部的烟熏也特别浓密；又有人证实这间房子先起火。几种证据证明内容一致，它们共同证明了一个事实，那么这个房间先起火就确定无疑了。

（3）在火场上还可能发现两种痕迹，或者某种痕迹与其他证据所证明事实相反。这时，要反复认真研究它们的形成过程、主要特征，最终科学解释这种特异现象。或者再寻找其他方面的证据，对比各种证据证明作用的共同部分，综合分析作出结论。

（4）有的痕迹物证能够对初步判断和某些情况给予否定，这本身也是一种证明作用，因为它提示了假象和判断中的错误。因此，现场勘验中尤其要注意对这种证据的发现与研究。

四、火灾痕迹物证的后期处理

各种物证经有关方面的专家和部门鉴定，作出结论并在火灾事故处理完毕后，可予撤销废弃或归还原主。

有的火灾案件需要司法部门处理，则在调查终止后，将有关物证和案卷一并移交人民检察院。

对于鉴定有分歧的物证应当保存至鉴定结论统一时为止。

对于具有典型意义的实物证据和各种痕迹，公安机关消防机构的火场勘验人员应当保存或复制，以备总结经验。

第二节 烟熏痕迹

一、烟熏痕迹的形成机理

烟熏痕迹主要是指燃烧过程中产生的游离碳附着在物体表面或侵入物体孔隙中的一种形态。燃烧时产生的烟雾，其主要成分是碳微粒，也含有少量的燃烧物分解的液体或气体。根据燃烧物成分不同，烟中还可能含有非燃性的固体氧化物。

烟气中碳微粒的直径一般在 0.01～50 μm 之间。在刚离开火焰时，烟气的温度可达 1 000 ℃，从密闭的建筑起火房间流出的烟气温度为 600～700 ℃。建筑内着火时烟气向上的速度为 2～3 m/s，当烟到达房间上部后以 0.5～1 m/s 的速度水平扩散，随着扩散距离增加，温度下降，烟粒子下沉。在此过程中，烟气会在遇到的物体表面上留下烟熏的痕迹。

烟熏程度的大小与可燃物的种类、数量、状态以及引火源、通风条件、燃烧的温度等因素有关。例如，在 450～500 ℃时聚酯发烟量为木材发烟量的 10 倍；木材在 400 ℃时发烟量最大，超过 550 ℃时发烟量只有 400 ℃时的 1/4。

二、烟熏痕迹的基本特征

在火灾过程中，在对流、热压等因素作用下，烟气从低处向高处流动，竖直方向流动速率大于水平方向流动速率，其流动的方向一般与火势蔓延方向一致。烟熏痕迹一般在距起火点近、面对烟气流动方向的部位和处于烟气流顶部的物体上首先形成，而后在流向外部的通道上形成。烟熏痕迹浓密程度上有轻重之别，形成的时间上有先后之分，颜色一般呈黑色。烟气流动的连续性使物体表面上形成的烟熏痕迹也具有连续性，形成浑然一体的特征。烟熏浓密程度与可燃物的性质、数量、燃烧时的发烟量大小、通风条件和火场温度等因素有关。在现场勘验中，根据烟熏痕迹这些特征和形式，在不同的空间和部位上进行收集、鉴别工作，使烟熏痕迹作为证明某一事实的证据。

三、烟熏痕迹的证明作用

（一）证明起火点、起火部位、起火房间

根据烟熏痕迹的形状、位置、分布和浓密程度可以确定起火点、起火部位、起火房间。

如果在室内墙壁上有“V”字形烟熏痕迹，那么“V”字形的底部就是起火点。例如，墙边纸篓、墙角拖把、扫帚等扔入烟头，经过阴燃起火，就会在墙面上留下明显的“V”字形烟熏痕迹。

如果在吊顶内残存的山墙上烟熏浓密，而吊顶下面室内墙壁上烟熏稀薄，则说明吊顶内先起火；反之，说明室内先起火。

如果大部分烟熏痕迹在吊顶以下墙壁上，而且吊顶上下墙面烟熏界线分明，只有某部分墙壁吊顶上下烟熏浑然一体，则说明起火点在这个浑然一体的烟熏痕迹下面附近。

如果建筑物门窗等开口的外侧上部墙面烟熏明显，即使房盖已经烧塌，也说明是室内先起火；反之，则是吊顶内先起火。火焰很快将屋顶烧穿，热气携带烟粒子垂直排向空中，因此墙外开口上部烟熏稀少。

如果埋藏在废墟中的板条抹灰碎片原来抹灰面有烟熏，则是室内起火；反之，则为吊顶内起火。埋在可燃物中的高温管道、通过垫料放在可燃物上的电熨斗等赤热体在本身或垫料上形成烟熏，不仅可证明起火点，而且可证明起火原因。

爆炸起火往往烟熏较轻或无烟熏，尤其被爆炸抛到室外的碎片一般无烟熏。根据这个碎片在事故前的位置，可找到爆炸点或先行爆炸的设备。

在利用烟熏痕迹的形状、位置、分布以及浓密程度判断起火点时，应注意有否先期形成的烟熏痕迹被后期火焰烧掉的可能。例如，室内天棚大部分烟熏均匀，而只有某个局部洁白发亮，其下部是起火点。再如，室外各窗子上部墙面烟熏均匀、连续，唯有某间房子窗子上部墙面没有烟熏，则这间房子是起火房间。

（二）证明蔓延方向

火灾过程中，烟气的流动方向一般与火势蔓延方向一致，烟气流动具有方向性和连续性。在火灾中，一方面烟气流动的方向性使物体面向烟气流动方向的一面先形成烟熏痕迹，烟熏痕迹相对浓密，背面烟熏痕迹形成的晚，烟熏痕迹相对稀薄，这一特征表面是由浓密烟熏痕迹一侧蔓延过来的；另一方面烟气流动具有连续性，处在不同空间的物体表面，将先后连续形成烟熏痕迹。例如，室内起火，尤其是吊顶内起火，在房顶没有烧塌的情况下，会在墙壁上和没烧塌的屋顶、屋架上留下烟气流动方向的轮廓，这种轮廓指示了火焰与烟气的运动方向。在一栋平房或同一楼层数间房子着火时，根据每个窗口上面烟熏痕迹的浓密程度不同，不仅可以判断先起火房间，而且可以指出火灾的蔓延方向。

再如，根据玻璃两面烟熏情况的不同可以判断火是向哪一面蔓延。即使玻璃已经破碎掉在地上，也可以通过碎片上的烟痕确定玻璃原来在窗户上的位置，进而判断火势蔓延方向。

（三）证明起火特征

根据各种火灾起火时的特点和起火留下的痕迹特征，可分为阴燃起火、明燃起火和爆炸（燃）起火三种起火形式。不同起火形式的现场具有不同的特点。其中，阴燃起火的主要特征之一是烟熏明显；明燃起火和爆炸起火一般烟熏稀少。

（四）证明燃烧物种类

油类、树脂及其制品，因含有大量的碳，即使在空气充足、燃烧猛烈阶段也会产生大量的浓烟。它们燃烧后在周围建筑物和物体上会留下浓厚的烟熏痕迹，甚至在地面上也会掉落下一层烟尘。

植物纤维类，如木材、棉、麻、纸、布等燃烧形成的烟熏痕迹中凝结的液态物含有羧酸、醇、醛等含氧有机物；矿物油燃烧的烟熏痕迹中液态凝结物多含有碳氢化合物；橡胶及其制品燃烧后的烟痕中多含有表明其特征的成分；炸药及固体化学危险品发生爆炸、燃烧，在爆炸点及附近发现的烟痕中不仅含有一般的烟熏主要成分的碳，由于爆炸迅速，其炸药成分往往还不能完全发生反应，因此在爆炸点及附近的烟痕中还存在炸药或固体化学危险品的颗粒。

由于烟熏痕迹中所含特征成分不同，因此表面颜色和气味不同。根据有关特征和实验分析，可以鉴定是什么物质产生的烟熏痕迹。

（五）证明燃烧时间

可根据不同点烟熏的厚度、密度及牢固度相对比较燃烧时间。某处的烟熏尽管浓密，如果容易擦掉，说明火灾时间并不长；如果不易擦掉，则说明经过长时间烟熏。

（六）证明开关状态

在勘验火灾现场时，为了查明电气线路在发生火灾时是否通电，就要检验电器电源线插头是否插入插座，或线路刀型开关是否闭合。但是，由于火灾的破坏作用，或人为的破坏作用，常造成原来插入插座的插头脱落，或刀型开关断开，因而不能以它们现存的状态来确定它们在火灾当时的通断情况。如果插头上和插座内侧均有烟痕，说明发生火灾时插头没有插入插座；如果查得上述位置的烟痕比插头、插座其他部分的烟痕明显稀少淡薄，甚至没有烟痕，则说明这个插头在火灾当时是插在插座上的。同理，可以判断刀型开关在火灾情况下是否闭合。其他非密闭的开关也可用同样的方法鉴别是否接通。

（七）证明玻璃破坏时间

因烟熏火烤炸裂落到窗台或地面上的玻璃，肯定有一部分碎片以烟熏的一面朝下，另一部分碎片以烟熏一面朝上，收集这些碎片，拼接在一起，烟迹均匀、连续；起火前被打碎的玻璃，落地后很少有烟痕，即使在以后的火灾作用下表面上附有烟痕，也只限于朝上的那一面有，贴地的那一面不会有烟痕，而且由于被烟熏前，碎块已经分散落地，或者个别碎块叠落，将碎块拼接，烟迹不均匀、不连续。

（八）证明容器或管道内是否发生燃烧

内装烃类物质的容器、反应器或者管道内发生过燃烧或爆炸，其内壁上附有一层厚厚的烟痕。

电缆沟或下水道内如果发生过烃类易燃液体蒸气的爆炸或燃烧，在其内壁也会发现烟痕。烟道中平时积累的烟尘呈悬挂状，向空间伸展，如果烟道内发生过燃烧或爆炸，这些附着的烟尘将被烧掉或被气流冲掉。

（九）证明火场原始状态

某件物品在火灾后被人移动，其表面烟痕、浮灰的完整性就被破坏，它下面的物件表面上没有与这个物品底部形状一致的烟尘图形，或者这个图形遭到破坏。如果一件物品在火灾后被人拿走，或者一个物体从外部移入火灾现场，也可用类似的方法进行判定。

另外，根据吊扣、合页以及铁栏杆拆下暴露的密合面、孔洞有否烟痕，可以判断它们是火灾前还是火灾后被破坏。同理，可根据门窗密合面和窗栏杆上烟熏情况来判断着火时门窗开启状态。根据现场尸体呼吸道烟尘附着情况，可以判明是移尸火场还是火中丧生。前者的呼吸道无烟尘，后者的呼吸道有烟尘。

第三节　木材燃烧痕迹

一、木材的基本特性

（一）木材的容重

根据不同的树种，木材的容重（木材的容重是指一立方米木材的质量千克数，通常以 kg/m^3 表示）有较大差别，它主要由木材的孔隙度和含水量所决定。孔隙度随着树木的品种、年龄、生长条件不同而不同。木材炭化速率及炭化后的裂纹形态与容重有密切关系。实验表明，容重大的木材炭化速率小、裂纹密。

（二）木材的化学成分

木材主要由碳、氢、氧构成，还有少量氮和其他元素。干木材的化学组成是：木质纤维素、木素、糖、脂和无机物。

（三）木材的炭化和热分解

把木材从常温逐渐加热，首先是水分蒸发，到 100 ℃时，木材已成绝对干燥状，再继续加热就开始产生热分解。150 ℃开始焦化变色，170～180 ℃以上时热分解速度变快，放出 CO、CH_4、C_2H_4 可燃性气体和 H_2O、CO_2 等不燃气体，最后剩下碳，温度超过 200 ℃颜色变深（表现出黑色），这个过程称为炭化。温度越高，热分解速度越快，从 250 ℃开始分解速度急剧加快，热失重显著增加，275 ℃时最为显著，350 ℃时热分解结束，木炭开始燃烧。

低温条件下，木材也能放出部分热量，因而存在低温发热起火的危险。由实验可知，当木材温度达到 210 ℃时，停止外部加热，并把这一温度维持 20～30 min，放热反应便可达到相当快的速度。这样因其本身放热，木材的温度也能慢慢达到 260 ℃。通常 260 ℃为木材着火的危险温度。

二、木材燃烧痕迹的种类

（一）明火燃烧痕迹

在明火作用下木材很快分解出可燃性气体发生明火燃烧，由于外界明火和本身明火作用，表面火焰按照向上、周围、下面的顺序很快蔓延，暂时没有着火的部分在火焰作用下进一步分解出可燃性气体，并发生炭化，同时表面的炭化层也发生气、固两相燃烧反应。因为明火燃烧快，燃烧后的特征是炭化层薄，除紧靠地面的一面外，表面都有燃烧迹象。若燃烧时间长，其炭化层的裂纹呈较宽较深的大块波浪状。

（二）辐射着火痕迹

在热辐射作用下，木材是先经过干燥、热分解、炭化，受辐射面出现几个热点，然后由某个热点先行无焰燃烧，继而扩大发生明火。这种辐射着火痕迹的特征是，炭化层厚，龟裂严重，表面具有光泽，裂纹随温度升高而变短。

（三）受热自燃痕迹

插入烟囱内的木材，靠近烟道裂缝的木构件，它们受到热气流作用的温度虽然不高，但经过长时间的热分解和炭化过程仍会发生明火燃烧。由于其所处的特殊环境，这种热分解和炭化过程的特征很可能被保存下来。其特征是炭化层平坦，炭化层深，无裂纹，炭化面较硬；没有形成明显的受热面，炭化部分均匀，受热方向不明显；炭化与未炭化部分界限不清，有过渡区；有不同程度的炭化区，即沿传热方向将木材剖开，可依次出现炭化坑、黑色的炭化层、发黄的焦化层等。

（四）低温燃烧痕迹

低温燃烧是指木材接触温度较低的金属，如 100～280 ℃的工艺蒸气管线等，在不易散热的条件下，经过相当长时间发生的燃烧。其实这也是一种受热自燃，但是由于温度低，其热分解、炭化的时间更长。其特征是有较长的不同程度的炭化区，其中发黄的焦化层比例居多，而炭化层平坦，呈小裂纹。

（五）干馏着火痕迹

干燥室内的木材，由于失控产生高温，木材在没有空气的情况下不仅发生一般的热分解，而且发生热裂解反应，析出焦油等液体成分，此时若遇空气进入，便立即会窜出烟火。这种干馏着火痕迹的特征是，炭化程度深，炭化层厚而均匀，并可在炭化木材的下部发现以木焦油为主的黑色黏稠液体。

（六）电弧灼烧痕迹

强烈电弧将使木材很快燃烧，如果是电弧灼烧后没有出现明火或者产生火焰后很快熄灭，则灼烧处炭化层浅，与非炭化部分界线分明。在电弧作用下可使炭化的木材发生石墨化，石墨化的炭化表面具有光泽，并有导电性。

（七）赤热体的灼烧痕迹

这是指热焊渣等高温固体以及通电发热的灯泡、电熨斗、电烙铁等接触木材使其灼烧的痕迹。这种痕迹由于在形成过程中，尽管赤热体没有明火，但温度高，因此炭化非常明显。根据赤热体温度不同，炭化层有薄有厚，但都有明显的炭化坑，甚至穿洞，炭化区与非炭化部分界线明显。

三、木材燃烧痕迹的证明作用

（一）证明蔓延速度

由于火流很快通过，不能使木材炭化很厚，因此火场上木材烧焦后的表面特征可以表明火流强度的大小及速度。

炭化层薄，炭化与非炭化部分界线分明，证明火势强，蔓延快；炭化层厚，炭化与非炭化部分有明显的过渡区，证明火势弱，蔓延速度小。

垂直木板烧成“V”字形缺口，“V”字形开口小，说明向上蔓延快；开口大，说明向上蔓延慢。木质天花板烧洞小，说明向上蔓延快；烧洞大，说明向上蔓延慢。

（二）证明蔓延方向

(1) 火场上残留在墙壁上的木构件，由于燃烧的次序不同，会按火灾蔓延方向形成先短后长的迹象。

(2) 相邻的木构件、木器或同一木构件、木器，炭化层厚的一个或一面首先受火焰作用。

(3) 烧成斜茬的木桩、门窗框，其斜茬面为迎火面。

(4) 木构件立面烧损成一个大斜面，说明火势是沿着斜面从低处向高处发展的。

(5) 木墙或木立柱，半腰烧得特别重，说明它面对强烈的辐射源，或者有强大的火流迅速通过。

(6) 烧残的带腿的家具，面向火焰来向倾倒。

(7) 在较大面积的木板上烧穿的洞，哪面边缘炭化重，说明热源来自哪面。

在利用木材的烧损、炭化情况判断蔓延方向时，应注意木材种类对燃烧特性的影响。

（三）证明燃烧时间和火场温度

火场中不同种类的木材燃烧后，形成的炭化深度、裂纹形态与燃烧时间和火场温度之间有对应关系。现场勘验时可以利用炭化深度和裂纹形态结合现场情况判断出燃烧时间最长、受热温度最高的部位，进而判定起火部位。

(1) 利用炭化深度计算：$t=X/v$。式中，X 为炭化深度(mm)；v 为炭化速率(mm/min)；t=燃烧时间(min)。

(2) 利用炭化裂纹形态判断。实验研究结果和多年现场勘验实践证明，裂纹长度的变化主要与加热温度有关，而与加热时间基本无关。随着温度的升高，横向裂纹长度变短；木材炭化裂纹的数量随温度的升高而增加；木材炭化裂纹宽度随加热温度的升高而变宽；木材炭化裂纹长度、数目、宽度还与木材的密度有关。在同样的加热条件下，随着木材密度的增加，木材炭化裂纹长度变短，数目增加，宽度变窄。

（四）证明起火点

天棚上的木条余烬被压在火场废墟的底部，说明起火点在吊顶内；反之，则说明起火点在吊顶以下的房间内。

在木工厂，锯末炭化的几何中心或其炭化最深处是起火点。

如果在火场上发现木间壁、木货架、木栅栏一类的木制品被烧成"V"字形大豁口，或者烧成大斜面，则这个"V"字形和大斜面的低点是起火点。例如，一个商店发生火灾，现场勘验中发现某个墙壁的货架烧得最重，沿墙面布满的木货架烧成"V"字形的缺损部分，则说明这个"V"字形缺损部分的低点就是起火点。

在木桌子或木地板上发现炭化，浓度比较均匀，炭化与非炭化部分界线分明，并且具有像液体自然流淌那样的轮廓，则说明上面洒过液体燃料。

木材的炭化坑及其附近的炽热体残骸，或者炭化坑附近有产生电弧的电器，则可能与起火原因一起得到说明。

竹子及其制品，橡胶、胶木等固体可燃物的燃烧痕迹，也具有与木材燃烧痕迹相似的某些特征和证明作用。

第四节　液体燃烧痕迹

一、液体燃烧痕迹的形成机理

液体燃烧痕迹的形成机理与液体本身的性质、成分息息相关，同时接触物体的耐火性能、形状和所处的位置、环境条件也对液体燃烧痕迹有影响。可燃液体一般都具有较强的挥发性、流动性和渗透性。液体因某种原因发生渗漏、泼洒后，遇到火源引起燃烧，形成液体燃烧痕。由于液体的流动性，使液体燃烧痕迹具有连续性，呈不规则流淌痕；同时由于液体的渗透性和被接触物体的浸润性，又使液体燃烧痕迹有时呈孤立的、有一定深度的特定痕迹。

二、液体燃烧痕迹的特征

（一）平面上的燃烧轮廓

如果易燃液体在材质均匀的、各处疏密程度一致的水平面上燃烧，无论是可燃物水平面的被烧痕迹，还是不燃物水平面上所留下的印痕都呈现液体自然面的轮廓，形成一种清晰的表面结炭燃烧图形。

对于地毯，使其干透后，用扫帚或刷子刷扫，液体燃烧的图形即可显现；对于木地板经过仔细清扫和擦拭，很容易发现炭化区的轮廓；对于水泥地面，由于液体具有渗透和燃烧后遗留下来的重质成分会分解出游离碳，烧余的残渣及少量炭粒牢固地附在地面上，留下与周围地面有明显界线的液体燃烧痕迹。将火场的废墟除掉，扫除浮灰，用水冲洗，用拖布或抹布擦净、晾干，这种印痕就会清晰地显现。这只限于汽油、煤油、柴油等液体，对于挥发性极强的液体，如酒精、乙醚等，则不易在不燃地面上留下这种痕迹。

如果在房间里或者整个建筑物内的某个部分，发现了不规则的近似直的或者曲折的连成一条线的液体的燃烧印痕，而且根据地势和痕迹形态判定不可能是由于液体自然流淌所造成的，则有可能是放火者为了使火焰按照他的企图传播，而事先把易燃液体倒在摆成条状的棉花、卫生纸、破布、衣物等可燃物上，或者直接洒成一行，它们起了导火索的作用。

（二）低位燃烧

物质的燃烧由于周围空气受热蒸腾的作用，总是先向上发展，再横向水平蔓延，而往下部蔓延的速度则极慢，所以火场上靠近地面的可燃物容易保留下来。如果木地板发生燃烧，经判定不是滚落的炭化块或其他赤热的物体引起，就可能是易燃液体造成的。由于液体的流动性，往往在不易烧到的低位发生燃烧。具体的低位燃烧有以下几种：① 烧到地板的角落；② 烧到地板边缘；③ 烧到地板下面。

（三）烧坑和烧洞

由于液体的渗透性和纤维物质的浸润性，如果易燃液体被倒在棉被、衣物、床铺、沙发上燃烧后，则会烧成一个坑或一个洞。

木地板上的桌子底下、门道以外、接近楼梯上下口的区域，由于人们经常脚踏摩擦，可将地板局部磨损。如果易燃液体流到这些地板表面被破坏的区域，液体容易渗入木质内部，则这些地方往往造成烧坑。

（四）呈现木材纹理

如果易燃液体洒在没有涂漆的水平放置的木材上，由于木材本来就存在着纹理，其中木质疏松的地方容易渗入液体，因此燃烧以后，这部分将烧得较深，使木材留下清晰的凸凹炭化的纹理。

三、液体燃烧痕迹的证明作用

（一）证明起火部位和起火点

液体燃烧属于明火燃烧，火焰明亮、辐射强度大，因此，液体燃烧部位周围的物体受到辐射热的作用，形成明显的受热面，受热面朝向都指向火源处。此外，液体流动性和渗透性所形成的痕迹中，低位燃烧的痕迹和局部烧出的坑、洞痕迹处一般都是起火点。

（二）证明起火原因

在停放车辆、油桶的场所，往往由于车辆的油管、开关、油箱或油桶渗漏，造成汽油流淌的火灾，现场勘验时通过液体流淌燃烧痕迹，寻找油管、油箱的渗漏原因，就能很快确定起火原因。

（三）证明火灾性质

现场勘验时，在疑似液体燃烧痕迹处或在燃烧后形成的烟尘吸附区域内提取检材，经鉴定确认含有某种易燃液体成分，而调查证实该处起火前没有此类易燃液体存在，就可作为认定放火嫌疑的重要证据。

四、低熔点固体熔化痕迹及证明作用

（一）沥青熔化滴落

沥青熔点约为 55 ℃，平时为固态，在火灾条件下除燃烧外，还会熔化、流淌和滴落。沥青的这种特征在某些火场上具有指示起火部位的作用。

屋顶或木望板上铺油毛毡或沥青的建筑内部起火，由于起火房间对屋顶加热，热气或火焰从门、窗开口处窜出，起火房间上的房檐处的沥青将首先熔化、流淌，墙的上方及地面将留下明显的沥青熔流和滴落的痕迹。这些痕迹往往可以证明首先起火的房间。

（二）闸刀开关操作手柄上螺孔封漆熔流

闸刀开关操作手柄上有若干安装螺栓用的孔，该孔用紫褐色电工封漆封住。电工封漆熔点较低，在火灾中会因受热而熔化。如果开关处于断开状态，熔化的封漆将从小孔中流出。因此，可以利用其熔流情况判断火灾中的开关状态。

（三）易燃液体容器的鼓胀

在火灾作用下，装有易燃、可燃液体的金属薄壁容器将发生鼓胀。如果容器没有鼓胀，说明它在火灾前已经开口，或者封闭不严，或者液体被人倒出。

第五节　火灾中的倒塌

倒塌是指物体或建筑物构件由于火灾的作用而失去平衡，发生倾倒和塌落的现象。火场上常见的倒塌是房屋顶部、墙壁和室内物品被烧后自然塌落或倾倒。倒塌痕迹则是物体或建筑物构件倾倒、滑落及其残体在地面上的塌落堆积状态。在火灾现场勘验中，倒塌痕迹常被用于判断火势蔓延方向和指示起火部位或起火点。

一、倒塌痕迹的形成机理

现场勘验实践表明，火灾过程中一些物体和建筑构件发生倒塌掉落的原因与火场热作用密切相关，主要表现在首先受热燃烧部位的破坏程度上。一般距火源近的部位或受热面首先被加热燃烧而强度降低，在力的作用下，发生变形、折断，向失去支撑的一侧倒塌掉落。

二、建筑结构的倒塌及证明作用

火灾中建筑结构的倒塌或破坏，是由于燃烧、高温、外部震动、冲击等作用引起的。木梁或柱起火燃烧，表面炭化，削弱其荷重的截面面积。当不能再承受其原有的全部荷重时，结构便会倒塌。钢结构受热后，先出现塑性变形，当火烧 15～20 min 时，钢构件变成面条形，随着局部的破坏，造成整体失去稳定而破坏。预应力钢筋混凝土结构遇热，失去预应力，从而降低结构的承载能力。花岗岩砖石砌体因受火灾作用，内部石英、长石、云母不同的热变形而碎裂；硅酸盐砌体则因内部的热分解而松散。此外，建筑物内部爆炸的冲击和震动，上部结构倒塌落在楼板上，或灭火积水不能排除，或楼板上的物质大量吸收灭火水流等，也是结构倒塌或破坏的原因。

在火灾情况下，建筑物的倒塌是有一定规律的。从整体看，建筑物倒塌的次序一般是先吊顶，后屋顶，最后是墙壁，且一般房屋的墙是向里倒的，对于木结构屋顶，整个塌的少，局部破坏的多。对于钢结构的屋顶，局部被火烧毁，其余部分往往因被烧的部分塌落，也同时由墙头被拉到地面上来。由爆炸造成的建筑物的倒塌，一般都以爆炸部位为中心向外倾倒。从局部构件来看，三角形房架的下弦木被烧断后，由于上弦的撑力作用，会将承重墙推倒；以木结构为骨架的建筑主要由于梁柱的接榫部分以及屋架下弦或支撑屋面的墙柱被烧后，失去支撑能力,导致房顶塌落。

在火场燃烧负荷分配比较均匀的情况下,先受火焰作用的起火部位的顶棚和房顶一般先行塌落。根据建筑各部分的塌落顺序以及倒塌形式,可初步确定起火部位或起火点。在火场上,木结构建筑物的倒塌最具有典型性。这类建筑的倒塌归纳起来有四种形式:

(一)"一面倒"形

当建筑物一边首先被烧毁,受其支撑的物体则向该侧倒塌,构成房架的材料顺势逐一倒下去,呈一面倒形。这类形式的倒塌痕迹能够表示出燃烧的方向性,其屋架倒落方向指向起火部位。

(二)"两头挤"形

某些具有共同间壁,并依靠间壁支撑的房顶的建筑物,当间壁首先被烧毁,受其支撑的两边的檩条及房顶建筑材料就倾向中间倒塌,呈现出现两头挤形。如果现场上发现这种倒塌形式,且间壁已被烧毁,由此可推断起火点应在间壁附近。不受间壁墙支撑,即依靠前后墙支撑的三角形屋架建筑,在其中部起火时,若起火部位的房架先行塌落,两边的屋架有时可能相向倒落,先行塌落的地方,也呈现两头挤形式。根据交叉处两屋架残体或金属吊杆的叠压情况,可判断先被烧毁的屋架。

(三)"旋涡"形

由于火场中心的支柱首先被烧毁,受其支撑的物体从四面向支柱倒塌,呈现旋涡形。因此,这种倒塌形式的中央就是起火点所在的部位。在闷顶火灾现场上,若闷顶未烧塌,屋面的烧塌形状也具有旋涡形。

(四)"无规则"形

在许多火场上,见到的是一种无规则形,这可能是由于建筑物几处同时起火,或建筑物结构特殊,各部分受力变化没有均匀性,而导致不规则的倒塌;也可能是由于建筑结构关系,各部分构件耐火极限不同,内部可燃物数量和种类等分布不均匀或不同,或是由于灭火射水的影响,而造成倒塌形式反常。因此,利用建筑物倒塌痕迹分析起火部位或起火点时,应考虑上述各种影响因素。

三、室内可燃物品的倾倒及证明作用

在火灾破坏不很严重的中心现场,有时能残留部分没有完全烧毁的可燃物品的倒塌痕迹,这类残留物品的倾倒方向往往能指示起火点。因为火灾初期,火势较弱,一下子难以使可燃物品全面燃烧起来,当这些物品迎火一侧受热被烧后,物品重心失去平衡,必然会向失去承重一侧倾倒。尤其是室内的桌子、椅子等有腿的家具以及比较高的箱体等,如果由某一方向的低处首先燃烧起来,这一侧的桌腿和箱体的侧板先破坏而失去支撑力,其余失衡部分便倒向该侧,因此其倾倒方向可用于指明火势蔓延方向或起火点的方向。

一般家具倒塌时多向起火点方向倾倒,但是,有些支撑面小的家具,如独脚圆桌,在火焰作用下,由于先烧的一侧失重,却会与其他一般家具倾倒方向相反,而倒向背火的一侧。

火场上,只有被火烧而倾倒的家具才有指示火势蔓延方向的作用,否则,不具有这种作用。例如,某火场上发现一只倾倒的四腿木凳子,其上面两腿烧损严重,而靠地面的两条腿基本没烧,这种倒塌痕迹是不能证明火势蔓延方向的,因为该木凳是在火前就已倾倒了。

在火灾过程中，木质家具即使受火焰作用发生了倒塌，其倾倒于受火侧，但是若继续受火作用，会出现家具的其余部分再被烧毁的可能性，造成其倾倒方向无法辨认。此时，则应注意该家具上原摆放的不燃物品，如烟灰缸、台灯座、小闹钟等，被抛离家具的方向，该方向是与家具的倾倒方向一致的。

仓库火灾中，现场塌的货箱堆垛痕迹也能起到与家具倾倒相同的证明作用。如果堆放的货箱垛全部垂直塌落，则可说明起火点处于该箱垛上部，且靠中间部位。对于大货垛，若起火点在其上部中心，则四周货物会向这个中心倾倒。

四、塌落堆积层次及证明作用

塌落堆积层是建筑构件和贮存物品经过燃烧造成塌落形成的。它是倒塌痕迹的一个重要组成部分。由于起火点所处现场空间层次的不同，燃烧垂直发展蔓延的顺序也不同；建筑构件和物品塌落的先后不同，堆积物的层次也不同，各层次上燃烧痕迹也不同。这些痕迹的差异，为分析确定起火点所在的现场立面层次提供依据。

（一）证明火势蔓延的先后顺序

火灾现场勘验中，利用塌落堆积层的事例还是较多的。例如，某火场原为办公室，办公桌全被烧毁，地面上到处残留着被烧坏的桌腿，从塌落堆积层看到烧毁的桌板下面有零星房瓦，地面地板无烧漏处。根据这种倒塌痕迹，可说明天棚内燃烧先于室内的燃烧。诸如此类能证明天棚或闷顶内先起火的倒塌痕迹特征是瓦片、天棚的灰烬、灰条、屋架及瓦条的灰烬位于堆积物的最底层。同理，如果室内陈设物的灰烬和残留物紧贴地面，泥瓦等闷顶以上的碎片在堆积物的上层，可说明室内先起火。

（二）证明起火部位

火灾中物体倒塌掉落后，它们的残体一般都堆积在地面上，查明堆积物的层次和每层物体起火前的种类、位置，对判定起火点具有重要意义。现场勘验证明，起火点和非起火点部位物体倒塌掉落层次有很大区别。最典型的倒塌掉落层次是单层木结构建筑火灾，其倒塌掉落层次由下向上分别是：地面—炭化、灰化物—瓦砾（起火点部位）、地面；地面—瓦砾—炭化、灰化物（非起火点部位），这种层次的形成是由物体燃烧时间差别和倒塌先后顺序决定的。

第六节　玻璃破坏痕迹

一、玻璃的组成及性质

（一）玻璃的组成

玻璃主要由二氧化硅及少量氧化钙、氧化钠、氧化铝等物质组成。

（二）玻璃的主要性质

（1）耐腐蚀性：玻璃对于大气中的水蒸气、水和弱酸等具有稳定性，不溶解也不生锈。

（2）绝缘性：在常温下玻璃的电导率很小，是绝缘体；高温下玻璃的电导率急剧增加。

（3）脆性：一般的玻璃硬且脆，机械强度很低，受力时易破碎。

二、玻璃破坏的机理

(一) 玻璃的脆性破坏

玻璃的断裂破坏可分为脆性和塑性断裂破坏。在较低温度下的断裂纹,使得表面强度低于内部强度。微裂纹的产生则是由于原板上存在局部应力集中,造成原子、分子之间的键断裂而形成的。研究结果表明,玻璃表面的张应力是微裂纹产生与发展的原因。

玻璃的脆性破坏过程可认为是:由于各种原因使玻璃产生张应力,导致玻璃表面产生微裂纹;当玻璃表面受到力负荷或热负荷作用时,微裂纹扩展成裂纹,最终导致断裂。

(二) 玻璃的热破坏

火场上窗玻璃受火焰和热烟气流作用导致破坏的根本原因是:玻璃是导热性很差的材料,当室内温度骤变时,窗玻璃内外层总有温差存在,从而引起玻璃内部胀缩不一致的现象,导致其产生不同程度的应变。在玻璃弹性限度以内,应变愈大,其伴生的应力亦愈大。玻璃的热破坏就决定于这一热应力的大小、种类以及最大热应力所处部位。

玻璃最大热应力产生于温度差最大之处。在建筑火灾现场中,窗玻璃内外表面之间和被窗框固定的边缘与其暴露于火焰和热气流部分之间是温度差最大的部位。当受到火灾作用引起的热应力超过玻璃能承受的强度极限(普通平板玻璃的平均破坏强度极限为 34.32 MPa)时,玻璃便会破裂。

在火场上均匀受热至高温的玻璃,当遇到灭火用水的急冷作用时,温度急剧变化的表面产生很大的张应力,同样会迅速破裂。

(三) 玻璃的熔融变形破坏

火场上玻璃均匀受热升高到一定温度后,会出现熔融变形破坏。熔融变形破坏的温度有一个范围,因为玻璃是非晶体,没有固定的熔点,而只有一个软化温度范围。若将玻璃慢慢升温,一般玻璃在 470 ℃左右开始变形,740 ℃左右软化,但不流淌,随着温度升高,黏度降低,则开始出现流淌迹象,大约在 1 300 ℃完全熔化成液体状态。

三、玻璃破坏痕迹的证明作用

(一) 证明破坏原因

被火烧、火烤而炸裂的玻璃与机械力冲击破坏的玻璃,在宏观上的主要区别有以下三点:

(1) 形状不同。被火烧、火烤炸裂的玻璃,裂纹从边角开始,裂纹少时,呈树枝状,裂纹多时,相互交联呈龟背纹状,落地碎块,边缘不齐,很少有锐角;机械力冲击破坏的玻璃,裂纹一般呈放射状,以击点为中心,形成向四周放射的裂纹,落下的碎块尖角锋利,边缘整齐平直。

(2) 落地点不同。烟熏火烤炸裂的玻璃,其碎片一般情况下散落在玻璃框架的两边,各边碎片数量相近;冲击破坏的玻璃碎片,往往向一面散落偏多,有些碎片落地距离较远。

(3) 残留在框架上的玻璃牢固度不同。玻璃在火灾作用下炸裂,大部分脱落后,其残留在框架上的玻璃附着不牢,在冷却后一般会自动脱落;冲击破坏的玻璃,其残留在框架上的,若没经过火焰作用,一般附着比较牢固。

(二) 证明受力方向

如果已经判明了某个门或窗子上的玻璃是被爆炸气浪、冲击波或其他外力所击碎的,并且破裂的玻璃没有或没有完全从玻璃框架上脱落下来，则可以根据残存玻璃裂纹的断面、棱边某些特征判断受力方向，从而确定爆炸点的方向，或者确定这块玻璃是从室内还是从室外被打破的。

平板玻璃在外力作用下，虽然瞬间破坏，但是在其破裂前还存在一个弹性形变过程，玻璃向非受力一面凸出，当作用力大于其抗张强度时便发生破裂，由于非受力面凸起变形，所以裂纹首先在非受力面开始，结果产生如下特征，并可利用这些特征确定受力方向。

(1) 断面上有弓形线。弓形线即是沿辐射状方向破裂的玻璃新断面上的弧形痕。手持玻璃碎片，在阳光下变换角度，这种弧形痕很容易看清。弓形线以一定的角度和断面的两个棱边相交。相邻的弓形线一端在一面棱边上汇集，另一端在另一面棱边上分开，弓形线汇集的一面是受力面。

(2) 断面的一个棱边上有细小的齿状碎痕。辐射状裂纹断面没有碎痕的一面是受力面。这种棱边上的碎痕，在用玻璃刀割开的玻璃上更明显，用肉眼很容易看出。但是后者比前者明显粗大，而且玻璃刀割开的玻璃的断面上弓形线短，没有并拢和分开现象，与两个棱边几乎都是呈垂直状态的。即使不垂直，其方向也几乎是平行的。通过这两点可以将它们区别开来。

(3) 裂纹端部有未裂透玻璃厚度的痕迹。在外力作用下产生辐射状裂纹，有的没有延伸到玻璃的边缘，裂纹端部有一小部分没有穿透玻璃的厚度，没有裂透的那一面是受力面。玻璃在外力作用下不仅产生辐射状裂纹，有的同时也产生同心圆状裂纹，这种裂纹也有上述三种特征，由于同心圆状裂纹首先从受力这一面产生，因此它所证明受力方向的痕迹特征正好和辐射状裂纹所指明方向的痕迹特征相反。例如，同心状裂纹断面上弓形线分开的一面是受力面等。

(4) 打击点背面有凹贝纹状痕迹。当打击力集中，有时使该点非受力面玻璃碎屑剥离，形成凹贝纹状。这也是判定受力方向的一个有效的方法。

玻璃即使已经完全从框架上脱落下来，如果能够通过落在地上的玻璃碎片的腻子痕、灰尘、油漆、雨滴等分清原来位置(里外面)，仍可以利用上述痕迹判断破坏力的方向。

(三) 证明打破时间

当判明现场某个门窗的玻璃确为外力打破之后，常常还要弄清这块玻璃是火灾前还是火灾后被打破的。这对判断火灾性质、分析放火者的进出路线、受害人逃离行动以及扑救顺序均有重要意义。根据不同情况，一般可从以下四个方面区别：

(1) 堆积层不同。火灾前被打破的玻璃，其碎片大部分紧贴地面，上面是杂物、余烬和灰尘；起火后被打破的玻璃一般在杂物余烬的上面。

(2) 底面烟熏情况不同。起火前被打破的玻璃，其所有碎片贴地的一面均没有烟熏；起火后被打碎的玻璃，一部分碎片贴地的一面有烟熏。只要有一块碎片贴地一面有烟熏，就说明它是起火后被打碎的。

(3) 断面烟熏情况不同。火灾前被打破的玻璃，其断面上往往有烟熏；火灾后打破的玻璃，其断面往往比较清洁或烟尘少。

(4) 碎片重叠部分烟尘不同。玻璃破坏时两块落地碎片叠压在一起，如果下面一块玻璃重叠部分的上面没有烟熏，其他部分有烟熏，说明是火灾前被打破的；如果下面一块上面重叠和非重叠部分都有烟熏，则是起火后打破的。

（四）证明火势猛烈程度

由玻璃破坏机理可知，玻璃的炸裂并不取决于其整体温度高低，而主要取决于不同点或两平面的温度差，也就是取决于玻璃的加热速率和冷却速率。火场上玻璃所在处的温度变化速率越大，其两表面间的温度差值越大，玻璃的炸裂就越剧烈。因此，可以根据玻璃的炸裂程度判断燃烧速度或火势猛烈程度。

玻璃炸裂细碎、飞散，说明燃烧速度大，火势猛烈；玻璃出现裂纹，还留在框架上，说明燃烧速度和火势为中等程度；玻璃仅是软化，说明燃烧速度小，火势较慢。

如果一个火场中一排房间的玻璃炸裂程度依次减弱，而且减弱一端的玻璃发生软化，玻璃软化的这间房子是起火点；而玻璃炸裂的依次加剧，说明是火势已经猛烈，迅速蔓延的结果。

（五）证明火场温度

1. 根据玻璃受热变形程度判断

若玻璃发生轻微变形，即玻璃边缘或角上开始变形，出现轻微凸起或凹下，边缘无锋利的刃，手感圆滑，四角仍为直角形式，则其受热温度在 300～600 ℃内；若玻璃发生中等变形，即玻璃面有明显的凹凸变化，边角已不再维持原形，但仍能推断出原来的形状，则其受热温度为 600～700 ℃；若玻璃发生严重变形，即玻璃片卷曲、拧转，或者四个角全部弯成 90°以上，有的已很难推测出原有的形状，则其受热温度一般为 700～850 ℃；若玻璃发生流淌变形，即玻璃已熔融流淌，表面有鼓包，有的外形成瘤状，完全失去原形，则受热温度在 850 ℃以上。

2. 根据玻璃受热后遇水产生的裂纹判断

玻璃受热后遇水产生的裂纹有自身特点，一般是：各种厚度的玻璃受热的温度越高，遇水后产生的裂纹数目越多，玻璃片越发白；同一温度下，受热的时间越长，遇水后产生的裂纹数目越多，在形态上，这种裂纹的特征是：200 ℃左右产生大裂纹，在大裂纹的周围有很浅的细小纹，玻璃片仍是透明的；300～400 ℃时裂纹数目增多，有小小的浅圆片从表面崩出，玻璃片为青白色；500～600 ℃时有细碎的彼此相叠的裂纹，纹路很深，同时还有大裂纹交错，有的裂开，玻璃片呈白色。因此，根据受热后遇水的玻璃裂纹形态，可推断出遇水时的火场温度。

3. 根据玻璃的硬度变化判断

受火灾作用后，玻璃材料的性质变化突出的是其硬度随受热温度的变化。玻璃受热到某一温度后，经冷却用硬度计测定其维氏硬度发现：各种玻璃的硬度都随所受温度升高而变得越硬；玻璃受热时间越长，越硬；经受同一温度时，玻璃越厚，其硬度值越高。因此，根据受火作用玻璃的硬度，可分析火场温度及燃烧时间。

第七节　混凝土变化痕迹

一、混凝土的组成

混凝土是由水泥、骨料（砂子、碎石或卵石）和水按一定比例混合，经水化硬化后形成的一种人造石材。

（一）水泥

水泥主要有普通水泥、矿渣水泥和火山灰水泥三大类。水泥性质和它的矿物组成之间存在着一定的关系，在相同细度和石膏掺入量的情况下，硅酸盐水泥的强度主要与 $3CaO \cdot SiO_2$ 和 $2CaO \cdot SiO_2$ 的含量有关。水泥经与水混合固化后，硬化水泥中就有五种有效成分：水化硅酸钙（$3CaO \cdot SiO_2 \cdot 3H_2O$）、水化铝酸钙（$3CaO \cdot Al_2O_3 \cdot 6H_2O$）、水化铁酸钙（$CaO \cdot Fe_2O_3 \cdot H_2O$）、氢氧化钙[$Ca(OH)_2$]和碳酸钙（$CaCO_3$）。其中，碳酸钙是由于水泥中的 CaO 与 H_2O 作用生成的产物 $Ca(OH)_2$，部分处于水泥表层而暴露于空气中，会与空气中的 CO_2 作用而得到的产物。在完全水化的水泥中水化硅酸钙约占总体积的 50%，氢氧化钙约占 25%，pH 值约为 13。

（二）骨料

骨料是混凝土的主要成型材料，约占混凝土总体积的 3/4 以上。一般把粒径为 0.15～5 mm 的称为细骨料，比如砂子等；把粒径大于 5 mm 的称为粗骨料，如碎石、卵石等。

二、混凝土受热痕迹的形成机理

混凝土在火场热作用下，其力学性能遭到破坏，在受热、冷却过程中产生膨胀应力和收缩应力，致使在混凝土上形成变色、开裂、脱落、变弯和折断等外观变化。

三、混凝土受热痕迹的证明作用

（一）根据颜色变化痕迹判定

混凝土、钢筋混凝土构件受火灾作用后，在其外部会形成不同颜色的燃烧痕迹。这种颜色变化的实质，就是受火灾作用时的不同温度变化的再现。

从表 4-1 可以看出，温度不超过 200 ℃时颜色无变化，之后随着温度升高，颜色由深色向浅色变化。虽然不同的混凝土被烧后生成的一些化合物（如铁的化合物）含量不同，使颜色的变化程度有一些差别，但是总的变化规律基本上是一致的。所以，在一般情况下，呈浅色的就是受火灾温度高、烧得重的部位。

表 4-1　混凝土在不同温度下的颜色变化

温度/℃ \ 颜色 \ 材料	混凝土	水泥	砂	石
100	无变化	无变化	无变化	无变化
200	无变化	无变化	无变化	无变化
300	淡	黄	部分变红	部分变红
400	淡红	黄	大部分变红	部分变红
500	淡红	黄	红	部分变红
600	红色渐退	黄	红	红褐色
700	灰白	黄	红	红褐色
800	灰白	黄	红	红褐色
900	草黄	草黄	红	红褐色

（二）根据强度变化痕迹判定

混凝土受热时，在低于300 ℃的情况下，温度的升高对强度的影响比较小，而且没有什么规律；在高于300 ℃时，强度的损失随着温度的升高而增加。这是因为普通混凝土受热温度超过300 ℃时，水泥石脱水收缩，而骨料不断膨胀，这两种相反的作用使混凝土结构开始出现裂纹，强度开始下降。随着温度升高，作用时间延长，这种破坏程度加剧。573 ℃时骨料中的石英晶体发生晶形转变，体积突然膨胀，使裂缝增大；575 ℃时氢氧化钙脱水，使水泥组织破坏；900 ℃时其中的碳酸钙分解，这时游离水、结晶水及水化物脱水基本完成，强度几乎全部丧失而酥裂破坏。

（三）根据烧损破坏痕迹判定

混凝土、钢筋混凝土构件受火灾温度作用后，产生起鼓、开裂、疏松、脱落、露筋、弯曲、熔结、折断等外观变化的主要原因，一是其力学性能遭破坏，二是受热作用及冷却过程中产生膨胀应力和收缩应力所致。疏松、脱落是混凝土遭受到强烈的火灾温度作用后，混凝土的内部组织（如水泥石、水泥石与骨料的界面黏接等）遭到严重破坏的一种表现。

经过大量的试验研究及实际火灾现场勘验，混凝土、钢筋混凝土构件受火灾作用后，残留外观特征（烧损、破坏痕迹）同其遭受过的最高温度和相应火灾作用时间存在一定规律。表4-2是实际火灾中混凝土外观变化特征与温度之间的关系，表4-3是模拟火灾时间、温度条件下，钢筋混凝土表面颜色及外观特征。在实际火场勘验中，可以根据混凝土、钢筋混凝土结构的残留物外观特征，推算出其遭受的最高温度和火灾持续时间。

表4-2　混凝土外观变化与受热温度的关系

外观变化	受热温度/℃
无变化或有熏黑痕	100～300
有微裂纹	300～400
裂缝增大，数量增多	600～700
酥裂，脱落	800～900
熔结，熔流	1 000以上

表4-3　钢筋混凝土结构混凝土表面颜色及外观特征

火灾时间/min	火灾温度/℃	外观特征				敲击声音
		混凝土颜色	表面开裂	疏松脱落	露筋	
20	790	灰白、略显黄色	棱角处有少许细裂纹	无	无	响亮
20～30	790～863	灰白、略显黄色	表面有较多细裂纹	棱角处有轻度脱落，可见部分石子石灰化	无	较响亮
30～45	863～910	灰白、显浅黄色	表面有少许贯穿裂缝	表面轻度起鼓呈疏松状，角部脱落	无	沉闷

续表 4-3

火灾时间/min	火灾温度/℃	外观特征				敲击声音
		混凝土颜色	表面开裂	疏松脱落	露筋	
45～60	910～944	浅黄色	表面有少量细裂纹	角部呈疏松状，严重炸裂脱落，骨料石灰化	无	声哑
60～75	944～972	浅黄色	裂纹不清	表层起鼓角部严重脱落	露筋	声哑
75～90	972～1 001	浅黄色并显白色	裂纹不清	表层疏松脱落严重	露筋	声哑
100	1 026	浅黄色并显白色	裂纹不清	表层严重脱落	严重露筋	声哑

（四）根据中性化深度判定

固化后水泥成分中含有一定数量的氢氧化钙，因此水泥会发生碱性反应。经火灾作用后，水泥中氢氧化钙若发生分解，挥发出水蒸气，则留下产物氧化钙。氧化钙在无水的情况下显不出碱性。因此，用无水乙醇酚酞试剂对受火作用的混凝土检测，根据检测的中性化深度推断混凝土受火的温度和时间。具体方法是：在选定的部位去掉装饰层，将混凝土凿开露出钢筋，除掉粉末，然后用喷雾器向破损面喷洒1%的无水乙醇酚酞溶液，喷洒量以表面均匀湿润为准，稍等一会便会出现变红的界线，从混凝土表面用尺子测出变红部位的深度，此深度即为中性化深度。通常受热时间越长，温度超高，则中性化深度越大。混凝土中性化深度与受热温度的关系见表 4-4。

表 4-4　　混凝土中性化深度与受热温度的关系

品种	加热时间/min	最高温度/℃	中性化深度/mm	品种	加热时间/min	最高温度/℃	中性化深度/mm
矿渣水泥	0	室温	3～4	火山灰水泥	0	室温	2～3
	10	658	5～7		10	658	4～5
	20	761	6～8		20	761	5～6
	30	822	7～9		30	822	6～7
	40	865	9～10		40	865	7～8
	50	898	11～12		50	898	7～10
	60	925	12～13		60	925	9～10
	70	948	12～14		70	948	11～12
	80	968	15～17		80	968	13～15
	90	986	16～18		90	986	16～17
	100	1 002	16～19		100	1 002	16～19

第八节 金属变化痕迹

在火场中，金属由于受火焰或火灾热作用，会发生变色、变形、熔化等变化。

一、表面氧化变色

金属受热作用后，表面形成氧化层并发生颜色变化。受热温度和时间不同，形成的氧化层颜色也不同。在实际火灾中，处于不同部位的金属，甚至同一金属物体上不同部位的温度差也很大。因此，在其表面上形成的颜色有明显的层次，特别是薄板型黑色金属。例如，某一建筑火灾，对其屋顶铁皮面观察，发现局部被烧部位呈圆形，颜色变化层次明显，从图形中心部位向外呈现淡黄色、黑红色、蓝色、原色变化，这种有层次的颜色变化，反映了火灾当时该部位温度的分布。

在一般情况下，黑色金属受热温度高、作用时间长的部位形成的颜色呈各种红色或浅黄色，颜色变化层次明显，特别是温度超过 800 ℃以上的部位，在其表面上还出现发亮的铁鳞薄片，质地硬而脆。起火点往往在颜色发红、浅黄色或形成铁鳞的部位附近或对应的部位。

二、强度变化

在火场上，钢材强度变化与所受温度高低和受热时间长短有关。一般受热温度达 300 ℃时，钢材强度才开始下降；500 ℃时强度只是原强度的 1/2，600 ℃时为原来强度的 1/6～1/7。因此，现场钢构件被烧塌处的温度至少为 500 ℃，且受火焰作用的时间在 25 min 以上。如果火场的钢屋架没被烧塌，则不能肯定那里的温度不曾超过 500 ℃，因为可能那里出现火势发展快，可燃物很快燃尽，虽然产生高温，但高温作用的时间太短的情况。

三、弹性变化

金属构件在火灾作用下会失去原来的弹性，这种变化也是分析火场情况的一种根据。

如果起火前刀型开关处于合闸位置，在火灾作用下，金属片就会退火失去弹性。如果发现刀型开关两静触头的距离增大，则说明它们在火灾时正处于接通状态。如果两静触头虽已失去弹性，但仍保持正常距离，说明火灾当时，它们没有接通。

如果发现沙发、席梦思床垫的某一部位只有几个弹簧失去了弹性，那么这个部位一般情况下就是起火点。这类火灾多数是烟头等非明火火种引起阴燃，造成靠近火种部位阴燃时间比其他部位长，局部温度也高，使该部位的几只弹簧先受热失去弹性，当引起明火时，火势发展速度快，使其他部位弹簧受高温作用时间相对短些，因此比阴燃部位弹簧弹性强度降低得少。

四、熔化变形

金属及制品在火场上若所受温度高于其熔点，便会发生由固态向液态的转变。由此而形成的金属液体，滴到地面经过冷却，便会以熔渣的形式保留下来。熔渣的数量、形状以及被烧金属的熔融状态即是火场当时的温度的记录和证明。在现场勘验时，常根据熔化金属熔点分析火场燃烧时达到的最低温度。

根据金属熔点，依据不同种类金属熔化与未熔化或以同种金属在现场不同地点上熔化与未熔化的区别，判定出火场温度范围或局部受温最高的部位来。例如，在某火场地面发现放在电炉上面的铝盆全部熔化呈熔堆，而距电炉不远处地面上的几个同类型铝盆没有熔化只是外表变形，根据铝的熔点可以判定出放在电炉上的铝盆受到600 ℃以上高温，而同等条件下其他铝盆受到的温度大大低于其熔点，说明电炉上的铝盆是受到电炉加热熔化的，从而可判定出起火点在电炉处。

金属受热温度达到熔点时开始熔化，温度继续升高，作用时间增加时，其熔化面积扩大，长度变小，熔化程度变重；并且面向火源或火势蔓延方向一侧先受热熔化，熔化程度重些，形成明显的受热面。一般金属形成熔化轻重程度和受热面与非受热面差别的规律与可燃物（木材）是基本一致的。因此，可参照判别可燃物被烧轻重程度和受热面的基本方法来确定起火部位和起火点。

建筑物中钢铁构件的外形变化在火场也是常见的。钢铁构件熔点虽较高，一般火场达不到这个温度，但在火场温度作用下却易发生软化，力学性能变差，尤其在重力作用上会弯曲塌落，在拉力作用下会伸长变形，甚至拉断，并在断头处逐渐变细。例如，在火灾现场中发现只有一部钢架下弦一端靠近墙体部位有明显的弯曲变形（急弯）或截面发生变化（变细），另一端及其他钢架虽在其他部位也有不同程度变形痕迹，但与这一钢架相同部位没有形成与之相似的严重变形痕迹，这说明在这部钢架出现弯曲变形大的一端首先受热，超过危险温度时失去强度，在其顶部屋面荷载作用下，首先塌落，而形成严重变形。另一端及其他钢架在火势蔓延的情况下，才依次受热失去强度塌落，使其变形程度较前者轻得多。

此外，在现场还可能发现由于热膨胀或爆炸力而引起外部变形的金属容器或管道。根据这些物体变形情况可以分析作用力是来自物体内部还是物体的外部以及作用力的方向。

五、组织结构变化

金属组织变化主要是指金属构件在火灾条件下其晶粒形状、大小和数量的变化，有时还会有某种成分的融入或析出。金属的弹性、强度等性能变化都是由金属内部组织结构的变化引起的。

在不同的受热保温和冷却条件下，金属会形成不同的金相组织，因此根据金属受热后的金相组织可以分析受热过程。根据火场上有关金属制品或有代表性位置的金属构件的金相组织变化，可以推断火场的燃烧温度、燃烧时间及冷却情况。某些金属材料，如钢板、角钢、钢筋、钢丝以及铜铝导线等，都是由冷扎、冷拔加工制成的。由于冷拔加工，金属内部的晶粒形状由原先的等轴晶粒改变为向变形方向伸长的所谓纤维组织。在受热条件下，由于原子扩散能力增大，变形金属发生再结晶过程，其显微组织发生显著变化，被拉长、破碎的晶粒转变为均匀、细小的等轴晶粒；同时，金属的强度和硬度明显降低而塑性和韧性大大提高。若温度继续升高或延长受热时间，则晶粒会明显长大，随后得到粗大晶粒的组织，使金属的机械性能显著降低。因此，根据金属受热后晶粒的大小，可以推断其在火灾中所受的温度和作用时间。

第九节 短路痕迹

一、短路痕迹的形成及其表现形式

电气线路中的不同相或不同电位的两根或两根以上的导线不经负载直接接触称为短路。由于短路时的瞬间温度可达 2 000 ℃以上，而常用的导线是铜线和铝线，铜的熔点为 1 083 ℃，铝的熔点为 660 ℃，因此，短路强烈的电弧高温作用可使铜、铝导线局部金属迅速熔化、气化，甚至造成导线金属熔滴的飞溅，从而产生短路熔化的痕迹。

由于短路电流的大小及作用时间不同，因而短路熔痕的外观状态相当复杂，常见的有：短路熔珠、凹坑状熔痕、熔断熔痕、尖状熔痕、多股铜芯线短路熔痕等。

二、不同熔痕的鉴定

（一）短路熔痕与火烧熔痕的鉴别

由于电弧温度高，作用时间短，作用点集中，而火烧温度相对较低，燃烧时间长，作用区域广泛，因此火烧熔痕与短路熔痕在外观表现、内部气孔及金相组织等方面都存在不同的特征。

1. 表观区别

（1）电弧熔痕与本体界线清楚，火烧熔痕与本体有明显的过渡区。

（2）电弧烧蚀的金属没有退火现象，火烧金属有相当一部分退火变软。

（3）电弧烧蚀可使金属喷溅，形成比较规则的金属小熔珠或溅片；火烧过的金属不能形成喷溅，但可使金属熔融流淌。前者喷溅熔珠分布面广，后者熔珠粒大且垂直下落。

（4）电弧烧蚀的金属变形小，只在熔痕处发生变化；火烧金属变形范围大，可使多处变粗、变细，呈现不规则熔痕。铝线在火烧情况下还有干瘪现象。

（5）短路熔痕在另一根导线或另一导体上一定存在对应点；火烧熔痕则在另一根导线上不存在对应点。

（6）多股软线短路时，除了短路点处熔化成一个较大的熔珠外，熔珠附近的多股线仍然是分散的；火烧的多股线，往往多处出现多股熔化成块粘连的痕迹。

2. 气孔区别

由于火烧熔化的金属凝固较慢，有较长的结晶时间，内部气体来得及慢慢析出，因此火烧熔痕内没有明显气孔；而各种短路熔痕内部都有明显大小不等类似蜂窝的气孔。

3. 金相区别

由于短路熔痕是在较大的冷却速度下形成的，因此短路电弧形成的熔痕，生成以柱状晶粒为主的组织；火烧熔痕的冷却速度比较缓慢，所以火烧熔痕的组织是由等轴晶粒组成。

（二）火灾前（一次短路）与火灾中（二次短路）短路熔痕的鉴别

1. 气孔不同

火灾前与火灾中短路熔痕的气孔在数量、大小及内壁光滑程度上有所不同。

（1）火灾中短路熔痕的气孔比火灾前短路熔痕的气孔大而多。

（2）火灾中短路熔痕气孔内壁相当粗糙呈鳞片状，有光亮斑点，有的有熔化后凝结形成的皱纹；火灾前短路熔痕气孔内壁不粗糙、呈细鳞状，基本没有光亮斑点与纹痕。

(3) 火灾中短路熔痕内集中缩孔大而多，火灾前短路熔痕内基本无集中缩孔。

2. 金相组织不同

火灾前与火灾中短路的熔痕，由于二者在凝固时的冷却条件相差很大，所以它们的金相组织也有一定的差别。火灾前短路形成的熔痕，由于外界温度低，过冷度大，因此火灾前短路熔痕的组织由细小的柱状晶粒组成。火灾过程中短路形成的熔痕，由于外界温度高，过冷度小，因此火灾中短路熔痕形成以粗大的柱状晶为主的组织，并且出现较多粗大晶界。

3. 短路痕迹数量不同

火烧带电导线，短路可能会连续发生，并在导线多处留下短路痕迹；火灾前短路一般只有一对短路点。

4. 表面烟熏不同

火烧短路熔痕的表面一般都被烟熏黑，光泽不强。铝线火烧短路熔珠表面有少量的灰色氧化铝，熔珠的个别部位有塌瘪现象。火灾前的短路熔痕一般没有烟熏。

5. 气孔内表面元素含量不同

火灾前短路与火灾中短路熔痕气孔内表面的C、N、Cu、Cl等元素的含量有明显的不同。例如，火灾中聚氯乙烯铜导线短路熔珠气孔内表面C、Cl元素的含量均明显高于火灾前的短路熔珠，而N元素却正好相反。

三、短路痕迹的证明作用

(一) 证明起火原因

在现场勘验中发现的短路熔痕，经金相法、成分分析法鉴定后，确认为一次短路熔痕，且熔痕所在的位置又在确定的起火点处，短路时间与起火时间相对应，并排除起火点处其他火源引起火灾的因素，就能认定这起起火原因是短路引起的。

(二) 证明蔓延路线

起火后某个房间的电线被烧短路，使用同一电源的其他房间没有发现短路痕迹，说明火灾先烧到有短路痕迹的房间。因为它短路引起保险动作，其他房间导线绝缘烧坏后已经没电，则不能产生短路痕迹。

(三) 证明起火点

电路中总路控制分路，总闸控制分闸，分闸控制负荷，对应的保险装置也都有一定的保护范围。总路、总闸断开，分路、分闸、负荷就没有电流通过；而分路、分闸、负荷断开，总路、总闸仍在通电。这一规律决定了带电的电路在火灾过程中，在一个回路或几个回路上按着一定顺序形成短路熔痕。其顺序是分路—总路，负荷侧—分闸与总闸—电源侧。因此，在火灾中短路熔痕形成的顺序与火势蔓延的顺序相同，起火点在最早形成的短路熔痕部位附近。

第十节 过负荷痕迹

一、过负荷熔痕的形成机理

导线允许连续通过而不致使导线过热的电流量，称为导线的安全载流量或导线的安全电流。当导线中通过的电流超过了安全电流值,就叫导线过负荷。如果超过安全载流量,导线的温度超过最高允许工作温度,导线的绝缘层就会加速老化,严重超负荷时会引起导线的绝缘层燃烧,并能引燃导线附近的可燃物而起火。

二、导线在过负荷电流作用下的特征变化

导线截面与用电设备的功率不匹配、用电设备故障以及保险装置失效情况下的长时间短路等都可造成导线的过负荷。导线过负荷痕迹的形成主要与过负荷电流和通电时间有关。

常用单股绝缘导线通过 1.5 倍额定电流时,温度超过 100 ℃,通过 2 倍额定电流时,铜线温度超过 300 ℃,铝线温度超过 200 ℃;通过 3 倍额定电流时,铜线温度超过 800 ℃,铝线温度超过 600 ℃。

单根敷设的用橡胶和棉织物包敷的绝缘导线,通过 1.5 倍额定电流时手感微热,绝缘层无变化;通过 2 倍额定电流时,棉织物中浸渍物熔化,冒白烟,电线绝缘皮干涸;通过 3 倍额定电流时,内层橡胶熔化,胶液从棉织物外层中渗出,并可使绝缘物着火。

单根敷设的聚氯乙烯绝缘导线,通过 1.5 倍额定电流时,外层发烫,绝缘膨胀变软并与线芯松离,轻触即可滑动;通过 2 倍额定电流时,局部开始冒烟,有聚氯乙烯分解气体臭味,绝缘层起泡,熔软下垂;通过 3 倍额定电流时,聚氯乙烯熔融滴落,绝缘层严重破坏,线芯裸露。

铜、铝导线通过的电流分别大于 2 倍和 1.5 倍额定电流时,其金相组织发生变化。因此,可以通过导线金相组织变化判断其通过的电流大小。导线通过的电流增加到额定电流的 3 倍以上,线芯将发暗红,引起绝缘起火。并且随时间的延长线芯熔断。根据不同条件,熔断时间从几分钟到几十分钟不等。若使导线瞬时熔断,通过的电流需为额定电流 5~6 倍。

长时间短路将使全线过热,铜导线趋向熔化,而呈现间断结疤,疤与疤之间由粗变细,导线的大部分成黑色,少部分仍有铜的本色。铝线没有上述特征,因为铝的机械强度不高,再加上熔点低,在这种大电流的作用下,很快被烧断。

三、导线过负荷的鉴别

起火点在导线通过的地方,该处电线没有接头和短路条件,或者沿导线形成条形起火点,说明是导线过负荷。为了验证是否过负荷,一方面可通过调查用电设备容量,起动台数和使用时间,设备或远端电线是否发生过短路以及所使用的熔丝规格,保护装置电流整定值等情况进行判断;另一方面可以通过过负荷与火烧电线的不同特征判断。主要有以下区别:

(一)绝缘破坏不同

过负荷导线绝缘内焦、松弛、滴落,地面可能发现聚氯乙烯绝缘熔滴,橡胶绝缘内焦更为明显。外部火烧绝缘外焦,不易滴落,将线芯抱紧。二者的上述特征,可结合检验被怀疑过负荷线路且没被烧的区段进行。

(二)线芯熔态不同

铜线严重过负荷可形成均匀分布大结疤,因其特征明显,容易鉴别。要注意火烧也可能造成结疤,但是火烧的导线结疤从大小和分布距离上都不会像内部通过大电流造成的结疤

那样均匀。铝导线在电热或火烧情况下会产生断节，前者比后者的断节均匀且分布于全线，后者只可能产生于火烧的局部。

（三）金相组织不同

导线受火灾热和电流热作用所发生的金相组织变化不同。由于火焰的不均匀性，整根导线不可能都受同样程度的火焰作用，因此火烧导线不同截面处的金相组织不同。过负荷电流的发热是沿着整根导线均匀产生的，因此将沿整根导线整个截面出现再结晶，全线各处截面金相组织状态是相同的。

四、电磁线过负荷的鉴别

电磁线由纯铜制成，表面涂以高绝缘强度的绝缘漆或缠纱线，主要用来绕制变压器、电动机、镇流器及各种仪器仪表中的线圈。电磁线过负荷最明显的痕迹特征是绝缘漆烧焦变黑，颜色由焦黄到深黑，漆层由酥松到崩落。

通过电磁线烧焦痕迹可以判断变压器或镇流器是内烧（各种形式的电流过大），还是被外部火烧。在鉴定镇流器或变压器时，如果在拆线过程中发现线圈从外层到内层，逐渐由发黑到正常鲜亮，而且没有短路痕迹，则说明这是外部火烧所致；反之，包层线圈完好，而内层线圈电磁线变黑，则说明一定是镇流器或变压器内部故障造成。

第十一节 火场燃烧图痕

一、火场燃烧图痕的形成机理

每起火灾由于燃烧条件不同，以及形成每种燃烧图痕的条件差异，导致构成燃烧图痕的形式也各有不同，燃烧图痕的表现形式一般分为烟熏、炭化、烧损、熔化和变色图痕，各种燃烧图痕的表现形式和形成机理基本相同。由于“V”字形燃烧图痕是各种燃烧图痕中最有代表性的图痕，斜坡形、梯形等燃烧图痕都是它的变化图痕。下面就以“V”字形燃烧图痕为例，介绍其形成机理。

“V”字形燃烧图痕的形成与燃烧条件、燃烧时的火焰状态以及热传播的形式等因素有关。如建筑物火灾，在室内某一部位放置的一定数量的可燃物燃烧，初起时烟气流总是先向上流动，当升起的炽热烟气流遇到上方平面物体的阻力时，沿平面做水平流动。随着火势发展，火焰和烟气流继续从起火部位中心升起，受到上部平面阻力后，在向横向蔓延的同时均匀地向下蔓延，并向外辐射大量热能。结果在靠近起火部位的物体上对应形成一个“V”字形燃烧图痕。

二、火场燃烧图痕的种类及证明作用

火场燃烧图痕的种类主要有：“V”字形燃烧图痕、斜坡形燃烧图痕、梯形燃烧图痕、圆形燃烧图痕、扇形燃烧图痕、条状燃烧图痕、与引火物形状相似的燃烧图痕。下面分别介绍它们的证明作用。

（一）“V”字形燃烧图痕的证明作用

（1）证明起火点、起火部位。在火灾事故调查过程中，“V”字形燃烧图痕主要作为认定

起火部位、起火点的证据。通常起火部位、起火点在“V”字形燃烧图痕顶点的下部。由于起火部位、起火点处环境条件不同，起火物的燃烧性能、起火方式的差别，“V”字形燃烧图痕有时也有一些变化，形成倒“V”字形图痕或对称形图痕。

(2) 证明引火源种类、燃烧时间和速度。根据“V”字形燃烧图痕的角度大小可定性地判断引火源的种类和燃烧时间的长短。一般“V”字形燃烧图痕呈锐角时，为明火源，火势发展快，燃烧时间较短；呈钝角时一般为微弱火源，火势发展迟缓，燃烧时间较长。

(3) 证明起火方式。根据“V”字形燃烧图痕的表现形式，可判断起火特征。如房间内墙壁上形成的“V”字形燃烧图痕表现为烟熏图痕形式，则阴燃起火的可能性很大。

(二) 斜坡形燃烧图痕的证明作用

斜坡形燃烧图痕是“V”字形燃烧图痕的变化图痕，即“V”字形的局部图痕。起火点和起火部位一般在斜坡的最低点部位。

(三) 梯形燃烧图痕的证明作用

梯形燃烧图痕也是“V”字形燃烧图痕的变化图痕，即倒梯形燃烧图痕为正“V”字形燃烧图痕的变化，正梯形燃烧图痕是倒“V”字形燃烧图痕的变化图痕。梯形燃烧图痕多形成于与火源相距一定距离的物体上，起火部位、起火点一般在距梯形的底面一定距离范围内。

(四) 圆形燃烧图痕的证明作用

圆形燃烧图痕一般形成在火焰、烟气流流动的对应物体表面上。因此，起火点一般在与圆形图痕对应的下部。

(五) 扇形燃烧图痕的证明作用

扇形燃烧图痕，一般形成于大面积火灾现场，如大型露天堆垛、仓库等大面积火灾。通常情况下，室外大风天的大面积火灾，常由风向决定火势蔓延的方向。燃烧图痕常呈扇形，起火点一般在上风方向的扇形顶端。

(六) 条状燃烧图痕的证明作用

火灾中，物体暴露在火势蔓延方向一侧，由于物体在火场中所处的状态不同，其各部位受到的热作用强度也不同，致使在受热面上形成条状燃烧图痕，图痕的基本特征是呈条状锯齿形。条状燃烧图痕主要用于证明火势蔓延的方向。

(七) 与引火物形状相似的燃烧图痕的证明作用

一些引火源直接接触可燃物体，形成与引火物形状相似的图痕，这种燃烧图痕是引火源以热传导形式传播热能，直接引燃与之相接触的可燃物而形成的。这种图痕除了证明起火点外，还能提供引火源物证。

第十二节 人体烧伤痕迹

一、火灾中人员死亡的原因

在火灾中，受困人员不仅在心理上极度紧张，容易做出盲目跳楼、消极躲避和挤向同一出口等错误举动，而且在生理上面临高温、烟尘、毒气和缺氧等危险因素。人体在高温环境下容易脱水，使人逐步失去知觉和活动能力。火灾过程中产生的一氧化碳、硫化氢和氰化氢等有毒气体，被人体吸入后容易造成中毒死亡。人体吸入火场中的高温烟气后致使气管烧伤、肿胀，同时烟气中的烟尘、炭末还会造成呼吸器官堵塞，加之燃烧降低了空气中的氧浓度，造成体内严重缺氧而窒息死亡。除此之外，烟气中大量的烟尘、炭末严重影响视线，微小颗粒入眼后使眼睛无法睁开，因误判逃生方向、找不到疏散通道而错失逃生机会。火灾事故调查实践表明，火场中高温、烟尘、毒气和缺氧任一个因素都可能造成人员伤亡，而火灾中大多数人员死亡的原因是几种因素共同作用的结果。

二、人体烧伤痕的特征

火烧致死尸体特征主要表现在尸体外部表面和尸体内部的变化上。

（一）尸体外部特征

尸体四肢、五官发生姿态变化，眼强闭，外眼角起皱，眼睑内残留烟粒。面部与口部周围被烧时，舌向后紧，颈部与口底部被烧时，舌向前方突出，四肢呈屈曲状或抱头作保护姿势等。身体外部形成不同程度的烧伤痕迹。创口处发生生化反应形成充血、出血、水肿和炭化等痕迹。

（二）尸体内部特征

生前被烧死的尸体内部特征主要有：

（1）呼吸道有异物。火场内有大量的烟尘，被烧者在呼吸急促的情况下，会将炭末、烟尘吸入呼吸道内。解剖时可见咽、喉、气管和各级支气管及肺泡内的黏膜上有炭末沉着。它是烧死的重要证据之一。

（2）呼吸道内灼伤。高温的气体及烟尘被吸入呼吸道时，使呼吸道黏膜灼伤。解剖时可见咽、喉、声带、气管和支气管黏膜充血、水肿和组织坏死。

（3）口腔、食管、胃肠及眼睑内有烟尘、炭末。

（4）呈现硬脑膜特征。被火烧死尸体的头部受高温作用，使脑及硬脑膜收缩，静脉窦或与其相连的血管受到牵拉而发生断裂，将血液挤压出硬脑膜外形成血肿。

（5）血液发生变化。生前被火烧死的尸体，死前吸入一氧化碳，血液中有一氧化碳成分，并生成碳氧血红蛋白，碳氧血红蛋白是樱桃色，故尸体的血液、内脏及尸斑均呈樱桃红色。

三、人体烧伤痕的证明作用

（一）证明火灾性质

如果火灾中发现尸体，经勘验检查后具备前述火灾中的致死，若尸体上存在某种程度的烧伤，则可证明是烧死。但是尸体上发现火灾前形成的致命伤，或者检查后发现呼吸道清洁，这说明是火灾前致死。如果查得尸体呼吸道有烟熏痕迹，但是尸体被捆绑，则说明是放火杀人。

（二）证明火势蔓延方向、起火部位和起火点

人在火灾中有极强的逃生欲望，一般都背离火源方向，朝着出口方向逃生。现场中的尸体位置多数都在出口部位，脸部朝下、头朝出口方向。因此，现场勘验时可根据尸体的位置和朝向判定火势蔓延方向和起火部位。

此外，一些老弱病残以及酒后躺在床上、炕上和沙发上吸烟而引起火灾被烧死者，烧伤痕迹的特征与其烧死部位上形成的燃烧痕迹组成一组证据，证明尸体所在的部位往往就在

起火点处。

（三）证明起火原因

尸体裸露部分的皮肤均匀烧脱，形成“人皮手套”或“人皮面罩”，说明是因为接触易燃液体而起火。尸体上的衣服和暴露的皮肤烧得均匀，呼吸道污染，没有机械性外力损伤，说明是因气体爆燃致死。若发现尸体与他生前位置存在推力性位移，衣服部分撕破剥离，尸体某一方向上皮下充血或内脏器官破坏，则说明是爆炸所致。一般在床上、炕上和沙发等固定部位，因吸烟、电褥子等过热引起阴燃起火的现场，烧死尸体的位置与起火点相对应，其附近有证明引火源的直接物证和间接物证。

（四）证明当事人

易燃液体闪点低，燃烧速度快，用易燃液体放火者和接触易燃液体的人，多数人都来不及撤离现场就被烧伤甚至烧死。现场勘验时，对烧死者尸体和受伤者头部、四肢、胸部等部位详细检查，发现、确认是否与现场中的位置、动作行为有差异，而火灾过程中，在他们身体上会留下证明其行为和所在位置的烧伤痕迹。

（五）证明起火时间

根据死者生前到达现场的时间、进行某种操作所需要的时间、被损坏手表停止的时间以及死亡时间，判断起火时间。此外，通过尸体解剖确定死者最后进食时间和食物成分，根据食物在体内的消化吸收程度推算食物在体内的消化时间，推算出死者进食后的存活时间，从而推断死者的死亡时间，为分析确定起火时间提供证据。

第十三节　其他痕迹物证

一、灰烬

灰烬是可燃物在火灾作用下的固体残留物，它是由灰分、炭、残留的可燃物、可燃物的热分解产物等组成。灰分是可燃物完全燃烧后残存的不燃固体成分，是可燃物充分燃烧的结果，它由无机物和盐组成。

火场上的灰烬，主要用于查明可燃物的种类。多数火场可燃物局部燃烧后，还会留有残存的未燃烧部分，只要仔细观察，不难查明是什么物质发生的燃烧。若可燃物已全部燃烧，则需要对灰烬进行认真的观察、分析和鉴别，一般可以从灰烬的颜色、形状特征方面分析判断燃烧的可燃物种类。

某些木材、布匹、书报、文件、人民币等在以阴燃的形式燃烧后，或者在气流扰动很小的情况下燃烧后，其遗留的灰烬只要没有改变原来存放的位置，不被风吹、水冲、人为翻动等破坏，表面仍保留原来物质的纹络，有时纸上面的笔迹仍可辨认。木材燃烧可能遗留一些微小炭块；柴草燃烧留下轻而疏松的白灰；纸的灰烬薄而且有光泽，边缘打卷；布匹的灰烬厚而平整，可见原来的布纹；当然一经扰动就不容易看清上述特征。

天然植物纤维（棉、麻、草、木）和人造纤维（黏胶纤维）燃烧的灰烬呈灰白色，松软细腻，质量轻。动物纤维（丝、绢、毛）的灰烬呈黑褐色，有小球状灰粒，易碎有烧焦毛味。合成纤维的灰烬大都呈黑色或黑褐色，有小球或者结块，结块不规则，小球坚硬程度不等。

二、摩擦痕迹

摩擦痕迹指的是物体间相互接触并相对运动而在物体表面上产生的划痕。在工业生产、交通运输等过程中，由于设备机械故障、车辆船只的撞击等各种摩擦，可以直接或间接地引起火灾。

（一）摩擦、撞击产生高温或火花的常见现象

（1）机械转动部分，如轴承、搅拌机、提升机、通风机的机翼与壳体等摩擦产生过热。

（2）高速运行的机械设备内混入铁、石等物体时，由于机械运动中摩擦撞击达到很高温度。

（3）砂轮、研磨设备与铁器摩擦产生火花，与可燃物或其他物体摩擦也会生热或发生燃烧。

（4）铁器与坚硬的表面撞击产生火花。

（5）高压气体通过管道时，管道的铁锈因与气流一起流动，而使其与管壁摩擦，变成高温粒子，成为可燃气体的起火源。

（6）碾压易燃、易爆危险品引起爆炸起火。

（二）摩擦痕迹的常见部位

摩擦痕迹一般在能够产生相对运动的两物体接触处寻找，常见部位是：

（1）轴与轴承之间、滚动轴承的沙架上。

（2）电机转子与定子之间，离心分离机的转子与外壳之间。

（3）泵、风机、汽轮机等机器的叶片与外壳。

（4）反应釜中的搅拌桨与釜内壁之间，搅拌桨握手与转动轴之间（握手为搅拌桨的根部与轴固定的环形部分）。

（5）压缩机活塞与汽缸壁之间。

（6）高压氧、氯气管道中转角、阀门、接头等变向、变径处。

（7）传动皮带与皮带轮，输送皮带与皮带轮、托辊之间。

（8）斗式提升料斗与机壳之间。

（9）梳棉机筒与机壳内壁及混入的包装铁丝、铁片等。

（10）车辆脱落油箱的底部、闸瓦与闸轮之间。

（11）生产子弹、炮弹的装药装置中的填装和压实机件与弹壳内壁之间等。

若发现划痕，则需认真观察判断是否是因摩擦产生的，以及其新旧程度；根据摩擦处机件色泽变化还可分析摩擦时的温度。

此外，通过摩擦痕迹还能说明是什么物体造成的，是什么力作用的结果，它与火灾发展蔓延有什么联系，从而对分析研究火灾发生、发展以及蔓延过程将会有一定帮助。

三、陶瓷制品在火灾中的变化

火场上常见的陶瓷制品主要有贴面砖、茶具、餐具、砖瓦等，其主要组成是氧化硅、三氧化二铝，并含少量其他碱土金属氧化物。陶瓷制品很耐高温，在火灾中一般不会发生化学变化，外形也不会改变，只可能发生炸裂和表面产生釉质或表面釉质流淌。

对于瓷器，如餐具、茶具、工艺品等，如果原有的釉质层发生流淌，说明温度至少 950 ℃

以上，根据釉质流淌的轻重，可以分析判断火灾蔓延途径。如果发生炸裂，一方面说明温度高，同时说明火势发展猛烈。

对于清水砖墙的青、红砖，房顶的泥瓦，如果在一定时间的950 ℃以上温度作用下，其表面产生一种类似釉质的壳面，表面光滑、起壳，有时呈流淌状。由于制砖所用黏土成分不同，这层釉壳呈褐色、褐绿色不等。温度高，作用时间长，青、红砖则会因过火体积收缩，颜色变深。被火烧的清水砖墙，在消防射水冷却的情况下，表面层炸裂，如果某一部分墙面炸裂层厚，说明这部分受高温作用时间长，可能是阴燃起火点。

四、计时记录痕

由于火灾造成计时记录仪器、仪表指针定格所显示的数据称为计时记录痕迹。计时痕迹表现为钟表被烧停或电钟、电表由于电路故障造成的停止，根据这一痕迹可以大致推断起火时间。如果在一个火场内有多只钟表停摆的话，可根据停摆指示的时间上的先后顺序来分析火势蔓延的方向，一般规律是越靠近起火点的钟表越先停摆。

在自动化程度较高的生产企业，计时记录痕迹还可由工艺生产过程控制启示录和各种技术参数反映出来。例如，化工厂某个反应器发生爆炸火灾，控制室有关仪表记录下来的这个反应器温度或压力突变时的时刻，就可用于确定起火时间。

第十四节　火灾物证鉴定程序

火灾事故调查中，需要对现场提取的物证进行技术鉴定时，火灾事故调查人员应该根据物证类别及鉴定要求，选择依法设立的火灾物证鉴定机构。火灾物证鉴定程序就是从鉴定工作委托到取得鉴定结果的工作流程。

一、火灾物证鉴定的委托

火灾物证鉴定的委托是火灾事故调查人员将现场提取的物证及相关材料送到物证鉴定机构，委托鉴定机构对物证进行鉴定的过程。

火灾事故调查人员将物证送到鉴定机构后，应该根据程序委托鉴定机构进行物证鉴定。首先，送检人员应该填写物证鉴定委托书，写明委托单位名称，送检人的姓名、职务、工作单位、联系电话，火灾基本情况，检验要求以及检材和比对样品清单、鉴定目的等。其中，鉴定目的要具体、明确、合理，样品清单上应注明每个物证的来源。

送检人应熟悉案情，了解现场勘验和物证采集的全过程。在委托鉴定时，送检人应详细介绍火灾现场的各种情况及重要情节，如说明物证的发现和提取过程，物品种类、数量及烧毁情况、干扰物的影响情况、起火部位起火点的位置、建筑结构形式等，以便鉴定人员确定委托检材是否具备鉴定条件，以及鉴定的数量和进行鉴定所采用的方法。

如果鉴定人需要的话，可以要求提供与鉴定有关的相关材料，包括现场照片、录像、现场图、生产工艺流程等。

二、火灾物证鉴定的受理

火灾物证鉴定机构在确定受理鉴定之前，应该审查送检材料，这一过程需要鉴定机构两名或两名以上鉴定人员同时参加。首先,应该查验火灾物证鉴定委托书。其次,听取案情介绍和鉴定目的,并决定是否可以受理鉴定。

在决定受理之前,鉴定人员应该审查检材的包装和提取方法是否合理,检验检材,核对名称、数量,验看包装和封口是否完整,检材有无变形、变质、失散和损失等情况,并确认检材的数量是否符合鉴定的需要,如果数量不够,或者检材的提取部位不合理,则应该拒绝鉴定,或要求委托单位补送。

鉴定人员根据所有检验材料的特点、数量和实验仪器设备情况以及鉴定者本人的技术水平,综合考虑能否满足鉴定要求,确定是否受理。受理后,应填写受理火灾物证鉴定接待记录、收样单及回执。

三、火灾物证送检应注意的问题

(一) 送检要及时

在火灾现场中提取的物证,可能会因为时间的流逝而发生变化,给鉴定带来困难。如果确定物证可以送检,则应该尽快将检材送往相关机构,避免因为时间过长而引起物证破坏。

(二) 要善于正确地向鉴定人员提出问题和要求

需要鉴定的物证往往是关键证据,对于认定火灾事实比较重要。因此,送检人员应该就物证的一些客观情况与鉴定人员沟通,在介绍火灾现场情况时,不得带有自己的主观判断和分析,更不能引导、暗示或误导鉴定人。在委托鉴定时,送检人员应该正确地向鉴定人员说明案情,并提出合理的鉴定要求。物证鉴定只能对检材负责,而不可能对火灾的某个事实进行鉴定。

四、火灾物证鉴定结论的审查

(一) 审查鉴定结论的合法性

鉴定结论的合法性包括主体合法、形式合法、内容合法以及取得的手段和方法合法。具体应当审查公安机关消防机构委托的物证鉴定机构是否为有关部门登记许可,是否具有鉴定资格,鉴定项目是否在核准的范围之内;鉴定人是否经过审核登记,具有鉴定能力和资质;受理鉴定的法律程序与法律文件是否完整齐全、是否有应当回避的法定情况;鉴定结论是否有两名以上鉴定人员进行、具有高级技术职务的人员复核、鉴定机构负责人签发并盖鉴定专用章;鉴定结论内容是否火灾事故调查需要解决的专门性问题,而不是对火灾事实的评价和判断,如有时出现的涉及起火原因的意见和判断等。

(二) 对鉴定客体方面的审查

对鉴定客体方面的审查包括以下内容:

(1) 检材与样本的真实性、合法性。可以结合现场勘验笔录、实验记录、痕迹的数量质量与形态进行综合分析判断,以证明被提供鉴定的客体客观真实,提取和收集程序合法,与火灾事实有内在联系。

(2) 客体是否具备同一认定条件。审查作为鉴定结论的那些特征是否真实可靠,是否为客体自身固有的。审查所依据的特征从质和量两个方面是否构成特定性,足以将鉴定对象与其他相似客体相互区分。最后,审查所依据的特征是否具有足够的稳定性,确定是否发生过变化而影响鉴定。

(3) 在鉴定过程中发现的差异点有哪些。对差异点的解释是否科学,有理有据。

(4) 鉴定结论同论证之间是否一致。论证时论据是否充分,是否合乎逻辑地证明结论的真实性。

(三) 审查鉴定结论同其他证据的关系

在认定火灾事实时,鉴定结论并不是唯一的证据,而是证据链条中的一个环节。因此,在运用鉴定结论时,必须和其他证据相互对照。首先,应该明确鉴定结论证明的内容是什么,确定鉴定结论在证据体系中的地位和作用;其次,审查鉴定结论所证明内容与火灾事故的关联性;再次,审查鉴定结论证明的内容与其他证据之间的关系,如果相互一致,说明该结论具有证明作用。如果相互矛盾,则应该采取复核或调查的方法排除虚假,分析鉴定结论是否存在问题。

鉴定结论是否作为证据使用,依据鉴定内容的客观性、科学性、可靠性和准确性确定。运用鉴定结论时,既不能不加分析地盲目信从,也不能无根据地怀疑否定,只有进行审查核实后,对调查获得的全部证据进行综合分析,如果火灾物证鉴定结论与诸多证据相一致,能够成为证据链中的一环,则可以作为认定火灾事实的证据。

思 考 题

1. 什么是火灾痕迹物证?火灾事故调查处理完毕后如何处理火灾痕迹物证?
2. 火灾痕迹物证的证明作用有哪些?
3. 木材燃烧痕迹有哪些类别?有哪些证明作用?
4. 烟熏痕迹有哪些证明作用?如何证明?
5. 液体燃烧痕迹有哪些特征?
6. 火灾中的倒塌痕迹有哪些证明作用?如何证明?
7. 玻璃破坏的机理有哪些?玻璃破坏痕迹有什么证明作用?
8. 火灾中的混凝土受热痕迹有哪些证明作用?如何证明?
9. 如何区别短路痕迹、过负荷痕迹和火烧熔痕?
10. 如何审查火灾物证鉴定结论?

第五章　火灾事故调查分析与认定

【学习目标】

1. 了解火灾事故调查分析的种类和内容。

2. 熟悉火灾事故调查分析的方法和要求。

3. 掌握火灾性质、火灾特征、起火时间、起火点、起火源和起火物、火灾原因及火灾灾害成因的分析认定方法。

第一节　火灾事故调查分析

火灾事故调查分析就是运用逻辑分析方法，对火灾事实及有关情况进行因果关系的考察研究活动。通过火灾事故调查分析，为火灾事故调查指明方向，认定火灾性质、起火方式、起火时间、起火点等内容，并为最终认定起火原因和火灾灾害成因提供依据。

一、火灾事故调查分析的种类和内容

根据火灾事故调查分析所处的阶段与层次，火灾事故调查分析可以分为随时分析、阶段分析和结论分析三类。

（一）随时分析

火灾事故调查的分析研究工作，贯穿于整个火灾事故调查工作过程，无论是对痕迹物证与火灾事实之间关联的研究判断，还是对知情人陈述内容真假虚实的审查辨识，都离不开分析研究。随时分析是火灾事故调查分析的基础。

（二）阶段分析

阶段分析是指在火灾事故调查进行到一定程度，根据初期的现场勘验、调查询问、物证鉴定等情况，为准确分析确定火灾性质、起火方式、起火时间、起火点等内容，纠正火灾事故调查方向存在的偏差与错误，进一步明确现场勘验、询问的重点和方向而进行的分析研究工作。阶段分析是火灾事故调查分析的深入。

（三）结论分析

结论分析是指在火灾现场勘验、询问、物证鉴定工作全部完成以后，最后对获取的事实和线索进行的综合分析与研究。火灾事故调查的基本工作结束后，火灾事故调查指挥人员要组织全体调查人员及相关的技术人员对现场勘验、询问、物证鉴定所获取的证据材料进行汇总、分析，以便对整个火灾过程和火灾现场所反映出来的事实有一个比较全面的、正确的和客观的认识。结论分析为最终准确认定起火原因和火灾灾害成因提供依据，是火灾事故

调查分析的集合。

二、火灾事故调查分析常用的逻辑方法

火灾事故调查分析中常用的逻辑方法，主要包括比较、分析、综合、假设和推理等。在整个火灾事故调查过程中能否正确地运用这些方法，对火灾事故调查工作的成败是至关重要的。

（一）比较

比较就是指根据一定的标准，把彼此有某种联系的事物加以对照，经过分析、判断，然后作出结论的方法。

1. 比较的对象

比较的基本目的就是认识比较对象之间的相同点和相异点。比较既可以在同类对象之间进行，也可以在异类对象之间进行；比较还可在同一对象的不同方面、不同部位之间进行。

2. 比较的内容

（1）分析火势蔓延方向时的比较。

① 求同比较。就是找出同类痕迹及其相同点。

② 求异比较。即找出同类痕迹的不同点或同一物体上不同部位燃烧痕迹的不同点。

③ 垂直比较。即从垂直空间中找出各层次痕迹物证的相同点、相异点。

④ 水平比较。从平面空间上找出各部分痕迹物证的相同点和相异点。

（2）判定起火点时的比较。

① 起火部位与整个火灾现场对比。根据调查结果，设定一个起火部位后将其与整个火灾现场进行仔细比较，以判明该部位是否属于燃烧最重的部位，更重要的是将该部位与全部火灾现场比较，找出以此为中心向四周蔓延火势的痕迹物证。

② 不相邻物体对比。就是不相邻物体之间要进行相向、背向、顺向对比。

③ 毗邻对比。即把火灾现场中彼此相连的物体进行对比。

④ 同一物体各部分之间对比。这是对同一物体的内部与外表、前与后、左与右、上与下各方面的对比分析。

（3）对证人证言和犯罪嫌疑人口供的比较。

① 同一证人多次对同一事实的陈述进行比较，以验证证人证言的正确性。

② 多个证人对同一事实的陈述进行比较，以验证证人证言的正确性。

③ 同一犯罪嫌疑人多次对同一事实的供述进行比较。

④ 多个犯罪嫌疑人对同一事实的供述进行比较。

⑤ 证人证言和犯罪嫌疑人对同一事实的供述进行比较。

（4）对现场勘验、物证鉴定结论、证人证言、犯罪嫌疑人口供相互比较。

① 将现场勘验中所发现的证据与物证鉴定结论进行比较。

② 将现场勘验中所发现的证据与证人证言或犯罪嫌疑人口供进行比较。

③ 将物证鉴定结论与证人证言或犯罪嫌疑人口供进行比较。

3. 比较中应注意的问题

（1）在进行比较时，相互比较的事实必须是彼此之间有联系的、有可比条件的。

（2）在进行比较时，要有比较的标准。

(3) 要用同样的标准对同类痕迹物证进行比较。

(二) 分析

分析就是将被研究的对象分解为各个部分、方面、属性、因素和层次,并分别加以考察的认识活动。比较只能了解火灾事故调查事实的相同点和相异点。要进一步研究这些相同点和相异点的特征、形成原因、说明的问题、与火灾的蔓延和起火原因的关系,还必须用分析的方法对各个事实分别进行分析和研究。就某场具体火灾而言,它的发生和发展受很多因素的影响,如可燃物的种类和数量、着火源的特性、现场客观条件、人们的生活和生产活动等,只有对这些因素进行客观的分析,才能得出正确的结论。

1. 分析的方法

(1) 定性分析。定性分析是为了确定研究对象具有某种性质的分析。

(2) 定量分析。定量分析是为了确定研究对象各种成分数量的分析。

(3) 因果分析。因果分析是为了确定引起某一现象变化原因的分析。

(4) 可逆分析。可逆分析是解决问题的一种方法,即作为结果的某一现象是否又可能反过来作为原因,就是平常说的互为因果关系。如在火灾中,带电的电气线路或设备的短路可能引起火灾,反过来火灾也可能引起带电的电气线路或设备发生短路。

(5) 系统分析。系统分析是一种动态分析,它将被研究的客观对象看成是一个发展变化的系统。系统分析又是一种多层次的分析,它把所研究的客观对象看作是一个复杂的多层次的系统。

2. 分析时应注意的问题

(1) 要分析到构成事物的基本成分。

(2) 分析必须是对研究对象的重新认识。

(3) 分析时要客观全面。

(4) 分析时要抓住重点和疑点。

(5) 分析时要反复推敲。

(三) 综合

综合就是将火灾过程中的各个事实连贯起来,从火灾现场这个统一的整体来加以考虑的方法。分析法研究的是火灾过程中各个事实的特征、形成的原因和能证明的问题。而实际上各个事实都不是孤立的,它们都是火灾现场整体的一部分。各个事实在起火和蔓延的过程中相互联系、相互依存和相互作用。因此,从火灾现场整体上分析研究各个事实,连贯地研究它们之间的关系,使调查中获得的事实在火灾现场统一体中有机地联系起来是非常必要的。只有综合才能从认识局部过渡到认识整体,从认识个别事实的特征到认识火灾发生发展过程的本质。

(四) 假设

假设是依据已知的火灾事实和科学原理,对未知事实产生原因和发展的规律所作出的假定性认识。火灾事故调查过程中的假设就是推测,可以根据调查事实对某些痕迹物证形成的原因作出推测,也可对起火时间、起火点的位置作出推测,还可以对起火原因作出推测。假设要注意如下几个问题:

(1) 必须从实际出发,以事实为依据。

(2) 必须根据实践经验、科学原理进行假设。

(3) 假设时必须考虑一切可能的原因。

(4) 假设不是结论,而是推测。

(5) 任何假设必须进行验证

(五) 推理

推理是从已知判断未知、从结果判断原因的思维过程。火灾现场勘验和调查询问得到事实是已知的,要从已知判断未知,首先要对已知的事实进行去粗取精、去伪存真的加工,根据事实的真实性和可靠性决定取舍。其次要对事实进行由此及彼、由表及里的分析与研究,既要依据科学原理和实践经验找出其间的因果关系,又要依据调查事实、科学原理和实践经验判断火灾发生和发展过程,从火灾发生和蔓延过程去分析与认定起火点,从与起火点相关的客观事实出发去认定起火原因。火灾事故调查中通常采用如下三种推理方法:

1. 剩余法

在进行火灾事故调查分析时,常常根据客观存在的可能性,先提出几种假设,然后逐个审查,一一排除,剩下的一个为无可推翻的假设,这就是我们所要寻找的结论。例如,在分析起火原因时,通常根据调查事实和证据,假设几种可能的起火原因,如可能为放火、自燃起火、电气故障起火、因吸烟起火等,然后根据所掌握的各种材料和证据,对各种可能的起火原因进行分析研究,将不能成立的假设排除掉,剩下的一个就成为该场火灾的起火原因。这种推理成功的关键就是一定要将真正的起火原因选入假设之中,而且还不能将真正的起火原因排除掉。因此,在运用此法分析起火原因时,为了将真正的起火原因选入假设中,就要充分考虑到有关的各种因素,以及各种因素之间的关系。

2. 归纳法

它是由个别过渡到一般的推理,即以个别知识为前提,推出一般性知识结论的推理。在推理中,对某个问题有关的各个方面情况逐一加以分析研究,审查它们是否都指向同一问题,从而得出一个无可辩驳的结论。

3. 演绎法

演绎法是由一般原理推得个别结论的推理方法。人们在生产和科学研究中总结出许多一般原理和规律,这些原理和规律是人们进行分析研究事物的基础。

上述方法既可单独使用,又可联合加以使用;既可在随时分析中用,又可在结论分析中用。然而,这些方法运用的客观基础是事物之间的内在联系,辩证唯物主义观点的正确运用是正确分析认识问题的前提。只有如此,才能有效地运用这些方法分析火灾事故调查中的问题,并得出符合客观实际的结论。

三、火灾事故调查分析的基本要求

(一) 从实际出发,尊重客观事实

火灾现场存在的客观事实是火灾事故调查分析的物质基础和条件,因此,在分析之前要全面了解现场情况,详细掌握有关现场的详细材料。进行分析时,应注意分门别类、比较鉴别、去伪存真,要尊重火灾现场客观事实和发展变化规律,切忌主观臆断,更不能伪造证据材料。

(二) 既要重视现象,又要抓住本质

火灾现场的各种现象错综复杂,痕迹物证的形态千差万别,每一种现象、每一个痕迹物证既是火灾现场的表面现象，同时也包含了与火灾事实相关联的本质。然而，在这错综复杂、千差万别的现象和痕迹物证中，只有能够证明起火原因和火灾灾害成因的有关材料和证据是火灾事故调查的关键材料，是众多现象中最根本的本质。因此，在进行现场分析时要重视每一个现象，即使是点滴的情况和细小的痕迹物证，都应认真地分析和研究它们。同时在这些现象中，着重分析研究与起火原因和火灾灾害成因相关联的情况与现象，紧紧抓住调查的本质和关键。

（三）既要把握火灾燃烧的一般规律，又要具体问题具体分析

火灾同其他自然现象一样，都有其共同的规律和特点。火灾事故调查时应善于利用这些规律和特点来指导火灾事故调查工作。不同类型的火灾，其发生、发展的成因、过程是不相同的，不但需要总结、掌握不同类型火灾各自的规律和特点，还要注意比较两者间的相同点和差异，加深对火灾燃烧的一般规律的把握与认识。另一方面，即使是同种类型的火灾，在具体形成过程中也存在各种差异，因此，在火灾事故调查中，在抓住普遍规律的基础上，要重点找出其特殊性，并分析研究某些特殊现象与火灾的本质联系，不能凭主观上的合理性，而视火灾发生后的一些情节为千篇一律的内容。

（四）抓住重点，兼顾其他

火灾事故调查时，要学会从大量的材料中抓住问题的关键和找出待解决的主要矛盾，并且学会兼顾其他。在开始分析火灾原因时，不能把思维仅局限于一种可能性，从而造成判断僵化；要放开视野，努力找出两种或者两种以上的可能性。既要分析可能性大的因素，又要兼顾可能性小的因素；把可能性大的因素暂时先定为重点，进行重点分析。一旦发现重点不准时，就要灵活而又不失时机地改变调查方向，不致顾此失彼。分析中既要防止不抓主要矛盾、面面俱到，又要防止只抓重点、忽略一般。

第二节　火灾性质和起火特征的分析与认定

一、火灾性质的分析认定

根据火灾发生时是否存在主观故意以及是否有能力预料和抗拒，把火灾分为放火、失火和意外火灾三种。不同性质的火灾，其社会危害性不同，参与调查的主体、调查的法律依据及处理方法也不同。

（一）放火

放火是危害公共安全的犯罪行为，其主要特征是以故意制造火灾的方法危害公共安全。在调查火灾过程中，有证据证明具有下列情形之一的，可以认定为放火嫌疑案件：

（1）现场尸体有非火灾致死特征的；

（2）现场有来源不明的引火源、起火物，或者有迹象表明用于放火的器具、容器、登高工具等物品的；

（3）建筑物门窗、外墙有非施救或者逃生人员所为的破坏、攀爬痕迹的；

（4）起火前物品被翻动、移动或者被盗的；

（5）起火点位置奇特或者非故意不可能造成两个以上起火点的；

（6）监控录像等记录有可疑人员活动的；

(7) 同一地区相似火灾重复发生或者都与同一人有关系的；

(8) 起火点地面留有来源不明的易燃液体燃烧痕迹的；

(9) 起火部位或者起火点未曾存放易燃液体等助燃剂，火灾发生后检测出其成分的；

(10) 其他非人为不可能引起火灾的。

火灾发生前受害人收到恐吓信件、接到恐吓电话，经过线索排查不能排除放火嫌疑的，也可以作为认定放火嫌疑案件的根据。

(二) 意外火灾

意外火灾又称自然火灾，是指由于无法预料和抗拒的原因造成的火灾，如雷击、暴风、地震、干旱等原因引起的火灾或次生火灾。调查人员可以根据发生火灾时的天气等自然情况、火灾周围地区群众的反映、现场遗留的有关物证进行认定。如雷击火灾，不仅有雷声、闪电等现象，通常还会在建筑物、构筑物、电杆、树木等凸出物体上留下雷击痕迹，如雷击痕迹、金属熔化痕迹等。有时雷击火灾还会有直接的目击证人。

除自然因素外，意外火灾还包括在研究试验新产品、新工艺过程中因人们认识水平的限制而引发的火灾，如新材料合成试验过程中引发火灾等。

(三) 失火

失火是指火灾责任人非主观故意造成的火灾。火灾的发生并不是责任人所期望的，这是失火与放火的最主要区别。失火在火灾总数中占绝大部分。

非主观故意主要表现为人的疏忽大意和过失行为。在此类火灾中，责任人本身也是火灾的受害者。尽管是过失行为，如果火灾危害结果严重，根据责任人的职责和过失情节可分别构成失火罪、消防责任事故罪、危险品肇事罪和重大责任事故罪。

失火是除放火和意外火灾外的所有的火灾，在调查分析中通常利用剩余法来确定此类火灾性质，当排除放火和意外起火的可能性后，火灾的性质就属于失火。

在实际工作中，常会遇到放火者利用意外起火或失火的某些特征来制造假的火灾现场。因此，要注意发现和收集具有不同特征痕迹物证，并配合细致的调查询问，在掌握一定的可靠材料的基础上进行火灾性质的分析，才能得出正确的结论。

分析火灾性质、关键在于分析是否存在主观故意，火灾的发生是否非人力所不能避免，因此收集这些方面的证据很重要。

二、起火特征的分析认定

起火特征是指引火源与可燃物接触后至刚刚起火时，或者自燃性物质从发热至出现明火时这一段时间内的燃烧特点。按起火特征分类，可分为阴燃起火、明火点燃、爆炸起火。认定起火特征有利于进一步缩小现场勘验工作的范围，明确下一步的调查询问方向。

(一) 阴燃起火特征分析

阴燃起火，从引火源接触可燃物质开始，到出现明火为止，其经历时间从几十分钟至几个小时，甚至十几个小时，个别的能达到几十个小时。这种起火方式，在生产和生活中经常可以遇到，而且在火灾现场的特征比较明显。

1. 发生阴燃起火的情况

(1) 点火源为微小火源

微小火源主要指那些非明火的点火源，如燃着的香烟头、烟囱火星、热煤渣、热炭、炉火烘烤等。由于这些火源传递的能量较小，引燃能力较弱，与可燃物作用时，往往只能使可燃物发生阴燃，无法直接产生明火燃烧。

（2）起火物偏好阴燃

有些物质不易产生明火燃烧，更偏好阴燃，如锯末、胶末、谷糠、成捆的棉麻及其制品等。这类物质受到火源作用后，一般要经过缓慢过程才能够发出明火，即存在一个明显的阴燃过程。

（3）自燃性物质起火

自燃性物质，如植物产品、油布、鱼粉、骨粉等处于闷热、潮湿的环境中能够发生自燃。自燃的过程包括发热、热量的积蓄、升温、引燃等过程，其中引燃阶段存在阴燃过程。

2. 阴燃起火的特征

阴燃起火时，由于起火物早期燃烧速率较慢，经历时间较长，现场又缺乏明火焰紊流扰动，因此火灾现场具有如下明显特征：

（1）烟熏痕迹明显

由于阴燃起火时物质燃烧不充分，发烟量大，在现场往往能够形成浓重的烟熏痕迹。

一些可燃物在燃烧时，即使是明火燃烧，也会产生大量的烟尘，在现场形成浓重的烟熏痕迹。例如石油化工产品，包括汽油、柴油、煤油、塑料等，分析认定起火方式时应该考虑这一点。

（2）具有明显的炭化中心

阴燃起火时，起火点处经历了长时间的阴燃过程，受热时间较长，但是由于燃烧不充分，因此容易形成炭化区。这种炭化区因燃烧物和环境条件的不同，范围大小不同。当阴燃转变为明火燃烧后，火势随即向四周蔓延。

（3）伴有异常现象

阴燃时，阴燃物质会产生烟气或者是水分蒸发而产生白色烟气，有的物质阴燃时会产生一些味道。这些现象容易被人发现，是阴燃起火的重要特征之一。

（二）明火引燃特征分析

明火引燃是可燃物在火源作用下，迅速产生明火燃烧的一种起火方式。由于燃烧速度快，现场具有鲜明的特征：

1. 火场的烟熏程度轻

在明火引燃条件下，可燃物迅速进入明火燃烧状态，燃烧比较完全，发烟量比较少，与阴燃起火相比，火灾现场的烟熏程度较轻，有的甚至没有烟熏。

2. 物质烧损比较均匀

由于明火引燃火灾中火势发展较快，不同部位受热时间差别不大，总体上看，物质的烧毁程度相对比较均匀。

3. 无明显炭化区

起火物被迅速引燃后，火势开始向四周蔓延。与此同时，起火物继续有焰燃烧，造成起火点处可燃物炭化程度与四周相差不明显，甚至没有差别，在起火点处形成较小的炭化区，往往难以辨认。

4. 有较明显的燃烧蔓延迹象

明火引燃火灾蔓延较快，容易产生明显的蔓延痕迹，如物质不同方向上的受热痕迹、物质残留量的变化等。根据这些痕迹，可以分析认定火势蔓延方向，以及起火部位和起火点的位置。

（三）爆炸起火特征分析

爆炸起火是由于爆炸性物质爆炸、爆燃，或设备爆炸释放的热能引燃周围可燃物或设备内容物形成火灾的一种起火形式。爆炸起火的主要特征为：

1. 爆炸起火时易被人感知

爆炸起火时，由于能量释放剧烈，往往伴随着爆炸的声音，同时迅速形成猛烈的火势，所以，一般在爆炸的瞬间即可被人发现，容易找到目击证人。

2. 现场破坏严重

爆炸起火中，除了燃烧造成的破坏之外，还有冲击波的破坏作用，所以具有较强的破坏力，常常导致设备和建筑物被摧毁，产生破损、坍塌等，其现场破坏程度比一般火灾更严重。

3. 现场存在较明显的中心

由于爆炸冲击波在传播的过程中迅速衰减，其破坏作用逐渐减弱，所以爆炸中心处的破坏程度较重，形成明显的爆炸中心，有的爆炸（如固体爆炸物爆炸）能形成明显的炸点或炸坑。在爆炸中心周围，可能存在爆炸抛出物，距中心越远，抛出物越少。可以根据破坏程度、抛出物的分布以及设备或建筑物的倒塌方向等，判断爆炸中心的位置。

第三节　起火时间和起火点的分析与认定

一、起火时间的分析认定

起火时间一般是指起火点处可燃物被引火源点燃开始持续燃烧的时间，对于自燃来说，则是发烟发热量突变的时间。准确地分析和认定起火时间是分析起火原因的重要条件。因此，起火时间一般是火灾事故调查分析中首先要进行分析的内容。

根据起火时间，可以查清发生火灾时现场的各种条件与火灾的发生之间存在的必然因果关系，缩小调查范围，查清与火灾发生有关的人员，调查分析在此时间内有关人员的活动范围及活动内容；以及与火灾发生有关事物的情况，如有关设备运行状况及相关现象、有关物质的储存状况等，并可以分析判定出起火点处的火源作用于起火物的可能性大小。

（一）分析和认定起火时间的主要依据

下列证据材料可以作为认定起火时间的根据：最先发现烟、火的人提供的时间；起火部位钟表停摆时间；用火设施点火时间；电热设备通电时间；用电设备、器具出现异常时间；发生供电异常时间和停电、恢复供电时间；火灾自动报警系统和生产装置记录的时间；视频资料显示的时间；可燃物燃烧速度；其他记录与起火有关的现象并显示时间的信息。具体分析如下：

1. 根据证人证言分析认定

起火时间通常首先从最先发现起火的人、报警人、接警人、当事人、扑救人员等提供的发现时间、报警时间、开始灭火时间；公安机关消防、企业消防及单位保卫部门接警时间；最先赶赴火灾现场的公安机关消防、企业消防队及有关人员到达时间；火场周围群众发现火灾的时间及当时的火势情况来分析和判断。发现人和报警人因为当时急于报警或进行扑救，往往忽视记下发现时间，在这种情况下，可以根据他们的日常生产和生活活动，及其他有关现象和情节中的时间作为参照进行推算。例如，根据发现人和当事人上下班时间、火车汽车的始发和终止时间、从收音机听到某台某一新闻时间、看电视节目的内容和情节时间等进行推算。

2. 根据相关事物的反应分析认定

若火灾的发生与某些相关事物的变化有关，或者火灾发生时引起一些事物发生相应的变化，那么这些事物的变化情况可用来分析起火时间。因此，可以通过向有关人员了解，查阅有关生产记录，根据火灾前后某些事物的变化特征来判定起火时间。例如，某化工厂反应器发生爆炸导致火灾，可以根据控制室有关仪表记录的此反应器温度或压力的突变时间来进行推算。如果火灾由电气线路短路引起的，则可以从发现照明灯熄灭的时间、电视机的停电或电钟、仪表的停止的时间来判断起火时间。此外，也可从电、水、气的送与停的时间来推算起火时间。火灾发生时，建筑物内的自动报警、自动灭火设施，正常情况下都能以声响、灯光显示等形式立即报警，并将报警时间自动记录，可以根据这些记录正确地分析出起火时间。自动红外防盗报警装置也能反映和记录起火时间和起火部位。

3. 根据火灾发展阶段分析认定

不同类型的建筑物起火，经过发展、猛烈、倒塌、衰减到熄灭的全过程是不同的。根据实验，木屋火灾的持续时间，在风力不大于 0.3 m/s 时，从起火到倒塌为 13～24 min。其中从起火到火势发展至猛烈阶段所需时间为 4～14 min，由猛烈至倒塌为 6～9 min。砖木结构建筑火灾的全过程所需时间要比木质建筑火灾的时间长一些；不燃结构的建筑火灾全过程的时间则更长。根据不燃结构室内的可燃物品的数量及分布不同，从起火到其猛烈阶段需 15～20 min，若至不燃结构倒塌则需更长的时间。普通钢筋混凝土楼板从建筑全面燃烧时起约在 2 h 后塌落；预应力钢筋混凝土楼板约在 45 min 后塌落；钢屋架约在 25 min 后塌落。

4. 根据建筑构件烧损程度分析认定

不同的建筑构件有不同的耐火极限。当超过耐火极限时，建筑构件背火面平均温度会超过初始温度 140 ℃或单点最高温度超过初始温度 220 ℃，或者发生穿透裂缝，从而阻挡火灾蔓延的作用。超过耐火极限后，建筑构件可能会因为机械强度降低而失去支撑能力。例如普通砖墙(厚 12 cm)、板条抹灰墙的耐火极限分别为 2.5 h 和 0.7 h；无保护层钢柱、石膏板贴面(厚 1.0 cm)的实心木柱(截面 30 cm×30 cm)的耐火极限分别为 0.25 h 和 0.75 h；板条抹灰的木楼板、钢筋混凝土楼板的耐火极限分别为 0.25 h 和 1.5 h。根据建筑构件的烧损程度，结合其耐火极限，可以判断这种构件的受热时间，进而分析起火时间。

5. 根据物质燃烧速度分析认定

不同物质的燃烧速度不同，同一种物质燃烧时的条件不同其燃烧速度也不同。根据不同物质燃烧速度推算出其燃烧时间，可进一步推算出起火时间。例如，可以根据木材的燃烧速度，利用其烧损量计算燃烧时间。汽油、柴油等可燃液体贮罐火灾，在考虑了扑救时射入罐内水的体积的同时，通过可燃液体的燃烧速度和罐内烧掉的深度可推算出燃烧时间。其他物质火灾的起火时间也可采用此法推算。

在实际火场上，物质燃烧的条件可能与上述的实验条件不同，其燃烧速度也因此有所不同。因而，应注意在推算起火时间时不能仅用现成的数据，还要考虑到现场的其他影响因素。例如，电线管中填充率为 200%的电线水平燃烧速度为 0.37 mm/s。若其内部含有不同填充物时，其燃烧速度会有变化：当有锯末时为 0.66 mm/s，有变压器油时为 1.33 mm/s，有棉花时为 100 mm/s。此外，电线填充率变化时其燃烧速度也有变化。因此在必要时，应根据火灾现场的情况进行模拟实验，测定某些物质的燃烧速度，以便更准确地推算起火时间。

6. 根据通电时间或点火时间分析认定

由电热器具引起的火灾，其起火时间可以通过通电时间、电热器种类、被烤着物种类来分析判定。例如，普通电熨斗通电引燃松木桌面导致的火灾，可根据松木的自燃点和电熨斗的通电时间与温度的关系推测起火时间。如果火灾是由火炉、火炕等烤燃可燃物造成的，可以根据火炉、火坑等点火时间和被烤着物质的种类作为基础，分析起火时间。如果火灾是蜡烛引燃的，则可以根据点着时间分析起火时间。

7. 根据起火物所受辐射热强度推算起火时间

由热辐射引起的火灾，可根据热源的温度、热源与可燃物的距离，计算被引燃物所受的辐射热强度来推算引燃的时间。例如，在无风条件下，一般干燥木材在热辐射作用下起火时间与辐射热强度的关系为：在热辐射强度为 4.6～10.5 kW/m^2 时，12 min 起火；在热辐射强度为 10.5～12.8 kW/m^2 时，8 min 起火；在热辐射强度为 15.1～24.4 kW/m^2 时，4 min 起火。

8. 根据中心现场死者死亡时间分析认定

如果中心现场存在尸体，可以利用死者死亡的时间分析起火时间。例如根据死者到达事故现场的时间，进行某些工作或活动的时间，所戴手表停摆的时间，或其胃中内容物消化程度分析死亡时间，进而分析判定起火时间。

（二）分析认定起火时间应注意的问题

在认定起火时间时，应该充分考虑各种相关因素，全面分析各因素的影响作用，准确认定起火时间。为了保证起火时间分析与认定的准确性，必须注意如下几个问题：

1. 要进行全面分析

认定起火时间后，应该对其进行全面分析，注意与火灾现场其他事实之间是否相互吻合。尤其要注意将起火时间与引火源、起火物及现场的燃烧条件综合起来加以分析。

2. 要注意可靠性和正确性

在认定时，应该注意认定依据的可靠性和正确性。对提供起火时间的人，要了解其是否与火灾的责任有直接关系，不能轻信为掩盖或推脱责任而编造的起火时间。作为认定起火原因依据之一的起火时间必须符合客观实际。起火时间不准确，则可能造成起火原因认定工作范围的扩大或缩小，前者使起火原因认定增加工作量，后者可能造成某些方面的遗漏。

应该注意的是，所谓认定起火时间的准确性，是一个相对的概念。在很多情况下，不可能将起火时间认定准确到分秒不差，只要确定到一个相对准确的时间段即可。

3. 注意起火物和环境条件对起火时间的影响

在分析起火时间时，应该注意起火物的性质、形态，以及起火时的环境条件。在同样的火源作用下，因为不同物质的燃点、自燃点、最低点火能量和燃烧速率不同，所以点燃的难易程度和起火的时间也不相同。同一种起火物由于其形态不同，其最小点火能量、导热系数、保温性也不同，所以点燃的难易程度和起火的时间也不相同。例如，同一种木材，其形态为锯末、木刨花、木块时，用同种火源点燃时，引燃时间具有明显的差别。

火灾现场条件也影响起火时间。例如，现场中引火源与起火物的距离不同，引燃的时间就不一样，距离火源越近，引燃所需时间越短。同时，现场的通风条件、散热条件、氧浓度、温度、湿度等都影响引燃时间。所以，在分析认定起火时间时，应该根据现场的具体情况，考虑到各种影响。

二、起火点的分析与认定

起火点是火灾发生和发展的初始部位。在火灾现场，可能有一个起火点，也可能有两个或更多的起火点。正确分析起火点，是正确认定起火原因的前提条件。在火灾事故调查过程中，只有找到了起火点，才有可能查清真正的起火原因。因此，在一般情况下，都应先找出证明起火点的证据，而后分析认定起火原因，在没有确定起火点之前不能认定起火原因。因此，必须对调查询问和现场勘验所获得的信息进行全面分析，综合考虑各种客观条件的影响，研究各种燃烧痕迹的特征和形成的条件，准确地认定起火点。

（一）分析认定起火点的依据

可以作为认定起火部位或者起火点的根据有：物体受热面；物体被烧轻重程度；烟熏、燃烧痕迹的指向；烟熏痕迹和各种燃烧图痕；炭化、灰化痕迹；物体倒塌掉落痕迹；金属变形、变色、熔化痕迹及非金属变色、脱落、熔化痕迹；尸体的位置、姿势和烧损程度、部位；证人证言；火灾自动报警、自动灭火系统和电气保护装置的动作顺序；视频监控系统、手机和其他视频资料；其他证明起火部位、起火点的信息。运用火灾现场痕迹认定起火部位、起火点，应当综合分析可燃物种类、分布、现场通风情况、火灾扑救、气象条件等对各种痕迹形成的影响。证人证言应当与火灾现场痕迹证明的信息相互印证。

在火灾事故调查的实际工作中，通常根据火势蔓延痕迹、证人证言、引火源残体的位置、起火物及其他证据分析认定起火点。

1. 火灾蔓延痕迹

根据火灾发生和蔓延的一般规律，可燃物的燃烧总是从某一部位开始的，火势的发展，总是由一点烧到另一点，从而形成了火灾的蔓延方向和燃烧痕迹，这个蔓延方向的起点就是起火点。因此，火灾后在现场寻找起火点的过程，在某种意义上讲就是寻找蔓延方向的过程。而寻找蔓延方向的过程，实质上就是在各种燃烧痕迹中寻找证明火势蔓延方向痕迹的过程，各种证明火势蔓延方向的痕迹起点的会聚部位就是起火点。

火灾事故调查实践证明，在火灾现场各个部位物体的被烧状态往往反映了全部燃烧状态，任何火灾的燃烧都有方向性，而表明这种方向性特征的痕迹，就是以不同形式在物体上形成的蔓延痕迹。火灾蔓延痕迹就是火势从起火点处开始向外部空间扩展过程中在不同部位的不同物体上形成的，这些痕迹的基本特征反映出火灾过程中物体的受热温度、受热时间及当时的状态等信息。因此，各种燃烧痕迹中能够证实和反映火势的由来和发展的痕迹物证就是火势蔓延痕迹，它是分析判定起火点最重要的根据之一。在分析判定一起火灾总体蔓延方向时，一般把现场的物体从空间上联系起来，观察分析其被烧状态、形成的痕迹物证，最终把火势蔓延方向分析判断出来。

火灾是以热传导、对流、辐射三种方式蔓延的。一般说来，从某一点或某一部位上一定数量的可燃物燃烧产生的热能，在传播过程中均遵循一定的规律。首先，热能随传播距离的增大而减少，形成离起火点近的物质先被加热燃烧，烧毁重一些；离起火点远的物质被加热晚,烧毁相对轻一些。其次,热辐射是以直线的形式传播热能的,所以物体受到热辐射的作用,受热面和非受热面的被烧程度有明显的差别,面向起火点的一面先受热,被烧得重一些,而背向起火点的一面则被烧得轻一些。这种被烧轻重程度的差别和受热面与非受热面区别的痕迹,不仅反映出火势蔓延先后的信息,而且也显示出了火势传播的方向性,即显示出火势是由“重”的部位、受热面一侧蔓延过来,这个指明的“重”的方向、受热面朝向,一般情况下就是指向起火点。所以说,被烧轻重的顺序和受热面朝向是最典型的火势蔓延痕迹,在现场勘验中应作为分析重点。

(1) 根据被烧轻重程度分析

火灾现场残留物的烧损程度、炭化程度、熔化变形程度、变色程度、表面形态变化程度、组成成分变化程度等往往能反映出火场物体被烧的轻重程度。在火灾现场的残留物中,它们被烧的轻重程度往往具有明显的方向性,这种方向性与火源和起火点有密切的关系,即离起火点或引火源近的物体易烧毁破坏,迎火面被烧严重。物体被烧轻重程度与物质的性质、燃烧条件、燃烧时间和温度等条件有关。在火灾初起阶段,由于火势较弱,蔓延较慢,起火点处燃烧时间较长,所以火灾初起阶段只有起火点处烧得重一些,这种局部烧得重的痕迹在火灾终止后仍保留着,这是起火点的重要特征,成为火灾后确定起火点的重要依据。将火场中局部烧得重、并在其附近有火势向四周蔓延痕迹的部位确定为起火点,目前国内外调查人员都能接受这一观点,并在实践中普遍应用。

(2) 根据受热面分析判定

热辐射是造成火灾蔓延的重要因素之一。由于热辐射是以直线形式传播热能的,所以在火灾过程中,物体上形成了表明火势蔓延的痕迹——受热面,这种痕迹的特征主要表现在形成明显的方向性,使物体总是朝向火源的一面比背向火源的一面烧得重,形成明显的受热面和非受热面的区别。因此,物体上形成的受热面痕迹是判断火势蔓延方向最可靠的证据之一,是确定起火点的重要依据。

在现场勘验中,在可燃物体和不燃物体上都可以找到受热面的痕迹。由于热辐射只能沿直线传播,所以物体受到直射的部分比没有受到直射的部分被烧程度明显要重得多,特别是在同一物体不同侧面表现得更为明显。对建筑火灾中的门、窗作仔细观察,就会发现门、窗两侧的框被烧程度有明显区别,一侧烧得重,另一侧烧得轻,这就是热辐射方向性的结果。但有时热辐射被其他物体遮挡时,可使离火源近的物体反而比远的物体烧得轻。现场勘验中不仅要对单个物体进行判断,也要同时对多个物体联系起来进行判断,对同一个火灾现场来说,在多个物体上形成的受热面的朝向基本是一致的。因此,首先找出它们的受热面,确定出火势过来的方向,然后再通过对每个物体受热面被烧程度的鉴别,确定出烧得最重的部位,最终确定起火点。

用同一物体的受热面来判断火灾中火势蔓延方向往往有一定的局限性,一般应将火场中不同部位物体上形成的受热面综合起来观察,若与现场条件吻合、朝向一致,就可以确定火势蔓延方向。再通过各个物体上形成的受热面进行对比,确定燃烧破坏最重的物体,找出该物体受热面痕迹,起火点一般就在该物体受热面一侧。一般多个物体上形成受热面有两种情况:如果受热面都在同一侧,那么起火点必定在它们共同指向的一侧;如果受热面相向对应,则起火点在两个面的中间。

(3) 根据倒塌掉落痕迹分析

一般情况下，在火灾中距火源近的部位或迎火面的物体先被烧和失去强度，从而导致发生形变或折断，使物体失去平衡，面向火源一侧倒塌或掉落。虽然倒塌的形式、掉落堆积状态各不相同，但是都有一定的方向和层次，遵循着一个基本规律，都向着起火点或迎着火势蔓延过来的方向倒塌、掉落。所以，调查人员在现场勘验中，首先参照物体火灾前后的位置和状态变化事实，通过对比判断出倒塌方向，逐步寻找和分析判断起火点(倒塌方向的逆方向就是火势蔓延方向)。其次，还可以通过分析判别掉落层次和顺序认定起火点的位置。例如，平房被烧毁并塌落的火灾现场，从塌落堆积层的扒掘情况看，若靠地面处是零星房瓦、天棚材料，上层是家具烧毁的残留物，则根据这种倒塌痕迹特征，可表明天棚内燃烧先于室内的燃烧，说明起火点在天棚上部；如果家具的灰烬和残留物紧贴地面，泥瓦等闷顶以上的碎片在堆积物的上层，说明天棚以下可能先起火。

(4) 根据线路中电熔痕(短路熔痕)分析

在火灾发生和蔓延的过程中，如果导线处于带电状态，被烧时绝缘层被破坏，有可能形成短路熔痕，而被烧的顺序与火灾蔓延方向有关。在火灾过程中，电熔痕的形成顺序以及电气保护装置的动作顺序是与火势蔓延顺序一致的，而保护装置动作后，其下属线路就不会产生短路痕迹。因此，在火灾中短路熔痕形成的顺序与火势蔓延的顺序相同，起火点在最早形成的短路熔痕部位附近。在燃烧充分、破坏严重、残留痕迹物证比较少的火灾现场，利用这一方法判定起火点非常有效。

(5) 根据热气流的流动痕迹分析

火势蔓延的规律表明，高温浓烟和热气流的流动方向往往与火势蔓延方向相同。对流传热是火灾发展过程中传热的方式之一，灼热的燃烧气体从燃烧中心向上和周围扩散和蔓延，热气从温度高的地方流向温度低的地方，离火源越近温度越高，反之温度越低。当室内起火时，热烟气总是先向上升腾，然后沿天棚进行水平流动。因为热烟气在室内不断积聚，将从上向下充满整个房间，从而产生一个热气层。开始时热气集聚在火焰上方，形成的热烟气层比其他部位厚(例如在角落里)，但是最终整个房间内的热烟气层厚度将趋于一致。火灾规模越大或者房间越小，热烟气层厚度增加就越快，直至热气流从开启的门、窗或通气孔洞向外涌出，进入相邻的房间。当热气流进入相邻房间后，开始新一轮扩散。由于此时烟气的温度降低，留下的烟气痕迹较弱，而且热烟气层的厚度较小，这一过程在不同房间产生的阶梯性的烟成热的破坏痕迹，可以用来判断火灾的蔓延方向。另外，热烟气扩散过程中，会在物体上留下带有方向性的烟熏痕迹。这种烟熏痕迹反映了火势蔓延和烟气流动的方向。在一些火灾现场，依据烟熏痕迹的方向性，可以找出火灾蔓延的途径，并依据火灾蔓延的途径找出起火点的位置。

在建筑物内，能指明热流方向的载体很多，如混凝土构件、墙壁、玻璃等。窗户上的玻璃是典型的能提供热流方向的物证，它能准确地反映出起火点所在的方位。在一个房间内如果有两个窗户，它们的玻璃分别呈熔化和破碎现象时，就应该确定在熔化的窗子附近出现过猛烈而时间较长的燃烧，表明热流在此处已达到高点，与起火点有着密切联系，应在其附近寻找起火点。

(6) 根据燃烧图痕分析

燃烧图痕是火灾过程中燃烧的温度、时间和燃烧速率以及其他因素对不同物体的作用而形成的破坏遗留的客观“记录”。这些图痕直观简便地指明了起火部位和火势蔓延的方向，是认定起火点的重要根据。例如，火场中最常见的“V”字形图痕，对确定起火点有重要意义。由于燃烧是从低处向高处发展的，所以，在垂直的墙壁，垂直于地面的货架、设备及物体上，将留下类似于“V”字形的烟熏或火烧痕迹。火是由“V”字形的最低点向开口方向蔓延的。一般起火点就在“V”字形的最低点处。常作为判定起火部位的燃烧图痕有“V”字形、斜面形、梯形、圆形、扇形等图形，它们主要以烟熏、炭化、火烧、熔化、颜色变化等痕迹形式出现。

(7) 根据温度变化梯度分析

物体被烧轻重程度，在火源和其他条件完全相同的情况下，主要与燃烧温度和作用时间有关系，火灾后可燃物体、不燃物体或其某一部位被烧轻重程度实质上是火灾中燃烧温度和作用时间在这物体或部位上作用的反映，它是以不同的痕迹表现出来的。因此，可以通过可燃物体和不燃物体上形成的痕迹(如炭化痕迹、变色痕迹、炸裂脱落痕迹、变形痕迹等)，比较各部位实际的受热温度的高低，找出全场的温度变化梯度，进而分析判断起火点的位置。例如，可以测定火灾现场不同部位混凝土构件的回弹值，根据回弹值的变化情况来判断受热温度的高低，通过分析找出全场温度变化梯度，从而判断起火点的位置。

2. 证人证言

由于火灾现场的暴露性，火灾在发生和发展过程中容易被人们发现，现场附近的人员可能目击到起火点、起火物、引火源、蔓延过程和各种变化情况。因此，通过调查询问发现人、从火场里逃生的人、当事人等对火灾初起的印象，再现火灾过程，可获取证明起火点和起火部位的证据和线索。

(1) 根据最早出现烟、火的部位分析

由于起火点处可燃物首先接触火源而开始燃烧，所以该部位一般最早产生火光和烟气，这一基本特征就是证明起火点位置最直接、最可信的根据。因此，在现场勘验前必须把最先发现起火的人、报警人、扑救人、当事人等作为现场询问的重点，详细查明最早发现火光、冒烟的部位和时间、燃烧的范围和燃烧的特点，以及火焰、烟气的颜色、气味及冒出的先后顺序，并进行验证核实，之后作为现场勘验的参考和分析认定起火点的证据。

(2) 根据出现异常响声和气味的部位分析

发生火灾初期的异常响声和气味，对分析判断起火点非常重要。火灾初始阶段一些平稳物体(如固定在墙外的空调机、悬挂在天棚上的吊灯和电风扇等)被烧发生掉落时与地面或其他物体撞击而发出的一些响声；电气设备控制装置动作时响声(如跳闸声)；线路遇火发生短路时的爆炸声；还有一些物质燃烧时本身也发出独特的响声，如木材及其制品燃烧时发出“噼啪”响声，颗粒状粮食燃烧时发出“啪啪”响声等。这些不同的声音都表明火灾发生部位的方向或指明火势蔓延的方向。不同物质燃烧初起时会产生不同的气味，如烧布味、烧塑料味等，根据这些气味的来源，可以分析判断起火部位的方向或火势的方向。因此，向当事人了解有关听到响声的时间和部位，发生异常气味的部位，就可以得到起火部位的线索和信息。在查明响声的部位、物体和原因后，再验明现场中的实际物证。如果两者一致，则表明证人提供的证言是正确的，可以认定起火部位就在发出响声或气味的部位附近。

(3) 根据有关热感觉的部位和方向分析

火灾发展过程中，火从起火点向外蔓延的过程就是热传递的过程，离起火部位近的物体先被加热，温度较高，离起火部位远的物体后被加热，温度较低，这样就形成了起火部位与非起火部位之间的温度梯度，起火部位物体的温度明显高于其他部位物体的温度。因此，发现火灾的人、救火的人、在火灾现场的人等提供的有关皮肤有发热、发烫感觉的部位，很可能反映了起火部位的信息。例如，发现人听到响声或嗅到异常气味后开始检查，当感觉到某一房间的门或金属把手有热感或发烫，而其他房间没有热感，那么证明这个房间先起火。因此，证人提供的有关不同部位一些物体不同温度情况的证言，可作为分析判定起火部位的证据。

(4) 根据电气系统反常情况分析

电气设备、电气控制装置、电气线路、照明灯具等被烧短路，控制装置动作（跳闸、熔丝熔断）断电，使该回路中的一切电气设备停止运行，这些因停电产生的现象，能传递故障信息，反映出起火部位的范围。因此，通过电工、岗位工人及起火前在现场的人了解起火前电气系统的反常现象，可以查明断电和未断电回路之间及断电回路之间的顺序。一般情况下在几条供电回路中，只有一个回路突然断电，其他回路正常供电，则可以推断起火部位就在断电回路范围内。若几个回路都断电，则查清短路的先后顺序（可以通过电灯熄灭顺序、电风扇停转顺序、空调机停止运行顺序等查证），起火部位一般在第一个断电回路所在的部位。

例如证人提供起火前某一回路中（如外露线路），局部电线剧烈摆动（风力吹动除外）的情况，这些现象是线路发生短路、电流增大的信息，也应引起调查人员的注意。由于短路回路中电流突然增大，导线周围产生很大的交变磁场，在磁场力的作用下导线就会摆动。因此，调查人员将这一回路进行重点检查，就可能找到短路点和其他有关起火部位的线索。

(5) 根据发现火灾的时间差分析

火灾的发生和发展需要一定的时间，距起火点距离不同的地方和物体，发生燃烧的时间不同，火势大小也存在一定的差异，这就产生了起火部位和非起火部位之间燃烧的时间差。这种时间差，反映了燃烧的先后顺序，有时指明了起火点的部位。因此，不同部位的人员提供有关发现火情的时间和当时火势的大小情况与起火部位有联系。把他们发现起火的时间按先后顺序排列起来，并把火势大小情况和现场环境、建筑特征结合起来，综合分析比较，就能判断出燃烧的先后顺序，初步判断出起火点所在的部位。例如，一般情况下，距离起火部位近的人先发现火灾，而距离起火部位远的人后发现火灾，因此，可从时间差上大致判断起火部位。

3. 引火源物证

在有些火灾现场中，还存在火源的残骸，如果在现场勘验时找到它，确定其原始位置，弄清其使用原始状态和火势蔓延方向等情况，就可以确认其所在的位置就是起火点。这里指的是引火源物证，是指直接引起火灾的发火物或其他热源。例如，电熨斗、电炉、电暖器、电热毯、电热杯等电热器具，以及烟囱、炉灶等。

用引火源物证分析起火点时，一是确定其火灾前的原始位置和使用状态；二是其周围物体的燃烧状态。如果证明引火源处于使用状态，且周围又有若干能证明以此为中心向四周蔓延火势的燃烧痕迹，一般情况下，其所在的位置就是起火点。

烧毁不太严重的火灾现场，往往保留了比较完整的发火物或引火物的残体，在烧毁比较严重的火灾现场，有时也会发现发火物、引火物的残体、碎片或灰烬。这些物品在现场所处的位置，或者起火前在现场的位置，一般是起火点。例如，在火灾现场，发现起火的床铺上有通电的电热毯残体，这里有向周围蔓延火势的痕迹，可以断定是由于电热毯长时间通电导致火灾，电热毯所在的位置就是起火点。此外，电气线路和设备上形成的一次短路熔痕的部位，烟囱、炉灶裂缝蹿火位置，往往就是起火点。所以，在火灾现场中对各种电气设备、用电器具及烟囱、炉灶等设施要重点检查，当有充分证据证明火就是由这个发火物引起的，那么这个部位就是起火点。还有些物证不能直接作为引火源的证据，但是它们能间接地反映起火点的位置和起火原因。在现场勘验中认真寻找这种物证，查清其位置和状态，对分析认定起火点有着重要的作用。例如，与现场无关的物体（如盛装易燃液体的容器、油桶、瓶子等）的残体，在汽车油箱附近发现的扳手等物体，往往与火灾当事人（或肇事者）起火前的行为有直接联系。因此，认真查清这些物体火灾前是否存在的事实和来源，也能得到起火部位的线索。

利用引火源物证判明起火部位和起火点时应该注意下列问题：

(1) 这些物品是否为火灾现场原来就有的

发现引火源的残骸后，首先应该判断这种引火源是否在火灾前就存在于现场，或者火灾前就在这个位置，这一点非常重要。如果起火前现场不存在这一引火源，或者火源的位置被移动，则应该重点调查引火源的来源、移动的原因，以判断是否为有人故意将火源带入现场，或者故意移动火源使其引燃可燃物，从而判断是否为放火案件。

(2) 火灾发生后，这些物品是否被人移动过

如果有证据证明这种火源在起火后被人移动过，显然不能以现场中被移动后的位置作为起火点。此时应该分析火源的原始位置，以及火灾后位置移动的原因。

4. 灰化、炭化痕迹

灰化、炭化痕迹是指有机固体可燃物质燃烧后出现的残留特征。灰化物是指物质完全燃烧的产物，炭化物是指高温缺氧情况下物质不完全燃烧的产物。形成灰化、炭化物的原因主要与可燃物性质、火源强弱、燃烧条件以及燃烧时间等因素有关。

一般情况下，火源为明火，且供氧充足，引起明火燃烧时易形成灰化痕迹；火源为无火焰的热源，且供氧不足时引起的阴燃，或一些有机物质本身自燃，及本身属于阴燃物质的，燃烧时形成炭化痕迹。当灰化、炭化部分形成一定面积和深度时，称为灰化区（层）、炭化区（层）。可燃物形成的灰化区和炭化区也是一种燃烧痕迹，是表明局部烧得“重”的标志。因此，在火灾现场局部出现灰化层或炭化层，并有火势蔓延痕迹的部位，一般情况，就是起火点。一般说来，阴燃起火时，由于起火点处阴燃时间较长，所以能形成较大的炭化区和炭化结块；而明火点燃起火的起火点处，由于燃烧的温度高、时间长，所以此处炭化和灰化都比较严重，残留的炭化结块比较少而小。但是，由于物质的性质、存放的数量、存在状态的不同以及扑救等方面因素的影响，有时不是起火点的地方被烧破坏程度更严重，出现的灰化区和炭化区面积更大。因此不能一概而论，要具体问题具体分析，但最重要的区别在于起火点处周围物体上形成显示火势蔓延方向的痕迹，而非起火点处虽然烧毁破坏也严重，但是没有向四周蔓延火势的痕迹。

起火物明火燃烧时，由于起火点处燃烧时间比较长，容易形成灰化痕迹，可以作为判断起火点位置的依据。如果现场发现易燃液体燃烧痕迹，很可能为起火点。在分析判定时，同样应该判断是否有向周围蔓延的痕迹。

5. 其他证据

(1) 根据现场人员死、伤情况分析

如果火灾中发生了人员伤亡，那么有关烧死、烧伤人员的具体情况，如死者在现场的姿

态、伤者受伤的部位、死者遇难前的行为等，对于分析判断起火点的方向、火势蔓延方向有着重要的证明作用。例如，死者在火灾中有逃生行为，那么在现场受到火灾威胁的人，大多数都向背离起火的方向逃难，死者在现场一般背向起火部位。因此，可利用这一特征，根据死者在现场的姿态和受伤者提供的线索分析认定起火部位和起火点。

对于爆炸现场，可从尸体位置和爆炸前死者的工作常处位置判断爆炸冲击波的方向，从而分析判断爆炸中心的位置。

(2) 根据自动消防系统动作顺序分析

一些建筑物内安装了火灾自动报警、自动灭火设施，当火灾发生时，正常情况下都能以声响、灯光显示等形式立即报警，计算机能自动记录，使消防或安全监控人员、值班人员能很快地查明起火的房间和部位，并能采取相应的措施将火扑灭在初起阶段。有自动灭火设施的部位，报警的同时也自动启动灭火装置进行灭火，这些装置动作的次序，往往都能指明起火的大致位置和方向。

(3) 根据先行扑救的痕迹分析认定

个别单位和个人为逃避火灾责任，往往不主动提供火灾发生部位和回避先行扑救的情况。调查人员若在现场某局部区域发现使用过的灭火器、灭火器喷出的干粉或者其他灭火工具，则起火点就在这局部区域之内。

(二) 分析认定起火点应注意的问题

1. 认真分析烧毁严重的原因

现场烧得重的部位一般应为起火点，这符合火灾发生和发展的一般规律。但是千万不能把烧得重的部位都看作是起火点。火灾过程中，局部烧得重不仅取决于燃烧时间的长短、温度的高低，局部烧毁情况的影响因素很多，在分析起火点时，应该全面分析这一部位烧毁严重的原因及影响因素，才能得出正确的结论。一般应该注意分析以下问题：

(1) 可燃物的种类和分布

在火灾中，可燃物的种类和分布直接影响现场的烧毁程度。如果可燃物的着火点比较低，或者说比较易燃，在火灾中就容易被引燃，而且燃烧比较充分，其所在部位烧毁就比较严重，甚至超过起火点。同样，如果可燃物分布不均匀，起火点处的可燃物较少，而其他部位可燃物多，在火灾过程中经过燃烧后，无疑是可燃物多的部位烧毁严重。

另外，如果现场存在燃气系统，当火灾造成燃气管道或储气罐泄漏时，可在泄漏部位形成扩散燃烧甚至爆炸，并引燃其周围可燃物，造成这一部位烧毁严重。

(2) 现场的通风情况

由于火灾中消耗大量的氧气，需要补充新鲜空气，现场的通风情况直接影响可燃物的燃烧。如果起火点处于通风不畅的部位，氧气供给困难，则物质燃烧不充分。而处于通风口处的部位，不断有新鲜空气进入，使物质的燃烧速度加快，则这一部位的烧毁程度可能比起火点还严重。

(3) 火灾扑救次序

灭火行为实际就是干预火灾蔓延的行为。与相对扑救晚的部位相比，扑救较早的部位燃烧时间也相应较短，调查分析时，应该查明火灾扑救的次序。

(4) 气象条件

先行扑救的部位，燃烧被终止，烧毁较轻。因此在询问火灾扑救火灾时的气象条件，特别是风力和风向会影响火势的蔓延，同时也影响现场的烧毁程度。如果在火灾中发生了风向转变，则可能带来蔓延方向的转变。在分析现场烧毁情况时应该注意这一因素。

2. 分析起火点的数量

由于火灾是一种偶发的小概率事件，一般火灾只有一个起火点，这也在实践中得到了证实。但是一些特殊火灾，由于受燃烧条件、人为因素以及一些其他客观因素的影响，有时也会形成多个起火点，因此在分析认定起火点时绝不能一成不变地对待现场，要具体问题具体分析。一般易形成多个起火点的火灾有放火、电气线路过负荷火灾、自燃火灾、飞火引起的火灾等。

3. 分析起火点的位置

虽然火灾的发生有一定的规律性，但是具体到每一起火灾，火灾的发生就没有特定的地点。只要起火条件具备的地方都有可能发生火灾，所以起火点的位置也没有特定的地点。就建筑物起火而言，起火点可能在地面，也可能在天棚上，也可能在空间任何高度的位置上出现。当在地面、天棚上没有找到起火点时，特别要注意空间部位的可能性。有些起火点也可能在设备、堆垛等的内部，因此既要从物体的外部寻找，也要注意从物体的内部寻找。

4. 起火点、引火源和起火物应互相验证

初步认定的起火点、引火源和起火物，应与起火时现场影响起火的因素和火灾后的火灾现场特征进行对比验证，找出它们之间内在的规律和联系，并重点研究分析燃烧由起火点处向周围蔓延的各种类型的痕迹，看其是否与现场实际总体蔓延的方向一致，起火物与引火源作用而起火的条件是否与现场的条件相一致等，避免认定错误。

只要认定起火点的证据充分，即使是一时在起火点处找不出引火源的证据，也不要轻易否定起火点，应把工作的重点放在寻找引火源的证据上。例如，热辐射和热传导形式传播热能而引起的火灾，有时起火点和引火源之间就有一定的距离。当金属的某一部位受到高温作用时（如焊接、烘烤金属管道等），在其附近没有可燃物则不会引起火灾。但是由于热传导作用，它能引起距该受热点一定距离处接触金属的可燃物起火，这就不易被发现。如果发生在两个互不相通的房间，则更不易发现。所以，该种类型的引火源，只有通过仔细勘验和分析研究才能找到。一般情况下弱小火源（如火星、静电火花、烟头等）在起火点处不易找到，但是它们引起火灾的起火点是客观存在的。因此，证据充分的起火点不能因为找不到引火源而被轻易否定。若一起火灾经反复查证，在起火点处及其附近确实找不到引火源的证据，即使一些弱火源的证据也找不到，就应该重新研究，检查认定起火点的证据是否可靠。

第四节　起火源和起火物的分析与认定

一、起火源的分析与认定

起火源是指直接引起火灾的火源，是最初点燃起火点处可燃物质的热能源。起火源是由一定的火源或其他热能源转化而成的。常见的起火源大约有 400 余种，如炉具、灯具、电热器具、高温物体、自燃的植物堆垛中形成的炭化块、雷击痕迹等。

起火源是物质燃烧不可缺少的重要条件。在火灾原因调查过程中，查清起火原因、分析研究起火源、起火物与起火有关的各种客观因素间的关系，是认定火灾原因的重要保证。只有准确地找出起火源的证据,才能为认定火灾原因提供有力的证据。

(一) 认定起火源的证据

一般情况下,我们在火灾现场中所能查到的起火源证据,概括起来通常有以下两种:一种是能证明起火源的直接证据;另一种是与起火源有关的间接证据。

(1) 证明起火源的直接证据,实际上就是起火源或容纳发火物的器具的残留物。如火炉、电炉子、打火机、电气焊工具、电熨斗、电烙铁、导线短路熔痕等。在火灾发生后,最初点燃起火源中可燃物的热能,常常是不复存在的,所残留的只是热能载体,即发火物或容纳发火物的器具。所以,在火场勘查中所能获取的起火源的直接证据,多是发火物或容纳发火物的器具的残留物痕迹。如:着火源属于电气火灾方面的,要找到开关、配线的短路痕迹,电热器具,漏电火灾的漏电、接地、发热的位置。雷击火灾因遭到雷击而烧毁的物质、设备、器具以及其他电气设备上的痕迹。着火源属于化学物品方面的,要找到化学物质的残留物。着火源属于机械方面的,要有金属的变色、变形、破损的特征来作为证据等。只有在进行认真细致地分析研究之后,才能做出肯定或否定的结论。

(2) 证明起火源的间接证据,是指能证实某种过程或行为的结果是产生起火源的证据。对于有些着火源则无法取得物证,如烟头火源、火柴杆火源、飞火星火源、静电放电、自燃等原因引起的火灾,则不可能获得直接物证,这就要靠间接证据来说明火灾原因。物体的电阻率,生产操作工序或工艺过程,能产生静电放电的条件,放电场所的易燃易爆气体与空气的混合物,场所的环境温度,空气的相对湿度,物质的贮存方式,物质的成分、性质、吸烟的时间、地点,吸烟者的习惯等等都属间接证据。在这类火灾中,我们虽然找不到起火源的直接证据,但在能证实或肯定某种过程和行为的条件下,以火灾现场这一事实为根据,经过科学的分析或严密的逻辑推理,就能得到起火源的间接证据。

(二) 认定起火源的原则条件

认定火灾直接原因,必须搞清以下两个问题:一是准确确定起火点;二是查出易燃起火点处可燃物的火源。解决了这两个问题,一起火灾的直接原因也就查清楚了。因此,确认一起火灾的起火源是认定火灾原因的重要内容和依据。分析认定起火源的基本原则有以下几点:

1. 围绕起火点查找起火源

起火点是火灾发源地,准确确定起火点后,在划定的起火处可燃物的火源就能有一个比较集中的目标,就能缩小起火源的范围。

2. 全面分析,逐一排除

在一般情况下,火场范围较大的火灾,起火源也比较复杂,这就需要首先应根据现场勘验和调查询问的情况,全面分析起火部位有几种起火源,并在综合分类排队的基础上,以现有的材料和客观事实为依据,逐个进行分析,然后将能被各方面证据所证实的某一种起火源加以肯定,做到否定有充分的理由,肯定有可靠的证据。

3. 起火源要与起火物相联系

火灾是起火源与起火物相互作用的结果,二者联系紧密,不可分割。所以在分析研究起火源时,就不能脱离起火物。如起火点在室内,而室内不仅有火炉,且在其周围存在可燃物,同时还有大量的物证足以证明炉内的炭火或火炉的温度能引着可燃物,就可把火炉作为起火源来研究并加以肯定。但若火炉位于室内的中央,又不存在火炉与可燃物接触的条件,就不能轻易地断言,火炉就是起火源。在有些火灾现场中,虽然我们找不到起火源,但起火物遗留的痕迹物证,常常也可以说明或证明是由于何种起火源作用所引起的火灾。因此,弄清起火源与起火物之间的关系,是认定火灾原因过程中的一个必不可少的重要环节。

4. 分析发火、发热物体的使用状态

例如服装加工车间起火,在燃烧废墟上发现了被烧毁的电熨斗,电热可能是起火的原因,但是该电熨斗所处位置起火点特征不明显,或者起火点特征被严重破坏,则不能立即判定电熨斗是火灾原因。如果没有充分的证据说明这只电熨斗在火灾前是通电的,就不能肯定是这只电熨斗造成的火灾。所以要根据电熨斗内外受热情况,以及电熨斗使用情况进一步分析判明这只电熨斗在火灾前没有断电,或者用过较长时间不经冷却就放在可燃的案板上,才能证明火灾原因。一个住宅夜间发生火灾,起火点在床头,户主有吸烟的习惯,可是他不承认自己当天晚上躺在床上吸烟。在火灾现场,火灾事故调查人员在床头附近的残灰中发现1只烟灰缸。经调查这只烟灰缸平时总是放在远离床头的一个写字桌上面的,这就说明这只烟灰缸在起火前被使用。户主无法解释这种现象,承认了自己睡前曾躺在床上吸烟。

5. 分析着火能量

点燃一定数量的可燃物,要有一定的点火能量。某种火源发热的温度和产生的能量能否造成它附近的可燃物着火,这是确定发火源的重要条件。明火源和高温物体,如火焰、电弧,尤其明火焰具有很高的温度,因此很容易成为起火源。一些微弱的火源的发火物或发热体,其所放出的能量能否成为一种起火源应从以下几方面考虑:

(1) 能量,即能否供给足够的点火能量。

(2) 温度,即要达到或超过被点燃物质的自燃点。

(3) 单位时间释放的能量,某一能量以缓慢的速度放出,则这种能量大部分散失在空气中,不能在被点燃物内部积聚,就不能成为火源。

另外,在分析火源能量时,不仅要考虑火源本身,而且必须结合被引燃的对象进行分析。因为不同物质具有不同的自燃点或闪点,所以点燃相同数量的不同物质,所需能量也是不同的。具有同等能量的同一种火源,可能只能成为某些物质的起火源,而对另外某些物质则不足以成为起火源。即使对一个微弱火源,对同一种物质,在不同的自然条件下,如气温、湿度等不同,有时可成为火源,有时不能成为火源。因此在分析火源能量时,要结合被点燃对象储热和散热条件以及气象等条件综合分析。

6. 起火源要与起火时间相一致

任何事物都有它的空间和时间的局限性,起火源也是如此。在允许的时间范围内,起火源可能对一起火灾发生了作用,而时间不充分或者过长、过短,都可能与这次火灾毫无关系。可见,起火源与起火时间在火灾发生的过程中,有着不可分割的紧密联系,也是我们以起火源为依据,认定火灾原因时不可忽视的一个重要因素。

二、起火物的分析认定

所谓起火物,是指在火灾现场中,由于某种起火源的作用,最先发生燃烧的可燃物。

(一) 认定起火物的条件要求

以起火物作为认定火灾的一个依据,首先应准确地认定起火物。在火灾现场中,我们认定的起火物必须满足以下条件和要求:

(1) 认定的起火物必须是起火点中的可燃物，不能在没有确定起火点的情况下，只根据一些可燃物的被烧程度来认定起火物。

(2) 认定的起火物必须与起火源作用结果和起火特征相吻合。起火点特征是阴燃时，起火源多为火星、火花和高温物体，起火物一般应是固体物质。起火特征为明燃时，起火源往往是明火，起火物一般应是固体或可燃液体。起火特征为爆燃时，起火物一般应是可燃气体、液体蒸气或空气的混合物。

(3) 认定的起火物比其周围的可燃物被烧或被破坏的程度严重。许多火灾，当人们发现时，火焰已蔓延扩大远远超出了起火点的范围，结果就使起火点处受高温作用的时间较强。

(4) 认定液体、气体为起火物时，要注意其基本参数、浓度、点火能量，同时要注意漏点和起火点关系，有时起火点不一定在漏点处。

(二) 起火物痕迹作用

在火灾原因调查过程中，我们可以根据起火物的痕迹特征，分析研究与火灾有关的因素。

(1) 根据起火物的性质，如起火物的燃点、自燃点、闪点、爆炸极限等，分析研究何种火源在何种条件下，能使该起火物起火并能遗留这种痕迹，或在认定的起火源作用下，能否使起火点或起火部位中的可燃物成为起火物。

(2) 根据起火物燃烧后的痕迹特征，如同类物质的不同燃烧炭化程度，分析起火物或一些可燃物的燃烧速度或起火时间的形式特征。

(3) 根据起火物的运输、储存、使用等情况和起火前起火物所处的环境状况，如运输中的摩擦、碰撞晃动，储存中被日照、受潮、通风不良，使用中的摩擦、喷溅、碾压、挤压、剥离、混进杂质，起火前起火物质所处的环境温度、空气相对湿度等条件，分析研究起火物是否增加了火灾危险性或破坏了其稳定性能，进而分析能否自燃或产生静电放电起火等。

第五节 火灾原因的分析与认定

火灾原因的分析与认定是火灾调查的最后一个步骤，一般是在现场勘验、调查访问、物证分析鉴定和模拟实验等一系列工作的基础上，依据证据，对能够证明火灾起因的因素和条件进行科学的分析与推理，进而确定起火原因的过程。

一、火灾原因认定的依据

火灾事故调查人员在认定起火原因之前，应全面了解现场情况，详细掌握现场材料，在认定起火原因时，要把现场勘验、调查询问获得的材料，进行分门别类、比较鉴别、去伪存真，对材料来源不实或者材料本身似是而非的，要重新勘查现场，切忌主观臆断。

在火灾事故调查过程中，证据是认定起火原因、查清火灾的因果关系、明确和处理火灾责任者的依据。起火原因的认定通常是在确认了起火点、起火源、起火物、起火时间、起火特征和引发火灾的其他客观因素与条件的前提下进行的。这些火场事实一般是逐步得到查清的，已被证实的事实可作为查清因果关系的依据。它们的依据是相辅相成又相互制约的，舍弃或忽略其中的某一个，都可能作出错误起火原因的认定。

(1) 起火点认定准确与否,直接影响起火原因的正确认定。因为起火点为分析研究火灾原因限定了与发生火灾有直接关联的起火源和起火物,无论收集这些证据,还是分析研究起火原因,都必须从起火点着手。实践证明,起火点是认定起火原因的出发点和立足点。及时准确地判定起火点是尽快查清起火原因的重要基础。

在以起火点为起火原因的分析与认定依据时,应注意:起火点必须可靠,有充分的证据做保证,起火点与起火源必须保持一致,要相互验证。

(2) 查清起火源和分析起火物及有关的客观因素之间的关系,是认定起火原因的重要保证。只有准确地找到起火源,才能为起火原因的认定提供有力的证据。

作为起火源的证据可以分为两种:一种是能证明起火源的直接证据;另一种是与起火源有关的间接证据。所谓直接证据是起火源中的发火物或容纳发火物的器具残留物,如火炉、电炉、打火机、电气焊工具、电熨斗、电烙铁、铜导线短路熔痕等。所谓间接证据就是能证实某种过程或行为的结果能产生起火源的证据,如在静电、自燃、吸烟等火灾中的物体的电导率、生产操作工艺过程、静电放电条件、空气中可燃气体的浓度、场所的环境温度、空气的相对湿度、物质的储存方式、物质成分与性质、吸烟的时间与地点、吸烟者的习惯等。

确定起火源时,应遵循以下原则:围绕起火点查找起火源。起火源的作用要与起火时间相一致,起火源要与起火物相联系。起火物必须是起火点处的可燃物。不能在未确定起火点的情况下,只凭可燃物被烧程度认定起火物。起火物必须与起火源作用性质和起火特征相吻合。如起火特征为阴燃,则起火源多为火星、火花或高温物体,起火物一般是固体物质。起火特征为明燃,则起火源往往是明火,起火物一般为可燃固体或液体。起火特征为爆燃,起火物一般应是可燃气体、蒸气或粉尘与空气的混合物。起火源的种类则较多,只要其能量达到该可燃物的点火能量即可。认定的起火物应比其周围其他的可燃物烧损或破坏的程度严重。

(3) 利用起火时间能够分析判断起火点处起火源与起火物作用的可能性。在火灾事故调查实际工作中,有时把发现着火的时间误认为起火时间,这是不确切的。因为火灾从初起到扩大有一个蔓延过程,这需要一定时间。此时间的长短受起火源和起火物的制约,且受环境客观因素的影响。因此,夜深人静无人在场的火灾,由于不能及时发现或当发现时已经蔓延扩大,此时就需要根据调查访问和现场勘验所获得的情况和资料,进行严密的分析推理,才能得出比较符合实际的起火时间。然而,起火时有见证人在场的情况下,起火时间应是可信的。一般情况下影响起火时间的因素主要是:起火物的性质,起火物所处的状态与环境条件,起火物与起火源之间的距离。

发生火灾除须具备燃烧的三要素外,还必须这三者相互作用。对火灾来说,由于物质燃烧时的条件和火场情况不同,在起火原因分析与认定过程中,除了以起火点、起火源、起火物、起火时间作为依据以外,还要充分考虑各种客观条件的影响和它们之间的相互作用的结果。例如,起火源与起火物之间相互作用的时间和距离、热传递形式、供氧条件、环境条件或气象条件,某些储存、运输、加工或使用过程中有无异常情况。

二、分析认定火灾原因的基本方法

在分析认定了起火点、起火时间、引火源、起火物和影响起火的环境因素后,调查人员已经掌握了大量证明起火原因的直接证据和间接证据,可以开始认定起火原因。起火原因认定方法通常有两种，即直接认定法和间接认定法。对一起火灾起火原因的认定来说，采用何种方法，应根据火灾事故调查的实际情况和需要来决定，可以运用其中一种方法，也可以两种方法结合起来使用。

（一）直接认定法

直接认定法就是在现场勘验、调查询问和物证鉴定中所获得的证据比较充分，起火点、起火时间、引火源、起火物与现场影响起火的客观条件相吻合的情况下，直接分析判定起火原因的方法。这种方法由于简便易行，在起火原因的认定中应用比较广泛。利用此法认定起火原因前，应该用演绎推理法进行推理，符合哪种起火原因的认定条件，就判断为哪种起火原因。

直接认定法适用于火灾事故调查中获取的证据比较充分的起火原因的认定。这种方法的运用是在对火灾进行了全面调查的情况下进行的，一切都要以调查的证据、事实为依据，要对起火点内的引火源、起火物、影响起火的环境因素有全面的了解，并进行全面分析之后才能进行认定。对现场中的实物直接认定应及时进行，以防时间过长导致实物变性、变色，或外观形态发生变化。

（二）间接认定法

如果在现场勘验中无法找到证明引火源的物证，可采用间接认定的方法认定起火原因。所谓间接认定法，就是将起火点范围内的所有可能引起火灾的火源依次列出，根据调查到的证据和事实进行分析研究，逐个加以否定排除，最终认定一种能够引起火灾的引火源。这种方法的运用正体现了排除推理法的应用，对于每一种引火源用演绎法进行推理判断。

运用间接认定法的关键，第一步是将起火点处所有可能引起火灾的火源排列出来，这就要求在调查过程中充分发现和了解火灾现场中存在的一些火灾隐患，保证在分析可能的原因时没有遗漏。第二步就是依据现场的实际情况，比较假定的起火原因与现场是否吻合，运用科学原理进行分析推理，找出真正的起火原因。

1. 分析的内容

对于可能的起火原因，应该采用以下方法进行分析：

（1）将假定起火原因与现场调查事实作比较。这些事实就是调查所获取的人证、物证、线索、鉴定结论，以及火灾前存在的火险隐患、火源、可燃物的特性等。用假定的引火源与它们相比较，去发现是否与现场情况相符。

（2）运用科学原理进行分析判断。根据现场的实际情况，弄清相应的生产工艺条件、设备构造原理，运用科学原理对假定的起火原因进行分析，排除不符合科学原理的火源，验证认定的引火源。

（3）与以前的同种火灾案例比较。一起火灾起火原因的认定可以与在此之前曾出现过的同种类火灾的起火原因的认定进行比较，比较起火点、引火源、起火物、影响起火的现场因素等，如果各方面都相同或相近，则该起火灾的起火原因很可能与以前同种类火灾的起火原因认定相同，这就是类比推理法的实际应用。但是应该注意的是，所运用的案例必须与这起火灾的起火点、引火源、环境条件等相同或基本相似，并且以事实为依据。

（4）调查实验。对于有些火灾，可以用模拟实验的方法判断一些火灾事实，进而认定起火原因。模拟实验时，必须忠实于火场实际情况，最好在原火灾现场选取同种类、同型号的火源和起火物，模拟起火当时影响起火的现场条件进行实验，从能否起火、起火方式、现场残留物的特征等方面去分析假设的起火原因是否符合实际情况。需要注意的是，模拟实验的结果不能作为证据使用，但可以作为参考依据。

2. 运用间接认定法应注意的问题

(1) 必须将起火点范围内的所有可能引起火灾的火源全部列出(即“选项”必须完全)，再逐个加以否定排除时不能将真正的引火源排除掉。

(2) 在运用排除法时，必须对每一种引火源用演绎法进行判断和验证后再决定取舍。

(3) 间接认定都是在现场引火源残体已经在火灾中灭失的情况下进行的，所以，现场勘验中获取的其他证据和调查询问证据材料更为重要。

(4) 最后认定的起火原因，必须在该火灾现场中存在由于该种原因引起火灾的可能性，并且具备起火的客观条件。例如，认定因吸烟引起火灾时，在存在由于吸烟引起火灾的可能性的情况下，还要查清楚是谁吸的烟；在什么时间吸的烟，相隔多长时间起火；在什么位置吸的烟，移动范围多大；火柴杆和烟头的处理情况，周围有什么可燃物，这些可燃物有无被烟头引燃的可能性等。如果其中某一条件出现矛盾，则不能轻易认定为起火原因。

(5) 对最后剩余的起火原因要进行反复验证，验证正确后才能正式认定。

(6) 一旦发现认定错误，要立即进行重新分析认定。

三、对初步认定的起火原因的验证

虽然进行了认真细致的现场勘验和调查询问，同时取得的证据也比较充分，但由于火灾现场具有破坏性、复杂性、因果关系的隐蔽性和火灾发生的偶然性，对于认定的起火原因往往不能保证万无一失，尤其是对于那些大而复杂的火灾更是这样。所以，初步认定一起火灾的原因后一般要进行验证，才能保证认定错误率少一些。

(一) 对初步认定的起火原因与现场调查事实作比较

这些事实就是调查所获取的人证、物证、线索、鉴定结论，以及火灾前存在的火险隐患、火源、可燃物的特征等，与它们相比较，发现有无矛盾之处。

(二) 从理论上进行验证

可以运用燃烧学、建筑学、电学、化学、热学、逻辑学等理论对初步认定的起火原因进行分析和验证。

(三) 用调查实验进行验证

对于那些不常见的起火原因的初步认定结论，最好在原火灾现场选取同种类、同型号的火源和起火物，模拟起火当时影响起火的现场条件进行实验，从能否起火、起火方式、现场残留物的特征上去分析初步认定的起火原因是否符合实际情况。

(四) 听取行家和专家的看法

可聘请多方面的行家和专家，请他们帮助分析起火原因，并对已经初步认定的起火原因的可能性作出评价。

四、认定起火原因的基本要求

(一) 从实际出发，尊重客观事实

在认定起火原因前，应对现场进行认真的勘验，并细致地进行调查询问，全面掌握证据和材料。认定起火原因的过程就是对火灾情况进行调查研究的过程，对掌握的证据和材料

要进行验证和审查，确保证据和材料的真实性和客观性，切忌主观臆断、搞假证据和假材料。

（二）抓住本质性问题

所谓本质的问题，就是指能够说明火灾发生、发展的有关证据和材料。火灾现场各种现象的表现形态千差万别、错综复杂，不一定哪一个个别现象或哪一个细小痕迹就能反映出火灾的本质问题。因此，要善于研究与火灾本质有关系的每一个问题，即便是细小的痕迹和点滴情况，都应认真分析研究，并把这些情况联系起来，研究它们与火灾本质的关系。

（三）把握共性和个性的辩证关系

火灾案件与社会现象一样，同种类型的火灾都有其共同的规律和特点，调查人员应掌握这些规律和特点。同时，同种类型的火灾，在具体情节上也都存在差异，千万不能忽视这些差异。因此，在调查火灾的过程中应注意发现具体火灾现场的不同特点，结合火灾发生当时的具体情况和现场条件，具体问题具体分析。在抓住普遍规律的基础上，重点找出它的特殊因素，并科学地分析这些特殊因素与火灾发生的本质联系，不能凭主观上的合理想象，把火灾后的一切现象看作是千篇一律的内容，这样会导致得出错误的判断和结论。

一些特殊或难度大的未查清的火灾，可以肯定其中必有一个或几个未知的特殊因素，调查人员应集中力量揭示出这些因素，然后再具体问题具体分析，这样往往能对火灾中的特殊因素作出科学和合理的解释，甚至能准确地认定起火点和起火原因。

（四）注意分析火灾的因果关系

任何一起火灾的发生都有一定的因果关系，只不过有的比较明显，有的比较隐蔽。因此，分析一起火灾的原因时，一般都要先查明该单位或该住户等火灾前存在哪些火灾隐患，分析这些火灾隐患，也能为认定起火原因提供有力的依据和线索。例如，放火案件，除了精神病患者无意识的行为外，都具有明显的因果关系，放火者的行动必然有一定的目的，或者为了进行破坏，或者为了泄私愤进行报复，或者是为毁灭罪证，或者是为达到自己的某种目的等，这些正是调查人员要发现和利用的因果关系。

（五）分析火灾发生的必然性和偶然性

由于一个单位或一个家庭中存在这样或那样的火灾隐患，所以必然会导致火灾，之所以现在还未发生，是因为发生火灾的客观条件暂时还不具备。但是火灾的发生，也有很大的偶然性，认真地分析和研究火灾现场出现的各种偶然现象，对于分析认定起火原因将起到重要作用。

（六）注意抓住重点

在分析认定起火原因时，往往证据和材料众多，起火原因有多种可能，所以要进行深入细致的多方面分析，找出主要矛盾，抓住关键性的问题。在抓住重点突破口时，还要兼顾其他可能性的存在，一旦发现重点确定不准确，就要灵活而又不失时机地改变调查方向，不至于顾此失彼，贻误时机。

第六节　灾害成因分析

一、灾害成因分析的内容

灾害成因分析的内容包括：人的因素对火灾的影响、火灾场所环境因素对火灾的影响和其他有关情况。具体内容包括：

（1）分析人对火灾孕育、发生、发展、蔓延、扩大和火灾结果的影响情况，分析人对火灾影响的积极因素和消极因素。

（2）分析火灾场所建筑物平面、立面及空间布置情况，确定火灾中的烟、气、热、火焰等的蔓延途径、速度和蔓延原因。

（3）分析在火灾热和荷载作用下结构构件全部或部分失去力学性能，从而造成建筑物倒塌、变形的建筑构件，分析其耐火性能。

（4）分析火灾发生时安全疏散通道和安全出口情况，分析认定人员、物资疏散受阻原因。

（5）分析火灾场所中火灾自动报警系统、自动灭火系统、消火栓系统、防火分隔设施、防排烟设施、通风系统、消防电源、应急照明、疏散指示标志灯、灭火器材等消防设施在火灾过程中的表现，确认其是否发挥了预期的作用。

（6）分析火灾场所过火区域内存放可燃物种类、数量、状态、位置等情况，认定它们对火灾蔓延、扩大和火灾结果所起到的影响作用。

（7）分析火灾场所内易燃易爆危险物品种类、数量、状态、位置等情况，认定其对火灾现象和火灾结果产生的影响。

（8）分析阻燃剂、阻燃圈（包）等消防阻燃措施情况，以及它们在火灾中的表现。

（9）其他对火灾产生重要影响的有关情况。

二、灾害成因分析的方法

（一）事故树分析法

事故树分析法又称为故障树分析，是从结果到原因找出与火灾有关的各种因素之间的因果关系和逻辑关系的分析方法。火灾灾害成因分析中，按照熟悉调查对象、确定要分析的火灾结果、确定分析边界、确定影响因素、编制事故树、系统分析等步骤，对灾害成因进行分析，并最终作出认定结论。

灾害成因事故树分析法的具体内容包括：

（1）熟悉调查对象。灾害成因分析首先应详细了解和掌握有关火灾情况的信息，包括火灾发生时间、地点、火灾场所建筑物情况、消防设施情况、可燃物情况、场所的使用情况、火灾蔓延扩大情况、扑救情况、伤亡人员情况等。同时，还可广泛收集类似火灾情况，以便确定影响火灾结果的可能因素。

（2）确定要分析的火灾危害结果（顶上事件）。灾害成因分析所要分析的火灾危害结果可能是严重的人员伤亡、财产损失、火灾面积巨大、起火建筑意外垮塌、同类建筑多次发生火灾等。

（3）确定分析边界。在分析前要明确分析的范围和边界，灾害成因分析，一般把与火灾有直接关系的人、事、物、环境划在分析边界范围内。

（4）确定影响因素。确定顶上事件和分析边界后，就要分析哪些因素（原因事件）与火灾有关，哪些因素无关，或虽然有关，但可以不予考虑。比如，当把某火灾造成重大人员伤亡结果作为顶上事件时，人员疏散逃生受阻很可能成为中间原因事件，在确定基本事件时，会发现尽管疏散人员可能有着性别、体力上的差异，但这些可能对疏散逃生影响甚微，可以不予考虑，但在病房、幼儿园等特殊人群火灾场所，又必须作为重要因素给予关注。

(5) 编制事故树。从火灾的危害结果(顶上事件)开始，逐级向下找出所有影响因素直到最基本事件为止，按其逻辑关系画出事故树。

(6) 系统分析，得出结论。根据火灾具体情况，结合询问、勘验、鉴定、模拟实验等情况，综合分析各个因素对火灾的影响度，并按照影响度大小顺序进行因素排序。

(二) 事件树分析法

事件树分析是从原因推论出结果的(归纳的)系统安全分析方法。按照事故从发生到结束的时间顺序，把对火灾有影响的各个因素(事件)以它们发生的先后次序按照逻辑关系组合起来，通过绘制事件树，并结合调查信息进行综合分析，找到影响火灾的关键因素链。

灾害成因事件树分析法的具体内容包括：

(1) 收集和调查火灾相关信息。这些信息主要包括：建筑物基本情况、消防设施情况、使用情况、火灾基本情况、内部人员情况等，还要找出主要的火灾中间事件。

(2) 对中间事件进行逻辑排列。所谓逻辑排列，就是根据火灾过程的时间顺序，按照中间事件发生的先后关系来排列组合，直到得出火灾结果为止。每一中间事件都按照“成功”和“失败”两种状态来考虑。

(3) 绘制事件树图。在上步骤的基础上，完成事件树的绘制工作。

(4) 综合分析，得出结论。根据调查获得的具体情况，结合询问、勘验、鉴定、模拟实验等情况，综合分析，得出是什么中间事件(影响因素)、怎样影响了火灾的结果。

三、影响灾害成因的因素

(一) 人的因素对火灾的影响

人的活动总是在复杂的系统中进行的，在这样的系统中人是主要因素，起着主导作用，但同时也是安全控制最难、最薄弱的环节。对于火灾的发生虽然不少人认为具有很大的偶然性，但在火灾孕育阶段，人的活动对火灾孕育起着很重要的影响作用。

1. 人的心理对火灾发生的影响

人的心理状态对火灾发生的影响作用巨大。积极的心理会有效地防止火灾发生；相反，消极的心理则很可能会导致火灾发生。在火灾孕育阶段，人的心理通常可以表现为以下四种状态：

(1) 侥幸心理。表现为碰运气，相信自己有能力阻止事故发生，别人不一定发现等心理，行为人不是马虎了事，就是贪图方便，为火灾的发生埋下隐患。侥幸是引发火灾最普遍的心理。

(2) 冒险心理。表现为好胜、逞能、强行野蛮作业等行为。冒险心理者只顾眼前，故意淡化危险后果，而且先前的冒险行为会进一步加强冒险心理。

(3) 麻痹心理。主要表现：习以为常，对重复性的工作满不在乎，凭“老经验”办事而放松警惕等。

(4) 心理挫折。在遭受挫折的状态下，行为人可能会有攻击、压抑、倒退、固执己见和妥协等反应，心理冲突激烈时，会采取极端的行为，从而导致火灾的发生。

对于大多数火灾来说，在人的上述心理和行为的共同作用下，火灾孕育得以完成。

在分析人的因素对火灾的发生产生的影响时，主要应查明行为人的心理状态，分析火灾孕育的过程如何，哪些人参与了火灾孕育过程，他们各自的心理和行为是什么，综合分析人的心理和行为对火灾发生产生的影响等因素。通过调查与走访，弄清行为人的心理状态对火灾孕育所产生的影响作用，可以为今后有针对性地开展消防安全教育活动，消除上述不利心理提供帮助。

2. 人的施救行为对火灾过程的影响

根据火灾发生、发展所处的不同阶段人的施救行为方式不同，人的因素在火灾过程中的影响可以分为发现火灾、报告火警、初期扑救三个阶段。

(1) 发现火灾阶段

发现火灾是人同火灾进行斗争的关键性前提。火灾发生后，一旦不能及时发现，只要环境条件允许，火灾就会自由地发展和蔓延，火灾可能的危害结果也就越大；相反，及时地发现火灾，使人对火灾采取及时有效的控制措施成为可能，火灾的危害结果也可能会减小到最小限度。

火灾发生后，必然会在一定环境空间范围内释放出火灾产物——火焰、光、热、烟、气味、声响等。人发现火灾的过程，就是火灾信息刺激人的感官并引起人判断和证实火灾发生的过程。不同火灾的火灾信息表现特征不同，不同人的感官以及同一人各种感官之间也存在差异，但主要的感官有视觉、听觉、嗅觉和触觉四种途径。

① 视觉途径。视觉途径是火灾信息中的火焰、光、烟等通过刺激人的眼睛，从而引起大脑的反应来判断证实火灾发生的方式。视觉途径通常能够最直接地使人发现火灾，但它同时要求发现人必须是处在能够感受到火焰、光、烟信息的状态下并能给出正确的判断。

② 听觉途径。听觉途径是火灾信息中的声响通过刺激人的听觉，从而引起人的注意来判断证实火灾发生的方式。听觉途径一般较视觉途径晚。这是因为火灾产生让人注意的声音(如木材燃烧的噼啪声音、玻璃遇热炸裂声音、玻璃倒塌掉落的声音等)时，火灾往往已处于猛烈的明火燃烧阶段。但是，因为声音传播和光的传播规律不同，所以人只要处在声音能够到达的距离内，不论他与火场之间是否存在有视觉障碍物，还是能够获得火灾声音信息。因此，人在不能通过其他途径发现火灾的情况下，听觉途径还是相当重要的。

③ 嗅觉途径。嗅觉途径是火灾信息中的气味通过嗅觉刺激，从而引起人的注意来判断证实火灾发生的方式。由于气味是随着空气的流动扩散而传播的，因此如同听觉途径一样，有时人对火灾气味的感知还是比较容易的。对于还没有产生明火燃烧的阴燃，通过嗅觉途径来较早地发现初期火灾，就是很好的一种情形。

④ 触觉途径。触觉途径主要是火灾信息中的热、振动等通过刺激人的感觉，从而引起大脑的反应来判断证实火灾发生的方式。触觉必须依靠接触来实现。因此，通过触觉途径来发现火灾，就要求人必须能够接触到火灾产生的热。尽管人通过这种途径发现火灾的案例相对少见，但对于一些特定情况还是存在的。例如，在一些相对封闭的设备或容器内部着火，人也可能会通过触摸外壁感觉过热而意识到并发现火灾。

在发现火灾阶段，要分析人的施救行为对火灾过程的影响，应当着重了解火灾发现人是在什么时间获得火灾信息的；火灾发现人获得火灾信息时，其自身状态如何；火灾发现人是通过怎样的途径发现和判断火灾发生的；发现火灾时，火灾正处于怎样的阶段以及发展的趋势如何等信息，综合评价火灾发现人在发现火灾阶段对火灾过程的影响。

(2) 报告火警阶段

火灾发现者选择怎样的报警行为，取决于发现者自身、火灾状态以及火灾现场相关情况等因素的诸多影响。发现者报告火警的行为直接影响火灾扑救力量的投入，对火灾控制过程十分重要。要分析报告火警阶段人的因素对火灾过程的影响程度，核心任务就是查明报警时间、报警方式、报警过程以及报警效果，具体内容包括：报警人在什么时间报告的火警，这个时间距离火灾发现时间有多久；报警人通过什么方式报告火警，报警程序存在哪些有利或不利因素；报警的内容是什么，报警后的效果如何；报告火警时，火灾发展的状态。通过以上调查分析，综合评价报警是否及时、报警方式选择是否合理、报警是否达到预期效果等，得出报警情况人的因素对火灾过程的积极影响和消极影响的科学结论。

火灾初期阶段，火势小、燃烧不猛烈、火灾产物数量少。在这个阶段，人能够较容易接近着火处并采取有效措施灭火，这是扑救火灾的最佳时期。一旦初期发现人的扑救行为失败，火灾会发展、蔓延下去，导致严重的危害后果。

(3) 初期扑救阶段

在初期扑救阶段，分析人的因素对火灾过程的影响时应注意以下内容：分析发现人获得火灾信息的时间、发现人所处的状态、发现和判断火灾发生的途径，火灾所处的发展阶段与趋势等内容；对报警情况影响的分析，主要侧重分析报警时间、报警方式、报警过程以及报警效果等情况；对初期扑救影响的分析，应分析初期扑救行为人的基本情况、扑救决定的作出、扑救的方式、初期扑救的效果等内容。

3. 人的逃生行为对火灾结果的影响

在火灾威胁之下，人的逃生行为是影响火灾造成人员伤亡的关键因素。如果行为人表现出非适应性、恐慌、再进入、冒险等行为，在火灾中容易造成较严重的人员伤亡。

(1) 非适应性行为

受火灾威胁时，非适应性行为主要包括忽视适应性行为，或忽视有利于其他人的疏散行为，或忽视对火灾产生的热、烟、火焰的传播与阻挡。没有关门便离开着火房间，从而导致火势迅速蔓延，使其他人处于受威胁的状态之中，这个简单的行为反应就是非适应性行为。但通常的非适应性行为是指不关心其他人，只顾个人从火灾中逃离，造成自己或其他人遭受伤害的行为。

(2) 恐慌行为

受火灾威胁的人可能会表现出惊慌失措，呈现出一种非常行为状态，其显著特征就是恐慌。恐慌行为是非适应性行为的反应。火灾危险被发现及确认后，人在避险本能的支配下，会尽量向远离现场的方向逃逸。群体性恐慌发生后，通常会伴随拥挤、从众、趋光、归巢四种行为，影响人员疏散。恐慌是导致疏散受阻从而造成大量人员伤亡的主要因素。

(3) 再进入行为

火灾统计发现，受火灾威胁人逃离现场时，有部分人会再进入火场，这些人通常完全清楚建筑中发生的火灾及起火位置和烟气扩散的程度。产生再进的心理动机通常是为抢救财物、灭火、检查火势或帮助他人。再进入行为本质上不属于非适应性行为，因为此种行为是行为人在理智的情况下，经过思考在有目的方式下进行的，不具备非适应性行为常有的感情焦虑或自我焦急的特征。

(4) 冒险行为

受火灾威胁的人为了实现避险的目的，明知行为在很大程度上会致不良后果而仍选择该行为。如行为人选择从高空跳下，就是一种最典型的冒险行为。

(二) 火灾场所环境因素对火灾的影响

火灾发生、发展、蔓延、扩大乃至火灾结果的产生都必须依赖于场所环境。不同的火灾场所环境下，火灾产物与危害、蔓延途径与速度、扩大范围与倒塌等情况不同，所造成的火灾结果也就不同。因此，有必要认真分析火灾场所环境因素对火灾的影响，尤其是找到影响火灾结果的环境因素并分析各种因素的影响力，这是灾害成因分析的重要内容。

1. 建筑结构与耐火等级对火灾的影响

建筑物火灾发生频率最高，危害后果也最严重。建筑物火灾发生后，建筑物的耐火程度、内部构造特点、表面构造以及疏散条件均对火灾具有影响作用。

(1) 建筑耐火程度对火灾的影响

整体建筑的耐火程度用耐火等级来描述，它取决于建筑结构构件的耐火极限。建筑构件的耐火极限又由组成构件材料的燃烧性能来决定。按建筑的结构材料不同，可将建筑分为木结构、砖木结构、砖混结构、钢结构、钢混结构、钢与钢混混合结构。建筑结构材料不同，其对火灾发展的影响就不同。例如，用不燃材料建造的墙、楼板、屋顶等，就能有效地阻止火势发展；用难燃材料时，能在一定时间内阻止火势；即使是较薄的可燃木板隔墙或门等，也能在较短时间内阻止火势迅速发展。但是，钢结构虽然由不燃材料组成，却容易在高温作用下发生变形和倒塌，原因在于钢材的导热性能好，且其材料的力学性能随着温度升高而下降非常明显。

建筑耐火程度对降低火灾危害结果的作用，主要体现在：在建筑物发生火灾时，确保其自身在一定的时间内不破坏，不传播火灾，延缓和阻止火势的蔓延；为人们安全疏散提供必要的时间，保证建筑物内人员安全脱险；为消防人员扑救火灾创造条件；为建筑物火灾后修复重新使用提供可能。

(2) 建筑物内部构造特点对火灾的影响

不同结构的建筑物，火灾蔓延的规律和特点也不同，建筑物平面布置、房间容积大小、空心结构的数量和相互连通的情况，以及建筑物立面构造等对火灾蔓延影响较大。

建筑物的平面布置形式很多。不同形式的平面布置，火灾蔓延的规律和特点也不同。例如，通廊式建筑发生火灾后，火势会沿着走廊通道蔓延扩大；单元式建筑物某房间发生火灾后，由于火焰不易突破墙壁和顶棚楼板，火势就被限制在单元内而蔓延迟缓。

大空间场所发生火灾时，通常会发生以下情况：场所空间大，空气充足，燃烧容易猛烈发展；大空间由于建筑跨度大，容易在火灾中较早发生变形或倒塌；当较狭小的空间首先起火时，热气流和火焰便迅速向大空间处流动，或是也随之向大空间场所蔓延。例如，影剧院的舞台起火，往往会迅速向观众厅蔓延。

建筑物的空心结构越多，特别是隔墙与楼板、顶棚等空心结构相互连通，一旦某部位起火，火势就会在空心结构内部蔓延，这对火势扩大是非常有利的，往往造成严重的后果。此外，楼梯间、电梯间或通风空调管网通道等，都是火灾容易蔓延的途径。

(3) 建筑物表面构造特点对火灾的影响

建筑物内部起火，能否很快引起建筑外部起火，能否引起临近建筑起火甚至火烧连营，与建筑物表面构造特点关系密切。

当火灾在本体建筑由内部向外部及上部蔓延时，主要受以下因素影响：建筑物立面上窗口是否上下对应；窗子材料的燃烧性能；下部窗口上沿至上部窗口下沿的距离；起火建筑物屋面是否垮塌或被火烧穿等。建筑物上下层窗间距小，窗口位置上下对应，则下层火焰容易通过窗口向上层蔓延；屋面垮塌或被火烧穿，则导致火焰突破建筑向外部延伸。

建筑物内部起火，能否很快引起建筑外部起火，能否引起临近建筑起火，取决于邻近建筑与起火建筑的距离，邻近建筑外表材料的燃烧性能情况等。建筑间距越小，邻近建筑表面可燃物越多，则越容易被引燃。

(4) 建筑疏散条件对火灾的影响

建筑疏散条件的好坏，决定建筑发生火灾后，内部受威胁人员和财产的疏散与救助。建筑发生火灾后，内部受威胁人员和财产等，都需要依赖建筑的疏散条件来脱离危险。安全疏散通道是否畅通、距离是否合理；建筑外侧简便楼梯是否被占用或被封锁；安全出口是否畅通、数量是否满足；建筑与外界相联系的窗子、阳台、楼顶平台等是否被人为设置了防盗网(栏)、广告牌等，都会直接影响人员和财产的疏散与救助。

2. 建筑内可燃物状况对火灾的影响

建筑物内可燃物状况，通常用火灾荷载来描述。火灾荷载是指在一个空间里所有物品包括建筑装修材料在内的总潜热能。建筑物内火灾荷载密度大，则火灾发生的概率大，燃烧猛烈，火灾温度高，对建筑构件的破坏作用大，火灾蔓延越容易，火灾危害结果也越严重。

需要注意的是，火灾荷载大小只是从宏观上间接地反映了场所火灾危险性的大小。事实上，场所内可燃物的种类、数量、状态、分布位置等具体情况，对火灾发生、火灾过程和火灾结果的影响才是直接而又具体的。

(1) 可燃物种类对火灾的影响

从可燃物种类上看，可燃物的自燃点越低，越易起火；可燃物热能含量越高、热释放速率越大，火灾越猛烈并容易蔓延；可燃物燃烧发烟量和发烟速率直接影响着火灾场所的能见度；可燃物燃烧产物的毒性、窒息性、腐蚀性等对人员可能造成伤害。

(2) 可燃物数量对火灾的影响

从可燃物数量上看，对于同一个场所而言，同类可燃物的数量越多，火灾荷载密度越大。发生火灾时，大的火灾荷载密度使火势更容易蔓延；火势蔓延使有效火灾荷载不断增大；有效火灾荷载的增大意味着有效火灾荷载密度的增大，而有效火灾荷载密度的增大又意味着火灾场所温度的升高，高的火场温度又为扩大有效火灾荷载提供了条件。这样，火灾场所就陷入了火灾蔓延的恶性循环。

(3) 可燃物存在状态对火灾的影响

从可燃物存在的状态来看，同一可燃物在不同状态下对火灾的影响也是有差别的。例如，木桌不易被火柴点燃，但木材的刨花就非常容易被点燃。又如，松散的棉花易起明火并蔓延迅速，而被捆扎得很结实的棉花包就不易起明火，而是阴燃发出大量的烟，火灾蔓延的速度就慢。对于同一可燃物而言，以固定荷载形式存在比可移动荷载形式危害大；比表面积越大，危害越大。一般说来，固态可燃物、液态可燃物和气态可燃物的火灾危险性依次升级。

(4) 可燃物分布对火灾的影响

从可燃物分布位置来看，在走廊、楼梯间、房间门口、建筑物出口，以及分布在疏散区域吊顶上的可燃物一旦着火，会严重影响人员的安全疏散；门口、窗口等孔洞附近，楼梯间或建筑竖向未分隔封闭的管道井、电缆井等处的可燃物，会使火灾迅速横竖向蔓延，使火灾很容易扩展到着火楼层以上的各个楼层；建筑物之间存放的大量可燃物，还可能导致火灾从着火建筑向邻近建筑的蔓延等。

3. 建筑消防设施状况对火灾的影响

完善的建筑消防设施对建筑抵御火灾的能力有着积极的正面影响，火灾发生后，有的设施能及时发现火灾并报警，有的能自动灭火，有的将火灾及其产物尽量控制在一定区域内，有的设施为人员逃生提供了便利，它们的存在都为抵御火灾、降低火灾危害发挥着重要作用。

建筑消防设施器材主要包括：火灾自动报警系统、消防自动灭火系统、防火分隔设施、防烟设施、通风系统、消防电源、应急照明与疏散指示标志设施、建筑消火栓系统、灭火器材等。对于起火建筑而言，该建筑消防设施是否设置完备，是否具有良好的可靠性和有效性，将直接影响建筑抵御火灾的能力，并影响火灾过程和火灾结果。

(1) 火灾探测与报警设施

火灾自动报警系统本身并不直接影响火灾的自然发展过程，其主要作用是及时将火灾信息通知有关人员，以便组织灭火或准备疏散，同时通过联动系统启动其他消防设施以灭火或控制烟气蔓延。

不同的火灾物理特征和相应的信号处理方法不同，不同传感器的火灾探测器差异也很大，主要有感温火灾探测器、感烟火灾探测器、火焰探测器、气体火灾探测器等几种常见的火灾探测器。这些火灾探测器通过探测火灾的物理特征，如温度、烟尘、火焰的电磁辐射以及火灾气体产物等，来判断和确认火灾，发出火灾报警信号。然而，每一种火灾探测器并不能保证在任何时候、任何地点不出现差错或问题，因此，火灾发生后对火灾探测器和火灾探测系统的可靠性进行综合分析评估就十分有必要。

(2) 控制与灭火设施

接到火灾报警信息后，有些消防系统可以自动或通过人工手动等方式开始动作，来控制火灾蔓延、排除火灾烟气或扑灭火灾，这些系统或设施包括自动灭火系统、防烟排烟系统、防火卷帘、防火门(窗)、挡烟垂壁、消防水幕、阻火圈(包)设施等。

上述系统或设施若没有发挥预期的作用，则会导致火灾自由蔓延，扩大火灾范围，造成严重的火灾后果。这些情况存在的原因可能是：防火卷帘下方堆放物品，火灾时不能正常下降到位；常闭式防火门(窗)被人为控制在敞开状态，火灾时不能正常发挥作用；消防水幕损坏、瘫痪；阻火圈(包)脱落、失效等；机械排烟设施故障；挡烟垂壁损坏；防烟楼梯间的门被阻挡不能关闭等。此外，如消防电源不正常供电，自动灭火系统不正常启动，灭火剂供应不足，水喷淋系统的喷淋头安装位置不当或被遮挡，采用气体灭火系统的场所火灾时不能密闭，建筑消火栓系统无水或水压不足，消防水带、水枪破损、丢失，灭火器失效等情况的存在，也会妨碍及时有效的扑灭火灾，造成火灾的蔓延扩大。

(3) 应急照明与疏散指示标志设施

火灾发生后，正常供电的中断、火灾烟气的干扰，使人员疏散、物资抢救活动受到极大影响。此时，必须解决火灾时的应急照明问题，并设置指示标志以有效引导人员疏散。火灾发生后，应急照明与疏散指示标志若未正常发挥预期的作用，则应着重分析是否存在以下问题：应该安装应急照明与疏散指示标志设施的建筑场所没有安装；虽安装了这些设施，但安装数量不足，位置不正确、不合理；因长期缺乏检修、维护而陷于损坏状态，例如非火灾时未充电;设施产品本身存在质量问题,例如照度不够或持续时间过短等。

4. 易燃易爆危险物品对火灾的影响

易燃易爆危险物品对火灾的影响,主要是由其燃点低、热值大、易爆炸的特点决定的。燃点低,使它们容易参与到火灾中来;热值大,使火灾现场有效火灾荷载激增;易爆炸,使火灾瞬间蔓延、扩大,不易控制,直接威胁建筑结构和人身安全。

(1) 爆炸冲击波对火灾的影响

冲击波的破坏作用与爆炸点的距离远近有关。距离越近,冲击波的破坏作用就越大;反之,距离越远,影响就越小。爆炸冲击波的作用,可能对火场有如下影响:冲击波将燃烧着的或高温物质向四周抛散,这些物质如果接触到合适的可燃物,就会引起新的起火点,造成火灾范围扩大,增加火场有效火灾荷载;冲击波机械力作用,破坏了一些结构构件的保护层,保护层脱落使可燃物暴露,降低了构件的耐火极限,威胁了建筑安全;足够大的冲击波,会使建筑结构发生局部变形或倒塌,使火灾蔓延途径变化,蔓延扩大,甚至突破着火建筑本身;倒塌还意味着灾难性后果。冲击波可能会使炽热的火焰穿过缝隙等不严密处,引起某些设备或结构内部的易燃物着火;火场中原来沉积的某些粉尘可能在冲击波作用下被扬起,与空气形成新的爆炸性混合物,发生再次爆炸或多次爆炸。另外,冲击波还可能会直接给人体造成伤害。

(2) 爆炸热对火灾的影响

爆炸对火灾的另一个重要影响因素是热。爆炸产生的大量热,会把爆炸周围区域内的一些低燃点的易燃物在瞬间点燃,使爆炸场所有效火灾荷载密度激增。爆炸热还能使区域内灭火人员或被困人员的皮肤或呼吸系统受到伤害。

(三) 其他因素对火灾的影响

1. 气象条件对火灾的影响

(1) 气温、雨(雪)、雷电等对火灾的影响

气温对火灾的影响,主要体现在两个方面。一方面,气温越低,火灾烟气温度与环境温差就越大,火场上热气流上升和冷空气进入的速度就越快,气体对流的增强,使燃烧更猛烈,助长了火势蔓延;另一方面,气温越高,可燃物温度越高,就越容易起火。温度对自燃火灾的影响是显而易见的。

雨(雪)使得一些表面容易起火的火灾得以避免。例如用草、木、竹、毡等易燃材料搭建的房屋,久旱无雨则容易着火。另外,雨(雪)还能降低燃烧强度,阻碍火势发展,较大的雨(雪)有时帮助人们扑灭了露天火灾。但在某些情况下,对于某些自燃物质(如稻草)或遇水会发生剧烈放热反应的某些化学物质(如钠),雨(雪)也会成为创造火灾条件的一个因素。

雷电对火灾最直接的影响就是会引发雷击火灾。

(2) 大风对火灾的影响

火场上,往往由于风向的改变,而使火势蔓延方向发生变化。特别对于室外火灾,风对火势的影响更为明显。当风吹向建筑时,在建筑物表面周围形成压力差,在压力差作用下,建筑物背风处形成马蹄形旋风区域。部分火灾产物在旋风区域内的循环流动,使该区域内的可燃物被点燃。同时,风对燃烧材料和燃烧产物的机械作用,会使火种飘移到下风方向,遇到合适的可燃物就会形成新的起火点。可见,风不仅可以使本来的燃烧更猛烈,还可能会促成新的燃烧——火灾空间范围上的扩大,这对火灾结果有时具有关键性的影响。

2. 扑救力量对火灾的影响

在分析扑救力量对火灾的影响时，应注意以下内容：

(1) 消防规划情况

是否按照规划应该设置消防站而没有设置，消防站距离火灾发生地距离、道路状况是否影响了消防人员尽快到达，消火栓等市政公共消防基础设施是否满足了灭火作战的需要。

(2) 扑救情况

消防站在人员力量、装备配置、信息调度等方面是否存在影响灭火救援的因素；扑救火灾及救助人员方面是否存在战略、战术上的失误。

思 考 题

1. 火灾事故调查分析有哪些方法？有什么要求？
2. 如何分析认定火灾性质？
3. 如何综合分析认定起火部位和起火点？
4. 如何综合分析认定起火原因？
5. 火灾灾害成因分析的内容有哪些？

第六章　火灾损失统计

【学习目标】

1. 了解火灾统计的原则。
2. 熟悉火灾统计的范围、火灾损失统计的要求及相关概念。
3. 掌握火灾损失统计的工作程序、分类、技术方法及选择原则。

火灾损失是指火灾导致的直接经济损失和人员伤亡。火灾损失统计是《消防法》赋予公安机关消防机构的一项重要的工作职责，是公安机关消防机构总结、分析和研究火灾发生规律、特点的重要依据。火灾损失统计资料又是研究火灾发生、发展和变化规律，制定消防法规和防火对策，进行科学消防管理的基础性资料，也是进行防火安全宣传、教育人民群众的好材料。

第一节　概　　述

火灾损失是描述火灾的重要指标，是火灾统计的重要内容，也是分析揭示火灾规律重要依据之一。火灾损失统计需依据相关的法律、法规和标准并由火灾事故调查人员严格按程序进行。火灾损失统计的数据要逐级上报，为各级公安机关消防机构研究火灾发生、发展和变化规律，制定消防法规和防火对策提供科学依据。

一、火灾损失统计的原则

火灾损失统计工作总的原则是依据《中华人民共和国统计法》的有关规定进行的。凡发生火灾后隐瞒不报，故意拖延报告期限，故意伪造、篡改统计账目，干扰阻碍火灾统计调查，或者无正当理由拒绝提供有关情况资料的，公安机关消防机构将依照《中华人民共和国统计法》的有关规定追究其法律责任。

火灾报警、火灾事故调查涉及千家万户、各行各业。因此，作为国家机关、社会团体、企事业组织和个体工商户等火灾损失统计调查对象，必须依照《中华人民共和国统计法》以及其他相关法规，如实提供火灾损失统计资料，不得虚报、瞒报、拒报、迟报，不得伪造、篡改。这是广大社会成员都应明确的火灾损失统计的法律责任和义务。

火灾损失统计的具体原则，是依照属地管理的原则，这也是从公安派出所到县(区)、市(地)等各级公安机关消防机构的火灾损失统计职责。省(自治区、直辖市)、市(地、盟)、县(区、旗)、乡镇的火灾损失统计工作，分别由各级公安部门负责，行使相应的管理监督职能；接受地方公安部门监督的单位发生火灾，由所在地公安部门负责统计。当地公安机关下设消防机构的由公安机关消防机构承担损失统计任务;未设消防机构的,可责成公安机关所属治安部门承担火灾统计任务。

二、火灾统计的范围

根据《火灾统计管理规定》的要求,火灾不论大小,均列入火灾统计范围。除此之外,有些情况也列入火灾统计范围:

(1) 易燃易爆化学物品燃烧爆炸引起的火灾。

(2) 破坏性试验中引起非试验体的燃烧。

(3) 机电设备因内部故障导致外部明火燃烧或者由此引起其他物件的燃烧。

(4) 车辆、船舶、飞机以及其他交通工具的燃烧(飞机因飞行事故而导致自身燃烧的除外),或者由此引起其他物件的燃烧。

凡在火灾和火灾扑救过程中因烧、摔、砸、炸、窒息、中毒、触电、高温、辐射等原因所致的人员伤亡列入火灾伤亡统计范围。其中死亡以火灾发生后七天内死亡为限,伤残统计标准按国家人力资源和社会保障部的有关规定认定。

三、火灾损失统计工作程序

根据公安部《火灾事故调查规定》第二十八条规定,火灾损失统计内容为火灾直接经济损失和人员伤亡情况。

(1) 受损单位(个人)于火灾扑灭之日起七日内向负责火灾事故调查的公安机关消防机构如实申报火灾直接财产损失,并按要求填写"火灾直接财产损失统计申报表"(表 6-1),并附有效证明材料。

(2) 公安机关消防机构经过火灾现场调查核实后,按照公安部《火灾损失统计方法》(GA 185—2014)所规定的火灾直接经济损失和人身伤亡统计方法对火灾损失进行科学统计汇总。

在调查核实过程中,下列能出具法律效力鉴定文本的部门或具有法定资质的社会中介所出具的相关证明材料是可接受的:

① 地方政府价格主管部门设立的价格认证机构;

② 文物主管部门设立的文物鉴定机构;

③ 建设主管部门设立的房屋质量安全鉴定检测机构;

④ 园林主管部门设立的园林工程预算机构;

⑤ 依法设立的伤残鉴定机构;

⑥ 古玩珠宝评估机构;

⑦ 会计师事务所、律师事务所;

⑧ 保险公司;

⑨ 各类公估机构等。

下列具有法律效力的数据是可采信的:

① 安全生产监督管理部门提供的火灾人身伤亡所支出的费用;

② 医疗机构提供的医疗费、延长医疗天数;

③ 民政部门提供的丧葬及抚恤费、补助及救济费;

表 6-1 火灾直接财产损失统计申报表

受损单位(印章)/个人:________________ 地址:________________

<table>
<tr><td colspan="6">以下由受损单位(个人)填写</td><td colspan="5">以下由公安机关消防机构填写</td></tr>
<tr><td rowspan="12">建构筑物及装修</td><td>序号</td><td>建筑结构及装修名称</td><td>烧损面积/m^2</td><td>建造时价格/元</td><td>已使用时间/年</td><td>折旧年限/年</td><td>烧损率/%</td><td>烧损面积/m^2</td><td>重置价值或修复费/元</td><td>统计损失/元</td></tr>
<tr><td></td><td></td><td></td><td></td><td></td><td></td><td></td><td></td><td></td><td></td></tr>
<tr><td></td><td></td><td></td><td></td><td></td><td></td><td></td><td></td><td></td><td></td></tr>
<tr><td></td><td></td><td></td><td></td><td></td><td></td><td></td><td></td><td></td><td></td></tr>
<tr><td></td><td></td><td></td><td></td><td></td><td></td><td></td><td></td><td></td><td></td></tr>
<tr><td></td><td></td><td></td><td></td><td></td><td></td><td></td><td></td><td></td><td></td></tr>
<tr><td></td><td></td><td></td><td></td><td></td><td></td><td></td><td></td><td></td><td></td></tr>
<tr><td></td><td></td><td></td><td></td><td></td><td></td><td></td><td></td><td></td><td></td></tr>
<tr><td></td><td></td><td></td><td></td><td></td><td></td><td></td><td></td><td></td><td></td></tr>
<tr><td></td><td></td><td></td><td></td><td></td><td></td><td></td><td></td><td></td><td></td></tr>
<tr><td colspan="5">申报损失小计 元</td><td colspan="5">统计损失小计 元</td></tr>
<tr><td rowspan="11">设备及其他财产</td><td rowspan="2">序号</td><td rowspan="2">名称</td><td rowspan="2">数量</td><td rowspan="2">购进时单价/元</td><td rowspan="2">已使用时间/年</td><td rowspan="2">折旧年限/年</td><td rowspan="2">烧损率/%</td><td colspan="2">重置价值/元</td><td rowspan="2">统计损失/元</td></tr>
<tr><td>单价</td><td>数量</td></tr>
<tr><td></td><td></td><td></td><td></td><td></td><td></td><td></td><td></td><td></td><td></td></tr>
<tr><td></td><td></td><td></td><td></td><td></td><td></td><td></td><td></td><td></td><td></td></tr>
<tr><td></td><td></td><td></td><td></td><td></td><td></td><td></td><td></td><td></td><td></td></tr>
<tr><td></td><td></td><td></td><td></td><td></td><td></td><td></td><td></td><td></td><td></td></tr>
<tr><td></td><td></td><td></td><td></td><td></td><td></td><td></td><td></td><td></td><td></td></tr>
<tr><td></td><td></td><td></td><td></td><td></td><td></td><td></td><td></td><td></td><td></td></tr>
<tr><td></td><td></td><td></td><td></td><td></td><td></td><td></td><td></td><td></td><td></td></tr>
<tr><td></td><td></td><td></td><td></td><td></td><td></td><td></td><td></td><td></td><td></td></tr>
<tr><td colspan="5">申报损失小计 元</td><td colspan="5">统计损失小计 元</td></tr>
<tr><td colspan="6">申报损失总计 元</td><td colspan="5">统计损失总计 元</td></tr>
<tr><td colspan="6">受损单位(个人)填表人(签名):
申报日期: 年 月 日
受损单位(个人)联系人:
联系电话:</td><td colspan="5">统计单位:
统计人(签名): 年 月 日
审批人(签名): 年 月 日</td></tr>
</table>

说明:1. 受损单位(个人)应当于火灾扑灭之日起七个工作日内向火灾发生地的县级公安机关消防机构如实申报火灾直接财产损失,并附有效证明材料。一个单位(个人)一表。

2. 需要文字说明的事项可附页载明。

④ 依法设立的价格认证机构出具的火灾直接财产损失数据等。

(3) 公安机关消防机构根据火灾直接财产损失和人员伤亡统计情况填写“火灾损失统计表”(表 6-2)。

表 6-2　　　　(此处印制公安机关消防机构名称)

火灾损失统计表

<table>
<tr><td>起火单位
（个人）</td><td colspan="3"></td><td>报警时间</td><td></td></tr>
<tr><td>起火地址</td><td colspan="5"></td></tr>
<tr><td>序号</td><td>受损单位
（个人）</td><td>建构筑物及
装修损失/元</td><td>设备及其他
财产损失/元</td><td>文物建筑
损失/元</td><td>损失
合计/元</td></tr>
<tr><td></td><td></td><td></td><td></td><td></td><td></td></tr>
<tr><td></td><td></td><td></td><td></td><td></td><td></td></tr>
<tr><td></td><td></td><td></td><td></td><td></td><td></td></tr>
<tr><td></td><td></td><td></td><td></td><td></td><td></td></tr>
<tr><td></td><td></td><td></td><td></td><td></td><td></td></tr>
<tr><td></td><td></td><td></td><td></td><td></td><td></td></tr>
<tr><td></td><td></td><td></td><td></td><td></td><td></td></tr>
<tr><td></td><td></td><td></td><td></td><td></td><td></td></tr>
<tr><td rowspan="4">直接经济
损失统计</td><td>直接财产损失/元</td><td colspan="4"></td></tr>
<tr><td>人身伤亡后所
支出的费用/元</td><td colspan="4"></td></tr>
<tr><td>善后处理费用/元</td><td colspan="4"></td></tr>
<tr><td>总计/元</td><td colspan="4"></td></tr>
<tr><td colspan="2">人员伤亡情况</td><td>死亡　　人</td><td>重伤　　人</td><td colspan="2">轻伤　　人</td></tr>
<tr><td colspan="3">统计人(签名)

年　月　日</td><td colspan="3">审批人(签名)

年　月　日</td></tr>
</table>

注:此文书由公安机关消防机构存档。

(4) 统计人将“火灾直接财产损失申报统计表”、“火灾损失统计表”连同有关证明材料一并报公安机关消防机构行政主管审批。

(5) 将火灾损失统计的有关表格附卷存档。

各省、自治区、直辖市公安厅、局、铁道、交通、民航公安局须在每月 12 日以前将上月火灾数据报公安部消防局。全年的火灾数据(含补报)在次年的 1 月 12 日以前上报。

军队、矿井地下部分的主管部门,于当年 7 月和次年 1 月,向公安部消防局上报半年和全年的火灾数据。

军队、矿井地下部分发生特大火灾，其主管部门应当及时将有关情况报公安部消防局。

国家重点文物保护单位、国家重点建设项目发生火灾，直接财产损失虽不足100万元，但政治、经济影响较大的，也按以上方法进行上报。

第二节 火灾损失统计方法

火灾损失统计包括火灾直接经济损失和人身伤亡。其中，火灾直接经济损失是指火灾导致的直接财产损失、火灾现场处置费用、人身伤亡所支出的费用之和。人身伤亡是指在火灾扑灭之日起七日内，人员因火灾或灭火救援中的烧灼、烟熏、砸压、辐射、碰撞、坠落、爆炸、触电等原因导致的死亡、重伤和轻伤。

一、火灾损失统计分类

（一）火灾直接经济损失分类

火灾直接经济损失包括火灾直接财产损失、火灾现场处置费用、人身伤亡所支出的费用。

火灾直接财产损失是指财产（不包括货币、票据、有价证券等）在火灾中直接被烧毁、烧损、烟熏、砸压、辐射以及在灭火抢险中因破拆、水渍、碰撞等所造成的损失。火灾直接财产损失统计应遵循以下原则：

（1）统计火灾直接财产损失时，可根据现场损失物情况划分不同单元，选择相应的统计技术方法进行计算。

（2）对损失价值相对较小的，或统计成本大于损失的，或杂乱零散无法区分的损失物，可不分类别、不分件数进行总体估算。

（3）对文物建筑、珍贵文物、国家保护动植物、私人珍藏品等真伪鉴别难度较大、损失价值计算较难的以及社会影响大的火灾，可组织专家组或委托专业部门对其损失进行评估；亦可用文字描述的方式统计损失物的名称、类型、数量等。

（4）财产损失计算中的价格取值原则如下：

① 对实行政府定价（包括工程定额）的商品、货物或其他财产，按政府定价计算；

② 对实行政府指导价的商品、货物或其他财产，按照规定的基准价及其浮动幅度确定价格；

③ 对实行市场调节价的商品、货物或其他财产，参照同类物品市场中间价格计算；

④ 对生产领域中的物品，如成品、半成品、原材料等，按成本取值；

⑤ 对流通领域中的商品，按进货价取值；

⑥ 对使用领域中的物品，按市场价取值。

（5）对无法统计的损失物可不做损失价值统计或仅做文字、图片描述。如：火灾湮灭的物品或因火灾烧损、烟熏、砸压、水渍等作用致使损失物无法辨认等。

（6）其他损失可参照类似财产统计。

火灾现场处置费用是指灭火救援费（包括：灭火剂等消耗材料费、水带等消防器材损耗费、消防装备损坏损毁费、现场清障调用大型设备及人力费)及灾后现场清理费。其中,灭火救援费只统计公安机关消防队、政府专职消防队、单位专职消防队和志愿消防队在灭火救援中的灭火剂等消耗材料费、水带等消防器材损耗费、消防装备损坏损毁费和清障调用大型设备及人力费。灾后现场清理费只统计灾后第一次清理现场的费用。

人身伤亡所支出的费用按照《企业职工伤亡事故经济损失统计标准》的有关规定统计。

火灾直接经济损失统计分类如表 6-3 所列。火灾直接经济损失分类界定范围如表 6-4 所列。

表 6-3　　火灾直接经济损失统计分类

大类	中类	小类
火灾直接财产损失	建筑类损失	建筑构件损失
		设施设备损失
		房屋装修损失
	装置装备及设备损失	—
	家庭物品类损失	家电家具等物品损失
		衣物杂品损失
	汽车类损失	—
	产品类损失	—
	商品类损失	—
	保护类财产损失	文物建筑损失
		珍贵文物损失
		保护动植物损失
	其他财产损失	贵重物品损失
		图书期刊损失
		低值易耗品损失
		城市绿化损失
		农村堆垛损失
火灾现场处置费用	灭火救援费	灭火剂等消耗材料费
		水带等消防器材损耗费
		消防装备损坏损毁费
		清障调用大型设备及人力费
	灾后现场清理费	—
人身伤亡所支出的费用	医疗费(含护理费用)	—
	丧葬及抚恤费	—
	补助及救济费	—
	歇工工资	—

注:“—”表示此项无要求。

表 6-4　**火灾直接经济损失分类界定范围**

损失类别	界定范围
建筑构件损失	在建、在用建筑的构件损失，如：梁、柱、楼板、墙体、门、窗等损失。 不包括古建筑损失
设施设备损失	工业、民用建筑中供水、供电、供暖、空气调节、通信、消防等设施设备损失
房屋装修损失	工业、民用建筑中室内外装修损失
装置装备及设备损失	各种生产线、机械设备、特种设备[如：场(厂)内专用车辆、吊车等]、化工装置、各种储罐、电子设备、医疗设备、机电设备、大型农机具、轨道车等损失。 不包括家用电器和汽车损失
家庭物品类损失	家电家具等物品、衣物杂品等损失。 不包括家庭住宅、家用汽车、家庭贵重物品、农村家庭小粮仓及秸秆堆垛财产损失。家庭住宅损失按建筑类损失统计，家用汽车损失按汽车类损失统计，家庭贵重物品损失按贵重物品类损失统计，农村家庭小粮仓及秸秆堆垛损失按农村堆垛损失统计
家电家具等物品损失	家用电器、家具、乐器、健身器械等较大件的家庭财产损失。 不包括红木家具、乐器收藏品等贵重物品损失。红木家具等物品损失归贵重物品类损失
衣物杂品损失	家庭中使用的衣裤鞋帽、炊具餐具、挂件摆件、文具玩具、粮油食品、化妆品、床上用品等家庭日常生活用品的损失
汽车类损失	除场(厂)内专用车辆及吊车之外的所有汽车、电动汽车等损失，如轿车、客车、货车等损失。 汽车制造厂成品车按产品类损失统计
产品类损失	农业类(养殖、种植、畜牧、林木、草原等)和工业类(重工业、轻工业、化工工业、手工业等)在生产过程中的成品、半成品、在产品、原材料等财产(含企业库存)以及汽车制造厂成品车等损失。 不包括建筑产品，建筑产品按建筑类损失统计
商品类损失	商业流通领域的物品(含商业库存)损失。包括零售百货、装修材料、原材料、燃料、4S 店仓储车辆等损失。 不包括商品房损失
文物建筑损失	被县、市级以上人民政府(含县、市级)列为文物保护单位的古建筑，古建筑组、群，纪念建筑等损失
珍贵文物损失	文化部《文物藏品定级标准》规定的三级以上(含三级)可移动的珍贵文物等损失
保护动植物损失	国家级保护的动物、植物等损失
贵重物品损失	古玩等收藏品、金银制品、珠宝、红木家具、美术工艺品等贵重物品损失
图书期刊损失	图书、期刊、资料等损失
低值易耗品[a] 损失	不能作为固定资产的各种用具物品，如工具、管理用具、玻璃器皿、劳动保护用品，以及在经营过程中周转使用的容器等损失
城市绿化损失	城市中的苗圃、草圃、花圃等苗木及公园、道路绿化用树木、花草等财产损失
农村堆垛损失	农村家庭小粮仓及存放的麦秸、高粱秸、玉米秸等秸秆堆垛火灾损失
灭火剂等消耗材料费	公安机关消防队、政府专职消防队、单位专职消防队和志愿消防队在灭火救援过程中使用的灭火剂、水、汽油、柴油、电池用电量等消耗的材料费用

续表 6-4

损失类别	界定范围
水带等消防器材损耗费	公安机关消防队、政府专职消防队、单位专职消防队和志愿消防队在灭火救援过程中使用的水带、手套等器材损毁费用
消防装备损坏损毁费	现场用的各种消防车辆、水泵及其他装备因灭火救援造成的损毁损坏的费用
清障用大型设备及人力费	现场因抢险调用清障车、吊装车等设备费用以及雇佣人力清障搬运等费用
灾后现场清理费	对火灾扑灭后的现场进行清理的全部费用,包括人工、设备租赁折损等费用
人身伤亡所支出的费用	因火灾引起的人身伤亡后所支出的医疗费(含护理费用)、丧葬及抚恤费、补助及救济费、歇工工资等。参照 GB/T 6721 的有关规定执行
医疗费(含护理费用)	统计之日前的医疗费和统计之日后估算的医疗费。参照 GB/T 6721 的有关规定执行
丧葬及抚恤费	丧葬补助金、供养亲属抚恤金和一次性死亡补助金。参照 GB/T 6721 的有关规定执行
补助及救济费	一次性伤残补助金、伤残津贴、一次性医疗补助金、伤残就业补助金和伤者医疗的交通食宿费。参照 GB/T 6721 的有关规定执行
歇工工资	统计之日前的歇工工资和统计之日后估算的歇工工资。参照 GB/T 6721 的有关规定执行

注:[a]低值易耗品的特征是单位价值较低,使用期限相对于固定资产较短,易损耗。

(二) 人身伤亡分类

人身伤亡分为死亡、重伤和轻伤三类。重伤、轻伤按《人体损伤程度鉴定标准》进行判定。

自火灾扑灭之日起 7 日内,因火灾或灭火救援中的烧灼、烟熏、砸压、辐射、碰撞、坠落、爆炸、触电等原因导致的死亡、重伤和轻伤人数应作为人体伤亡统计范围。人身伤亡统计应当以医疗机构出具的死亡证明书、检验鉴定机构出具的尸体检验、人身伤害医学鉴定结果等作为统计依据。

二、火灾损失统计的要求

(1) 统计火灾直接经济损失时,应按火灾直接财产损失、火灾现场处置费用和人身伤亡所支出的费用分类统计。

(2) 统计伤亡人数时,应按死亡、重伤和轻伤分别进行统计。

(3) 火灾损失应以人民币货币作为计量货币,单位为元。其财产损失以外币核算的,外币应按失火当日中国人民银行人民币兑换牌价的现钞买入价折算成人民币。

(4) 统计中所依据的相关证明材料应当是能出具法律效力鉴定文本的部门或具有法定资质的社会中介所出具的相关证明材料。

(5) 统计中所采信的数据应当是具有法律效力的数据。

三、损失物识别方法

(一) 直观判定

统计人员到现场进行勘验,通过直观辨识和清点,确定因在火灾中直接被烧毁、烧损、烟熏、砸压、辐射、爆炸以及在灭火救援中因破拆、水渍、碰撞等受损的物品名称、数量及类别。

（二）证据推定

借助账本、视频资料和现场痕迹等证据，结合现场调查，确定损失物名称、数量及类别。

（三）现场核对

用当事人提供的有效证明材料及其上报的损失物名称、数量及类别进行现场复核性验证。

（四）同类比对

与相类似的对象（企业、厂房、仓库、商铺、家庭等）做参照对比，结合现场调查，确定损失物总量。

（五）最大量判别

依据损失物数量不能超过一定总量的原则，确定最大量；再根据现场残留痕迹，推断损失物占最大量的比例，估算出损失物数量或价值。如：库房最大库存量。

（六）案例比照

比照相同或相似案例确定损失物总量。

四、火灾损失统计技术方法及选择原则

（一）火灾损失统计技术方法

1. 调查验证法

对受损单位（个人）申报的火灾直接财产损失进行调查验证。经验证，申报数据中主要损失物（贵重的、大件的）的名称、型号、数量、价值基本符合事实，按申报数据统计；基本不符合事实的，选择其他方法。验证方式有：

(1) 有效证明材料（包括各种票据）复核。

(2) 询问当事人、证人。

(3) 现场勘验等。

2. 总量估算法

先估算损失物灾前财产总量价值，再通过损失程度估算一个损失百分比，两者相乘结果即为这些损失物的损失值。

3. 实际价值法

对灭火救援中损耗损毁的物品（如灭火剂、燃料、水带等）按当时当地实际价值统计；对灭火救援中调用大型设备、人力雇佣以及灾后清理现场等费用按实际发生额统计。

4. 重置价值法

重置价值法适用于计算建筑构件、房屋装修、设备设施及装置（包括储罐）、汽车、城市绿化以及家庭中家电家具等物品损失。重置价值法的计算见下式：

$$L_r = V_r \times R_r \times R_d$$

式中 L_r——损失额；

V_r——重置价值；

R_r——成新率；

R_d——烧损率。

重置价值是指重新建造或重新购置财产所需的全部费用。重置价值确定方法如下：

(1) 对于在用建筑，其重置价值是受灾时该建筑在当地重新建造的每平方米工程造价与受灾面积的乘积；在建建筑，其重置价值是受灾时该建筑已经投入的每平方米工程造价与

受灾面积的乘积。

(2) 房屋装修重置价值按当地失火时实际投工投料的现行市场价格计算。

(3) 设备设施及装置(包括储罐)和家电家具等物品的重置价值按当地当时相同商品的市场购置价格取值;市场没有相同商品,按相类似商品的市场购置价格取值;在市场上找不到相同或相类似的商品,重置价值取其原值。

(4) 城市绿化重置价值按当地当时城市绿化工程预算计算。在计算城市绿化类损失时,只计算被损坏的绿化部分的重置价值,其成新率和烧损率的取值均为1。

成新率是指灾前财产的现行价值与其全新状态重置价值的比率,反映灾前建筑、设备等财产的新旧程度,成新率按下式计算:

$$R_r = k \times (L_t - Y_u)/L_t \times 100\%$$

式中 L_t——总使用年限,按表6-5或表6-6取值;

Y_u——已使用年限;

k——调整系数,通常取1,表6-6中带"*"号的物品按表6-7取值。

表6-5 建筑类总使用年限参考值 单位:年

工程结构类型	示　例	总使用年限
房屋建筑结构(包括生产、经营用房、居民住宅、公共建筑等建筑)	临时性建筑结构	5
	易于替换的结构构件	25
	普通房屋	50
	标志性建筑和特别重要的建筑结构	100
房屋装修	办公、居民用房装修	10
	宾馆、饭店、商场、公共娱乐场所及其他场所装修	5
铁路桥涵结构		100
公路桥涵结构	小桥、涵洞	30
	中桥、重要小桥	50
	特大桥、大桥、重要中桥	100
港口工程结构	临时性港口建筑物	5～10
	永久性港口建筑物	50
水电站大坝,水库		50～100
机场跑道、停机坪基础设施		30
广告牌	三级广告牌	≤5
	二级广告牌	5～20
	一级广告牌	>20
其他建筑结构	临时性结构	10
	可替换结构构件	10～25
	农业和类似结构	15～30
	其他普通结构	50
	标志性结构	100

表 6-6　**设备类总使用年限参考值**　单位:年

设 备 名 称	总使用年限参考值(L_t)
动力设备、传导设备、非生产设备及器具设备工具	18
复印机、文字处理机、打字设备、电子计算机及系统设备*、笔记本电脑*、传真机、电话机、手机*	5
运输设备,机械设备,自动化控制及仪器仪表自动化、半自动化控制设备,通用测试仪器设备,工业炉窑,工具及其他生产用具等通用设备	10
电力工业专用输电线路	32
电力工业专用配电线路	15
电力工业专用发电及供热设备、变电配电设备	20
造船工业专用设备	18
核工业专用设备、核能发电设备	22
公用事业企业专用自来水、燃气设备	20
机械工业,石油工业,化学工业,医药工业,电子仪表电讯工业,冶金工业,矿山、煤炭及森林工业,建材工业,纺织工业,轻工业等专用设备	10
微型载货汽车(含越野车)、带拖挂载货汽车、矿山作业专用车及各类出租汽车	8
轻、重型载货汽车、大型客车、中型客车	10
私家车、小型轿车	15
飞机	10
专用运钞车	7
摩托车、电动自行车	5
电气化铁路供电系统	10
港口装卸机械及设备、运输船舶及辅助船舶、铁路机车车辆和通信线路	16
铁路通信信号设备、通信导航设备、邮电通信机械及电源设备	7
邮电通信线路、邮政机械设备	10
集装箱	7
供电系统设备、供热系统设备、中央空调设备	18
电梯、自动扶梯	10
消防安全设施、设备	6
经营柜台、货架	4
酱醋类腐蚀性严重的加工设备及器具、粮油原料整理筛选设备、烘干设备、油池、油罐	8
音响设备、电冰箱、空调器、电视机	10
化纤地毯、混织地毯	6
纯毛地毯	8
办公用家具设备	15
洗涤设备、厨房用具设备、营业用家具设备、游乐场设备、健身房设备	8
拖拉机、机械农具及渔业、牧业机械	6

续表 6-6

设 备 名 称		总使用年限参考值(L_t)
农用飞机及作业设备、谷物联合收获机、排灌机械及大型喷灌机、粮食处理机械、农田基本建设机械、农机修理专用设备及测试设备		12
起重机械、挖掘机械、基础及凿井机械，皮带螺旋运输机械、土方铲运机械、钢筋及混凝土机械		10
单转电动起重机、内燃凿岩机、风动凿岩机、电动凿岩机、等离子切割机、磁力氧气切割机、混凝土输送泵		5
材料试验设备、测量仪器、计量仪器、探伤仪器、测绘仪器		8
编采设备、专业用录音设备、组合音像设备、盒式音带加工设备、录像设备、生产用复印设备、激光照排设备、远程数据传输设备		6
唱机生产设备、电子分色设备、电影制片设备、电影放映机、幻灯机、照相机、相片冲印设备、闭路电视播放设备、安全监控设备		10
唱片加工设备、印刷设备		12
乐器	钢琴	16
	电子乐器	7
	其他乐器	8
其他设备		参照类似设备

表 6-7　　调整系数取值

条件	调整系数(k)
使用在 0.5 年内(含 0.5 年)的	1
使用在 0.5～3 年(含 3 年)的	0.9
使用在 3 年以上的	1

按上述方法算得的建筑类成新率小于等于 20%但仍有使用价值的，按 20%计；设备、汽车类成新率小于等于 10%但仍有使用价值的，按 10%计。

无法计算的，可根据具体情况估算处理。

烧损率是指财产在火灾中直接被烧毁、烧损、烟熏、砸压、辐射、爆炸以及在灭火抢险中因破拆、水渍、碰撞等所造成的外观、结构、使用功能、精确度等损伤的程度。用百分比(%)表示。烧损率确定方法为：

评定建筑损坏等级时，其评定对象以独立建筑空间为单位(如：间)；评定设备损坏等级时，以独立设备为单位(如：台)。

建筑类损坏等级评定方法及烧损率取值范围按表 6-8 方法评定，设备类、汽车类损坏等级评定方法及烧损率取值范围按表 6-9 方法评定。

表 6-8　　建筑类损坏等级评定方法及烧损率取值范围

损坏等级（烧损率取值范围）	评定方法				
	混凝土结构	砖木结构	钢结构	砌体结构	房屋装修
轻度损坏 Ⅰ （0%～20%）	1. 油烟和烟灰：无或局部有； 2. 混凝土颜色改变：基本未变或被黑色覆盖； 3. 火灾裂缝宽度：无火灾裂缝或表面轻微缝网； 4. 锤击反应：声音响亮，混凝土表面不留下痕迹； 5. 混凝土脱落：无； 6. 受力钢筋漏筋：无； 7. 受力钢筋黏结性能：无影响； 8. 变形：无明显变形	1. 承重砖墙、柱面层酥松、裂缝：局部出现酥松，无裂缝或表面轻微裂缝； 2. 木承重构件（柱、梁、板、屋架）炭化、变形：局部出现轻微炭化，轻微变形； 3. 非承重墙：砖墙局部出现酥松、隆起，木板墙、板条、胶合板墙、纤维板墙等局部出现炭化，个别构件出现轻微变形； 4. 屋面：木基层无影响，轻微炭化	1. 涂装与防火保护层：基本无损；防火保护层有细微裂纹，但无脱落； 2. 残余变形与撕裂：无； 3. 局部屈曲与扭曲：无； 4. 焊缝撕裂与螺栓滑移及变形断裂：无	1. 外观损坏：无损坏、墙面或抹灰层有烟黑； 2. 墙、壁柱墙变形裂缝：无裂缝，略有灼烤痕迹； 3. 独立柱变形裂缝：无裂缝，无灼烤痕迹； 4. 墙、壁柱墙受压裂缝：无裂缝，略有灼烤痕迹； 5. 独立柱受压裂缝：无裂缝，略有灼烤痕迹	壁纸、壁布、地板、吊顶等表面略有烟熏、水渍；但经简单清扫可以恢复原样
中度损坏 Ⅱ （20%～50%）	1. 油烟和烟灰：多处有或局部烧光； 2. 混凝土颜色改变：粉红； 3. 火灾裂缝宽度：轻微裂缝网； 4. 锤击反应：声音较响或较闷，混凝土表面留下较明显痕迹或局部混凝土粉碎； 5. 混凝土脱落：部分混凝土脱落； 6. 受力钢筋漏筋：轻微露筋； 7. 受力钢筋黏结性能：略有降低，但锚固区无影响； 8. 变形：略有变形	1. 承重砖墙、柱面层酥松、裂缝：局部出现酥松隆起，轻微裂缝； 2. 木承重构件（柱、梁、板、屋架）炭化、变形：中度炭化，较大变形； 3. 非承重墙：砖墙局部出现酥松、开裂，木板墙、板条、胶合板墙、纤维板墙等出现中度炭化，个别构件出现较大变形； 4. 屋面：木基层局部炭化或部分烧损	1. 涂装与防火保护层：防腐涂装完好；防火涂装或防火保护层开裂但无脱落； 2. 残余变形与撕裂：局部轻度残余变形，对承载力无明显影响； 3. 局部屈曲与扭曲：轻度局部屈曲与扭曲，对承载力无明显影响； 4. 焊缝撕裂与螺栓滑移及变形断裂：个别连接螺栓松动	1. 外观损坏：抹灰层有局部脱落或脱落，灰缝砂浆无明显烧伤； 2. 墙、壁柱墙变形裂缝：有裂痕显示； 3. 独立柱变形裂缝：无裂缝，有灼烤痕迹； 4. 墙、壁柱墙受压裂缝：个别块材有裂缝； 5. 独立柱受压裂缝：个别块材有裂缝	壁纸、壁布、地板、吊顶等有烟熏、水渍等损坏；局部有变形破裂；但经简单修复可以继续使用
重度损坏 Ⅲ （50%～80%）	1. 油烟和烟灰：大面积烧光； 2. 混凝土颜色改变：土黄色或灰白色； 3. 火灾裂缝宽度：粗裂缝网； 4. 锤击反应：声音发闷，混凝土粉碎或塌落； 5. 混凝土脱落：大部分混凝土脱落； 6. 受力钢筋漏筋：大面积露筋； 7. 受力钢筋黏结性能：降低严重； 8. 变形：较大变形	1. 承重砖墙、柱面层酥松、裂缝：面层出现严重酥松隆起，较大裂缝； 2. 木承重构件（柱、梁、板、屋架）炭化、变形：严重炭化，倾斜或倒塌； 3. 非承重墙：砖墙大部分出现酥松隆起，个别部位出现变形、倾斜、倒塌；木板墙、板条、胶合板墙、纤维板墙等大部分出现严重炭化、翘裂或烧损后倒塌； 4. 屋面：木基层大部分炭化或大部分烧损	1. 涂装与防火保护层：防腐涂装碳化；防火涂装或防火保护层局部范围脱落； 2. 残余变形与撕裂：局部残余变形，对承载力有一定影响； 3. 局部屈曲与扭曲：主要受力截面有局部屈曲与扭曲，对承载力无明显影响，非主要受力截面有明显局部屈曲或扭曲； 4. 焊缝撕裂与螺栓滑移及变形断裂：螺栓松动，有滑移；受拉区连接板之间脱开；个别焊缝撕裂	1. 外观损坏：抹灰层有局部脱落或脱落部位砂浆烧伤在15 mm以内，块材表面尚未开裂变形； 2. 墙、壁柱墙变形裂缝：有裂缝，最大宽度≤0.6 mm； 3. 独立柱变形裂缝：有裂缝； 4. 墙、壁柱墙受压裂缝：裂缝贯通块材； 5. 独立柱受压裂缝：有裂缝贯通块材	壁纸、壁布、地板、吊顶等严重受烟熏、水渍等损坏；装修龙骨等严重变形；但经局部装修可以修复使用

续表 6-8

损坏等级（烧损率取值范围）	评定方法				
	混凝土结构	砖木结构	钢结构	砌体结构	房屋装修
完全损坏 Ⅳ （80%～100%）	火灾中或火灾后结构倒塌或构件塌落。梁、柱、墙、板等承重构件及非承重构件保护层，大部分或全部严重剥落、露筋或断裂，主体结构严重损坏，丧失使用功能，有倒塌危险。门、窗、室内外装修等大部分或全部烧毁脱落				

注：(1) 轻度损坏——轻微或未直接遭受烧灼作用，结构材料及结构性能未受或仅受轻微影响，没有降低构件的承载能力的缺陷和损伤，但影响外观质量，可不采取措施或仅采取提高耐久性的措施。

(2) 中度损坏——中度烧伤未对结构材料及结构性能产生明显影响，没有明显降低构件承载力的缺陷和损伤，尚不影响结构安全，应采取提高耐久性或局部处理和外观修复措施。

(3) 重度损坏——重度烧伤尚未完全破坏，显著影响结构材料或结构性能，明显变形或开裂，已产生严重影响构件承载能力和耐久性的缺陷和损伤，对结构安全或正常使用产生不利影响，应采取加固或局部更换措施。

(4) 完全损坏——火灾中或火灾后结构倒塌或构件塌落；结构严重烧灼损坏、变形损坏或开裂损坏，结构承载能力丧失或大部分丧失，危及结构安全，必须或立即采取安全支护、彻底加固或拆除更换措施。已无修复价值，需采用翻修工程，拆除重建。

表 6-9　　设备类、汽车类损坏等级评定方法及烧损率取值范围

损坏等级（烧损率取值范围）	评定方法
轻度损坏 Ⅰ （0%～20%）	1. 仅外观受损，使用功能和精确度未受影响，通过一般的维护、保养，即可修复； 2. 或少量零部件、附属件受损，使用功能和精确度基本未受影响，通过小修，进行简单的修理或更换，即可修复； 3. 或建筑内水卫、电照、暖气、煤气具与特种设备（消火栓和避雷装置等公共设施）稍有变形或局部烧损。采用小修工程修复，即可恢复正常使用功能
中度损坏 Ⅱ （20%～50%）	1. 部分零部件、附属件损坏，导致部分使用功能和精确度降低或丧失，需通过项修，部分拆卸分解，修理或更换烧损件，才能修复； 2. 或建筑内水卫、电照、暖气、煤气具与特种设备（消火栓和避雷装置等公共设施）局部变形或烧损，修缮时需牵动或拆除少量主体结构，采用中修工程修复，方能恢复正常使用功能
重度损伤 Ⅲ （50%～80%）	1. 大部分零部件、附属件或关键零部件损坏，导致大部分使用功能和精确度降低或丧失，必须通过大修，全部拆卸分解，修理或更换烧损件，才能修复； 2. 或部分使用功能或精确度虽不能修复到火灾前的使用状态，但能满足使用要求，尚可使用； 3. 或建筑内水卫、电照、暖气、煤气具与特种设备（消火栓和避雷装置等公共设施）大部分严重变形或烧损，修缮时需牵动或拆除部分主体结构，采用大修工程修复，方能恢复正常使用功能
完全烧损 Ⅳ （80%～100%）	1. 烧损后无法修复使用； 2. 或大部分零部件、附属件或关键零部件损坏、失去了原有的全部使用价值； 3. 或修复费达到国家有关部门规定的报废标准； 4. 或建筑内水卫、电照、暖气、煤气具与特种设备（消火栓和避雷装置等公共设施）大部分或全部烧毁脱落。已无修复价值，需采用翻修工程，拆除重建

5. 修复价值法

修复价值法适用于计算建筑构件、房屋装修、设备设施及装置（包括储罐）、汽车、消防装备、贵重物品及家电家具等损失。修复价值法的计算见下式：

$$L_v = C_r$$

式中　L_v——损失额；

C_r——修复费。

修复费大于受损前财产价值的，损失按受损前财产价值计算。汽车受损前价值可参照二手车市场估算价值。

6. 成本-残值法

成本-残值法适用于计算产品类和商品类损失。成本-残值法的计算见下式：

$$L_c = C - V_c$$

式中　L_c——产品类和商品类损失额；

C——成本；

V_c——残值。

商品的成本只计算购进价、税金、运输费、仓储费等。

残值是指财产因火灾受损剩余的残存价值。

7. 市值-残值法

市值-残值法适用于计算金银首饰等贵重物品、图书期刊、家具家电、农村堆垛以及家庭粮仓等损失。市值-残值法的计算见下式：

$$L_m = M - V_c$$

式中　L_m——贵重物品、图书期刊、家具家电、农村堆垛等损失额；

M——市值；

V_c——残值。

市场没有相同物品的，可按相类似的物品计算。图书、农村堆垛、粮食等烧损后不能再使用的，其残值视为0。

8. 文物建筑重建价值法

文物建筑重建价值法的计算见下式：

$$L_b = C_b \times (k_p + k_a) \times R_d$$

式中　L_b——文物建筑损失；

C_b——文物建筑重建费，按国家有关部门颁布的古建筑修缮概(预)算定额取费，是指文物建筑在火灾中受损后，基于原来的建筑形制(包括原址)、结构、材料、工艺技术等进行重建所需的费用。

k_p——保护级别系数，取值按表6-10的规定确定；

k_a——调整系数，取值按表6-11或表6-12的规定确定；

R_d——烧损率，按表6-8中“砌体部分”的规定确定。

表6-10　文物建筑保护级别系数

文物建筑保护级别	级别系数(k_p)
全国重点文物保护单位	4.0
省、自治区、直辖市级文物保护单位	3.0
县、自治县、市级文物保护单位	2.0
待定文物保护单位	2.0～4.0

表 6-11　　　　　　　　单座文物建筑保护级别调整系数

文物建筑保护级别	一般情况	增值情况	
	调整系数取值(k_a)	调整系数取值(k_a)	取值说明
全国重点文物保护单位	0	0.5,1.0,1.5,2.0	依其文物价值高低取值。 属下列情况之一者,取值不得小于1.0: a. 在国际、国内仅有,有极高文物价值的; b. 有极高文物价值的典型实物; c. 有极高文物价值,在建筑史上有创造发明的; d. 有极高文物价值并与重大科学发明或重大科学成就有关的
省级和县市级文物保护单位	0	0.5,1.0	依其文物价值高低取值

注:(1) 文物建筑中现代纪念建筑调整系数均取0。

(2) 文物建筑典型实物是指由许多相同古建筑中挑选出的概括性强、设计完善、规划完备、保存完整的古建筑实物;对尚存不多或仅存一座的古建筑,即使残缺也按典型实物对待。

(3) 依文物价值高低取值,需组织专家评判。

表 6-12　　　　文物建筑组、群中的单座文物建筑保护级别调整系数

文物建筑保护级别	一般情况	增值情况		减值情况	
	调整系数取值(k_a)	调整系数取值(k_a)	取值说明	调整系数取值(k_a)	取值说明
全国重点文物保护单位	0	0.5,1.0,1.5,2.0	依其文物价值及主、附建筑的关系取值。 属下列情况之一者,取值不得小于1.0: a. 文物建筑组、群中的单座文物建筑属于表6-11中取值说明的四种情况之一者; b. 有极高文物价值的主体建筑; c. 有特殊文物价值的附属建筑	−1.0,−0.5	文物建筑组、群中单座文物建筑有下列情况之一者,取负值: a. 次要的附属建筑; b. 现代重建的文物建筑或现代经过重大维修的文物建筑,此处的重建或重大维修指采用新构件占70%以上者; c. 文物价值明显低于该文物建筑组、群中其他文物的
省级文物保护单位	0	0.5,1.0	依其文物价值及主、附建筑的关系取值	−1.0,−0.5	
县、市级文物保护单位	0	0.5,1.0	依其文物价值及主、附建筑的关系取值	−0.5	

注:调整系数取值原则:考虑文物建筑组、群整体的文物价值,文物建筑组、群中各单座文物建筑的文物价值的高低,同时还要考虑其在组、群中的位置(主要指主、附关系)。

(二) 火灾损失统计技术方法选择原则

(1) 有充足的财产损失申报材料支持的宜选择调查验证法；

(2) 低值易耗品、家庭物品等损失宜选择总量估算法统计；

(3) 消防装备损失宜选择修复价值法，其他现场处置费宜选择实际价值法；

(4) 建筑构件、设备设施及装置、城市绿化等损失宜选择重置价值法；

(5) 房屋装修、汽车等损失宜选择修复价值法；

(6) 产品商品类损失宜选择成本-残值法；

(7) 贵重物品、图书期刊、农村堆垛等损失宜选择市值-残值法；

(8) 文物建筑损失宜选择文物建筑重建价值法。

思 考 题

1. 火灾损失统计的范围和内容是什么？

2. 火灾损失统计的程序是什么？

3. 火灾损失统计有哪些要求？

4. 火灾损失统计的技术方法有哪些？

5. 火灾损失统计技术方法的选择原则是什么？

第七章　火灾事故处理

【学习目标】

1. 了解火灾事故处理的概念、分类、火灾事故责任追究的类别。

2. 熟悉火灾事故责任的构成、消防刑事案件办理的程序、火灾事故调查档案的制作。

3. 掌握火灾行政案件办理的程序、失火罪和消防责任事故罪的犯罪构成、火灾事故调查报告的制作。

公安机关消防机构在查清了火灾原因和确定了火灾责任以后,对火灾事故的有关责任者和责任单位依法进行处理,这对于打击违法犯罪,严格消防安全管理,教育火灾责任者和广大人民群众有着重要意义。

第一节　概　　述

一、火灾事故处理的概念

火灾事故处理是公安机关消防机构的一项法定职责,是在认定火灾事故原因的基础上,对火灾责任者进行追究火灾责任的过程。而火灾责任是指行为人的行为导致了火灾的发生或发展,其行为与火灾之间存在一定的因果关系,对火灾的发生或发展承担相应的法律后果。火灾事故责任者是包括引发火灾事故并应负责任的单位和个人。

二、火灾事故责任的构成要件

火灾事故责任的构成要件是确定火灾责任有无、种类及大小的主要参数,是火灾事故责任人承担法律责任的基本条件,是追究火灾事故责任的主要理由。火灾事故责任的构成要件包括:违法行为、主观过错、损害后果、因果关系、责任能力。

(一) 违法行为

行为人具有违反消防法律法规的行为。

(二) 主观过错

行为人主观上存在过错即故意或过失引起火灾。故意是指行为人明知自己的行为会造成危害后果,而希望或放任这种危害的发生。故意又分为作为和不作为两种形式。作为是指行为人以积极的方式去实施法律所禁止的行为,如行为人放火烧国家或他人财物的行为。不作为则是以消极的方式不履行自己应尽的特定义务,如某甲是仓库保管员,当他发现所保管的易燃物资正在被燃烧的烟头点燃时,却置之不理,导致火灾发生。过失行为是指行为人应当能预见到自己的行为会发生危害后果，却由于疏忽大意而没有预见到，或已经预见到自己的行为会发生危害后果，但轻信能够避免，如某电工用铜丝代替保险丝接通了电源，结果造成因负荷过大而导致火灾的行为。

（三）损害后果

即因火灾的发生而导致财物的损失或人身伤亡。但是放火未遂除外，只要实施了放火的行为，不论是否造成损害，均应承担法律责任。

（四）因果关系

违法行为与损害事实之间存在因果关系，即火灾发生是由于行为人故意或过失造成的，两者互为因果关系，否则不承担法律责任。如因地震引起仓库着火造成巨大经济损失，仓库保管员不承担法律责任。

（五）责任能力

行为人应当具有相应的责任能力，没有责任能力的行为人不承担相应责任。

三、火灾事故责任的分类

（一）按照火灾事故责任者的行为与火灾事故之间的关系分类

按照火灾事故责任者的行为与火灾事故之间的关系，可以把火灾事故责任者划分为直接责任、间接责任、直接领导责任、领导责任四类。

(1) 直接责任是指行为人直接导致火灾事故的发生、扩大、蔓延。

(2) 间接责任是指虽然没有直接导致火灾事故的发生，但是由于不履行或不正确履行自己的职责，而对火灾事故的发生、扩大、蔓延负有一定责任。

(3) 直接领导责任是指在其职责范围内，对直接主管的工作不负责任，不履行或者不正确履行职责，对造成的火灾事故负有主要领导责任。

(4) 领导责任是指在其职责范围内，对本单位或下属单位存在的火灾隐患失察或发现后纠正不力，以致发生火灾事故，对造成的火灾事故负有一定领导责任。

（二）根据我国的法律规定和行为人所造成火灾的性质、损失、伤亡和危害大小分类

根据我国的法律规定和行为人所造成火灾的性质、损失、伤亡和危害大小，将火灾事故责任划分为刑事责任、民事责任、行政责任和党纪政纪责任。

1. 刑事责任

刑事责任是依据国家刑事法律规定，对犯罪嫌疑人依法追究的法律责任。在火灾事故调查处理中可能追究刑事责任的主要有放火罪、失火罪、消防责任事故罪、重大责任事故罪、强令违章冒险作业罪等。其中，失火罪和消防责任事故罪由公安机关消防机构管辖。在司法实践中，追究刑事责任主要以刑事处罚来体现。

2. 民事责任

民事责任是民事主体在民事活动中，因实施了民事违法行为，根据法律规定所承担的对其不利的民事法律后果或者基于法律特别规定而应承担的民事法律责任。民事责任主要是一种民事救济手段，旨在使受害人被侵犯的权益得以恢复，火灾事故案件中火灾导致受害人(或受灾人)身体受伤或财产损失，火灾责任人应承担相应的民事赔偿责任。

3. 行政责任

行政责任是指依据国家行政法规，对违反行政法规且尚未构成犯罪的责任主体(包括行

为人和单位)依法追究的法律责任。行政责任追究的方式有行政处罚和行政处分,行政处罚的对象为社会单位及自然人,而行政处分对象只是国家机关内的工作人员。

4. 党纪政纪责任

违反党章、党纪和党的政策,违反国家法律、法规、政策和社会主义道德规范,危害党、国家和人民利益的行为,包括不认真执行劳动保护、安全生产和消防方面的法规,致使发生爆炸、火灾、翻车、沉船、飞机失事、工程倒塌以及其他事故的;在灾害面前,未采取必要和可能的措施,贻误时机,使本来可以避免的损失未能避免的;在组织群众性活动时,缺乏周密布置,对可能发生的问题未采取有效的防范措施,发生恶性事故的党员,应承担违反党纪的责任。

违反行政管理法规、规章等,造成火灾或致使火灾损失扩大,尚未构成犯罪的国家机关工作人员和职工,应承担违反政纪的责任。

第二节　火灾事故责任追究

一、行政责任追究

(一) 行政处罚

行政处罚是指有行政处罚权的行政主体为维护公共利益和社会秩序,保护公民、法人或其他组织的合法权益,依法对行政相对人违反行政法律法规而尚未构成犯罪的行为所实施的法律制裁。《消防法》具体规定的 6 类行政处罚,分别为警告,罚款,拘留,责令停产停业、停止使用、停止施工,没收违法所得,责令停止执业(吊销资质、资格)。在火灾事故调查处理中常见的行政处罚有警告、罚款、拘留。

1. 警告

警告是申诫罚的一种形式,指公安机关消防机构对轻微消防违法行为人的谴责和告诫。在实施警告时,向消防违法行为人发出警戒,申明其有违法行为,通过对其名誉、荣誉、信用的影响,使被警告人认识自己行为的社会危害性,从而约束自己履行法律义务,不致再犯。其特点为:① 警告是对轻微违法行为人声誉的影响,不涉及违法行为人的人身自由和财产自由;② 警告只能针对轻微违法行为作出。

警告是一种正式的处罚形式,一般应以书面形式作出,把被处罚人违反的消防法律法规的事实、处罚记录在案,处罚决定书必须向本人宣布并送交当事人。

2. 罚款

罚款是对违反消防法律法规的行为人在一定期限内令其缴纳一定数量货币的处罚形式。罚款是剥夺相对人的财产权的处罚,不影响相对人的人身自由,也不限制或剥夺相对人的行为能力,同时能起到制裁的作用。罚款的适用范围非常广泛,可适用于轻微或严重的消防违法行为,即适用于公民,也可适用于单位。罚款的目的是让相对人承担一定的金钱给付义务的方式来纠正和制止违法行为。在实施罚款处罚时,首先要正确掌握罚款的幅度,针对违法行为的性质、情节、社会危害程度做出,避免畸轻畸重和明显的不当现象;其次,处罚决定权与执行权相分离,即做处罚决定的机构与收受罚款的机构不能是同一机构。

作出罚款处罚决定的行政机关及其工作人员不能自行收缴罚款,当事人应当在自收到

《行政处罚决定书》之日起 15 日内，到指定的银行缴纳罚款。但是有下列情况之一的，可以当场收缴：① 依法给予 20 元以下罚款；② 不当场收缴事后难以执行的；③ 在边远、水上、交通不便地区，当事人向指定银行缴款确有困难，经当事人自己提出，可以实施当场收缴罚款。

当场收缴罚款的，必须向当事人出具省、自治区、直辖市财政部门统一制发的罚款收据；不出具财政部门统一制发的罚款收据的，当事人有权拒绝缴纳罚款。执法人员当场收缴的罚款，应当自收缴罚款之日起 2 日内，交至行政机关；在水上当场收缴的罚款，应当自抵岸之日起 2 日内交至行政机关；行政机关应当在 2 日内将罚款缴付指定银行。

3. 拘留

行政拘留是对消防违法行为人，在短期内剥夺其人身自由的处罚形式。它是所有行政处罚形式中，最为严厉的一种。其行使机关、适用范围和对象都受到严格的法律限制。拘留处罚由县级以上公安机关依照《中华人民共和国治安管理处罚法》的有关规定决定。只适用于自然人而不能适用于法人或其他组织，但其法定代表人或主要负责人可以作为拘留处罚对象。

拘留属于限制人身自由罚，只能由法律设定，并由公安机关执行。拘留的期限为 1 日以上 15 日以下，有两种以上违法行为，分别决定，合并执行的，最长不超过 20 日。

（二）行政处分

行政处分是指国家机关、企事业单位对所属的国家工作人员尚不构成犯罪的违法失职行为，依据法律、法规所规定的权限而给予的一种惩戒。行政处分的种类有警告、记过、记大过、降级、撤职、开除。

二、刑事责任追究

刑事责任追究主要体现为刑事处罚。在火灾中可能追究的刑事责任主要放火罪、失火罪、消防责任事故罪、重大责任事故罪、强令违章冒险作业罪、危险物品肇事罪等。其中，失火罪和消防责任事故罪由公安机关消防机构管辖。

（一）放火罪

放火罪，是指故意引起火灾，危害公共安全的行为。

1. 管辖

涉嫌放火罪的，由公安机关刑事侦查部门立案侦查。

2. 立案追诉标准

犯放火罪的，无论是否造成严重后果，只要实施了放火行为，不管是未遂还是既遂，均应追究刑事责任。

3. 刑罚

犯放火罪，但尚未造成严重后果的，处 3 年以上 10 年以下有期徒刑；致人重伤、死亡或者使公私财产遭受重大损失的，处 10 年以上有期徒刑、无期徒刑或者死刑。

（二）失火罪

失火罪，是指过失引起火灾，致人重伤、死亡或者使公私财产遭受重大损失，危害公共安全的行为。

1. 管辖

涉嫌失火罪的，由县级以上公安机关消防机构管辖，未成立消防机构的由县级以上公安机关管辖。

2. 立案追诉标准

根据最高人民检察院、公安部《关于公安机关管辖的刑事案件立案追诉标准的规定(一)》(以下简称《立案追诉标准(一)》)第1条的规定,过失引起火灾,涉嫌下列情形之一的,应予立案追诉:

(1) 造成死亡1人以上,或者重伤3人以上的;

(2) 造成公共财产或者他人财产直接经济损失50万元以上的;

(3) 造成10户以上家庭的房屋以及其他基本生活资料烧毁的;

(4) 造成森林火灾,过火有林地面积2公顷以上,或者过火疏林地、灌木林地、未成林地、苗圃地面积4公顷以上的;

(5) 其他造成严重后果的情形。

其中,有林地、疏林地、灌木林地、未成林地、苗圃地,按照国家林业主管部门的有关规定确定。

3. 刑罚

犯失火罪的处3年以上7年以下有期徒刑;情节较轻的,处3年以下有期徒刑或者拘役。

(三) 消防责任事故罪

消防责任事故罪,是指违反消防管理法规,经消防监督机构通知采取改正措施而拒绝执行,造成严重后果的行为。

1. 管辖

涉嫌失火罪的,由县级以上公安机关消防机构管辖,未成立消防机构的由县级以上公安机关管辖。

2. 立案追诉标准

根据《立案追诉标准(一)》第15条的规定,违反消防管理法规,经消防监督机构通知采取改正措施而拒绝执行,涉嫌下列情形之一的,应予立案追诉:

(1) 造成死亡1人以上,或者重伤3人以上;

(2) 造成直接经济损失50万元以上的;

(3) 造成森林火灾,过火有林地面积2公顷以上,或者过火疏林地、灌木林地、未成林地、苗圃地面积4公顷以上的;

(4) 其他造成严重后果的情形。

3. 刑罚

犯消防责任事故罪的,对直接责任人员处3年以下有期徒刑或者拘役;后果特别严重的,处3年以上7年以下有期徒刑。

(四) 重大责任事故罪

重大责任事故罪,是指在生产、作业中违反有关安全管理的规定,因而发生重大伤亡事故或造成其他严重后果的行为。

1. 管辖

涉嫌重大责任事故罪的,由公安机关刑事侦查部门管辖。

2. 立案追诉标准

根据《立案追诉标准(一)》第 8 条的规定,造成死亡 1 人以上或重伤 3 人以上,或者直接经济损失 50 万元以上,或者发生矿山生产安全事故,造成直接经济损失 100 万元以上,或者其他造成严重后果的情形,应以重大责任事故罪立案追诉。

3. 刑罚

犯重大责任事故罪的,处 3 年以下有期徒刑或者拘役;情节特别恶劣的,处 3 年以上 7 年以下有期徒刑。

(五) 强令违章冒险作业罪

强令违章冒险作业罪,是指强令他人违章冒险作业,因而发生重大伤亡事故或造成其他严重后果的行为。

1. 管辖

涉嫌强令违章冒险作业罪的,由公安机关刑事侦查部门管辖。

2. 立案追诉标准

根据《立案追诉标准(一)》第 9 条的规定,造成死亡 1 人以上或重伤 3 人以上,或者直接经济损失 50 万元以上,或者发生矿山生产安全事故,造成直接经济损失 100 万元以上,或者其他造成严重后果的情形,应以强令违章冒险作业罪立案追诉。

3. 刑罚

犯强令违章冒险作业罪的,处 5 年以下有期徒刑或者拘役;情节特别恶劣的,处 5 年以上有期徒刑。

(六) 危险物品肇事罪

危险物品肇事罪,是指违反爆炸性、易燃性、放射性、毒害性、腐蚀性物品的管理规定,在生产、储存、运输、使用中发生重大事故,造成严重后果的行为。

1. 管辖

涉嫌危险物品肇事罪的,由公安机关治安部门管辖。

2. 立案追诉标准

根据《立案追诉标准(一)》第 12 条的规定,造成死亡 1 人以上或重伤 3 人以上,或者造成直接经济损失 50 万元以上,或者其他造成严重后果的情形,应以危险物品肇事罪立案追诉。

3. 刑罚

犯危险物品肇事罪的,处 3 年以下有期徒刑或者拘役;后果特别严重的,处 3 年以上 7 年以下有期徒刑。

三、民事责任追究

承担民事责任的主要方式有:停止侵害,排除妨碍,消除危险,返还财产,恢复原状,修理、重作、更换,赔偿损失,支付违约金,消除影响、恢复名誉,赔礼道歉。

根据《中华人民共和国民法通则》的规定,公民、法人由于过错侵害国家的、集体的财产,侵害他人财产、人身的,应当承担民事责任。没有过错,但法律规定应当承担民事责任的,应当承担民事责任。对于涉及多方当事人的火灾事故,起火原因一旦确定,必然有一方要承担相应的民事赔偿责任。

《消防法》没有赋予公安机关消防机构调解民事纠纷的职责。但是,对于涉及多方当事人的火灾,导致火灾当事人对火灾原因认定不服的一个重要因素就是民事纠纷。不少火灾事故当事人虽然对火灾原因也表示认同,但为逃避民事赔偿责任仍提出复核,甚至进行上访。在依法对火灾事故进行处理的同时,公安机关消防机构也可以对因火灾造成的民事纠纷进行帮助调解,如果当事人之间能够将纠纷及时化解,对火灾事故处理是非常有利的。

四、党纪政纪追究

(一) 党纪追究

党纪追究主要表现为党纪处分,党纪处分是指党组织对实施违反党章、党内法规和党的政策,违反国家法律、法规、政策和社会主义道德规范,危害党、国家和人民利益的行为的党员所给予的处分。党纪处分的种类有:警告、严重警告、撤销党内职务、留党察看、开除党籍。

《中国共产党纪律处分条例》规定,具有“不认真执行消防方面的法规,致发生火灾事故;在火灾事故面前未采取必要和可能措施,贻误时机,使本来可以避免的损失未能避免的;在组织群众性活动时,缺乏周密布置,对可能发生的问题未采取有效的防范措施,发生恶性火灾事故”之一的,应当追究责任人的党纪责任。具体责任为:造成较大损失的,对负有直接责任者,给予严重警告或者撤销党内职务处分。造成重大损失的,对负有直接责任者,给予留党察看或者开除党籍处分;负有主要领导责任者,给予撤销党内职务或者留党察看处分;负有重要领导责任者,给予警告、严重警告或者撤销党内职务处分。

(二) 政纪追究

为了有效地防范特大火灾事故的发生,保障人民群众生命、财产安全,《国务院关于特大安全事故行政责任追究的规定》中对特大火灾事故的政纪责任作了明确的规定,发生特大火灾事故,社会影响特别恶劣或者性质特别严重的,由国务院对负有领导责任的省长、自治区主席、直辖市市长和国务院有关部门正职负责人给予行政处分。特大火灾事故发生后,有关县(市、区)、市(地、州)和省、自治区、直辖市人民政府及政府有关部门未按照国家规定的程序和时限立即上报;隐瞒不报、谎报或者拖延报告,或阻碍、干涉事故调查的,对政府主要领导人和政府部门正职负责人给予降级的行政处分。

第三节 火灾行政案件办理

火灾行政案件办理也要遵循《中华人民共和国行政处罚法》(以下简称《行政处罚法》)、《公安机关办理行政案件程序规定》等法律、法规,但火灾行政案件办理有其特殊性,分为简易程序和一般程序两种。其中在一般程序中,为了查明案件事实,公正、合理地实施行政处罚,在作出行政处罚决定前,可启动听证程序,通过公开举行由利害关系人参加的听证会广泛听取意见。

一、简易程序

(一) 简易程序的适用条件

火灾行政案件中的简易程序是指调查人员在火灾事故处理中,对于违法事实确凿、情节简单的行政处罚事项当场进行处罚的行政处罚程序。根据《行政处罚法》、《公安机关办理行政案件程序规定》有关简易程序规定：适用简易程序必须"违法事实确凿并有法定依据，对公民处以50元以下、对法人或者其他组织处以1 000元以下罚款或者警告的行政处罚的，可以当场作出行政处罚决定"。说明适用简易程序必须具备以下条件：

（1）违法事实确凿。即违法的事实清楚，证据充分，没有异议。

（2）有法定依据。即必须是法律、行政法规或规章规定可以处罚的。

（3）限于警告、罚款等较轻微的行政处罚。即对公民处以50元以下、对法人或者其他组织处以1 000元以下罚款或者警告。

（二）简易程序的具体步骤

调查人员依照简易程序作出当场行政处罚决定，应当按下列程序进行：

（1）表明身份。向当事人出示执法身份证件，表明身份。

（2）说明处罚理由。向当事人说明给予行政处罚的原因和依据，包括违法行为的事实、证据和据以当场作出行政处罚决定的法律依据。

（3）给予当事人陈述和申辩的机会。对违法行为人的陈述和申辩，应当充分听取；违法行为人提出的事实、理由或者证据成立的，应当采纳。不得因当事人的申辩加重处罚。

（4）填写《当场处罚决定书》并当场交付被处罚人。《当场处罚决定书》应当载明：违法行为，违法的事实和证据；行政处罚的依据，据以作出行政处罚的消防法规；行政处罚种类以及处罚幅度；行政处罚的时间、现场地点；作出处罚决定机关名称（要有公章）；调查人员的签名或者盖章。

（5）当场收缴罚款的，同时填写罚款收据，交付被处罚人；不当场收缴罚款的，应当告知被处罚人在规定期限内到指定的银行缴纳罚款。

（6）备案审查。消防行政执法人员当场作出的行政处罚决定，必须报所属公安机关消防部门备案审查。

二、一般程序

一般程序是相对于行政处罚的简易程序而言的。与简易程序相比，一般程序在制度上包括较为完备的程序规则，适用于大部分行政处罚案件。适用一般程序办理的行政处罚案件主要包括受案、调查取证、处罚告知、处罚决定、送达、执行与结案几个步骤。

（一）受案

公安机关消防机构在进行火灾事故调查时，如发现单位或个人违反了《消防法》的有关规定，且根据《消防法》应予以处罚的，承办人员应及时受案，经公安机关消防机构办案部门负责人或县级公安机关消防机构负责人批准并进行分工后，才能进行调查取证。除适用简易程序外，承办人员不得少于2人，其中有1名为主责承办人，其他为协办人。

（二）调查取证

经批准受案后，承办人员应围绕受案的案由进行调查取证。在调查取证中要调查清楚的案件事实有：违法嫌疑人的基本情况；违法行为是否存在；违法行为是否为违法嫌疑人实施；实施违法行为的时间、地点、手段、后果及其他情节；违法嫌疑人有无法定从重、从轻、减轻以及不予处理的情形；与案件有关的其他事实。

公安机关消防机构调查取证的手段主要有询问、勘验、检查、鉴定、检测、辨认、抽样取证、扣押、先行登记保存。

火灾事故调查人员在进行调查取证时最常采用的手段是询问，通过询问火灾当事人、证人等获取相关的证据。询问查证的时间不得超过 8 h，但对案情复杂，违法行为依照法律规定适用行政拘留处罚的，经公安机关办案部门以上负责人批准，询问查证的时间不得超过 24 h。询问不满 16 周岁的未成年人时，应当通知其父母或者其他监护人到场，其父母或者其他监护人不能到场的，可以通知其教师到场。确实无法通知或者通知后未到场的，应当记录在案。

（三）处罚告知

公安机关消防机构在作出行政处罚决定之前，应当告知当事人拟作出行政处罚决定的事实、理由及依据，并告知当事人依法享有的权利。并允许其申辩，听取其意见并制作填写《行政处罚告知笔录》。当事人提出的事实、理由或者证据成立的，应当采纳。

说明理由是公安机关消防机构办理行政案件、实施行政处罚过程中必须履行的程序性义务，不履行这一义务，行政处罚决定不能成立。告知权利的内容包括告知申请回避权、申辩权、陈述事实、提出证据权，申请行政复议、行政诉讼权等。对适用听证程序的行政案件，办案人员提出处罚意见后，应当告知违法嫌疑人拟作出行政处罚的种类和幅度及有要求举行听证的权利。

（四）处罚决定

调查终结后，公安机关消防机构依据《公安机关办理行政案件程序规定》（公安部令第 125 号）、《公安机关内部执法监督工作规定》（公安部令第 40 号）、《公安机关法制部门工作规范》（公通字〔2006〕82 号）等开展案件审核工作。经审核后，办案人员将“消防行政处罚审批表”连同案件材料，报公安机关消防机构负责人审批。公安机关消防机构根据不同情况，分别作出如下决定：确有应受行政处罚的违法行为的，根据情节轻重及具体情况，作出行政处罚决定；违法行为轻微，依法可以不予行政处罚的，不予行政处罚；违法事实不能成立的，不得给予行政处罚；违法行为已构成犯罪的，启动火灾刑事案件办理程序。

（五）送达

行政处罚决定书一经送达即生效。公安机关消防机构作出行政处罚决定和其他行政处理决定，应当当场交被处理人本人。被处理人不在场的，公安机关消防机构应当在作出决定的 7 日内送达被处理人，并制作使用《送达回执》。其送达方式有以下几种：

1. 直接送达

当事人是自然人的，直接将文书当场交付被处理人本人，并由被处理人在附卷的文书上签名或者盖章，即为送达。当事人是单位的，由单位的法定代表人或者有关负责人签收；或者由该单位负责收件的人员签收，并加盖该单位或者单位收发部门公章。

2. 留置送达

受送达人本人或者代收人拒绝接收或者拒绝签名、盖章的，送达人可以邀请其邻居或者其他见证人到场，说明情况，把文书留在受送达人处，在《送达回执》上注明拒绝的事由、送达日期，由送达人、见证人签名或者捺指印，并在备注栏注明见证人身份，即视为送达。

3. 委托送达

无法直接送达的，可以委托公安派出所代为送达。采用委托送达的应当出具委托函，并附有需要送达的文书和《送达回执》。由被委托单位填写《送达回执》，并在备注中注明被委托单位名称。委托送达以受送达人在《送达回执》上签收的日期为送达日期。

4. 邮寄送达

无法直接送达的，也可以邮寄送达。采用邮寄送达的，应当使用挂号信挂号邮寄，并将邮件收据和挂号信回执附《送达回执》后。邮寄送达以挂号信回执上注明的收件日期为送达日期。

5. 公告送达

经采取上述送达方式仍无法送达的，可以公告送达。公告的范围和方式应当便于公民知晓，可以采用在当地主流报纸公告、在受送达人住址张贴公告等方式，公告期限不得少于60日。公告送达自发出公告之日起满60日，即视为送达。

（六）执行与结案

行政处罚决定依法作出后，当事人应当在行政处罚决定的期限内，予以履行。当事人对行政处罚决定不服向行政复议机关申请复议或者已向人民法院提起行政诉讼的，行政处罚不停止执行，法律另有规定的除外。

案件办理完毕，属于下列情况的，消防行政执法主体可以结案：行政处罚决定执行完毕的；经人民法院判决或者裁定并执行完毕的；免于行政处罚或者不予行政处罚的。

三、听证程序

听证程序，是指行政机关为了查明案件事实，公正、合理地实施行政处罚，在作出行政处罚决定前，通过公开举行由利害关系人参加的听证会广泛听取意见的程序。

（一）适用听证程序的条件

公安机关消防机构在作出下列行政处罚决定之前，应当告知违法嫌疑人有要求举行听证的权利：① 责令停产停业；② 吊销许可证或者执照；③ 较大数额罚款；④ 法律、法规和规章规定违法嫌疑人可以要求举行听证的其他情形。其中，“较大数额罚款”是指对个人处以2 000元以上罚款，对单位处以1万元以上罚款。对依据地方性法规或者地方政府规章作出的罚款处罚，适用听证的罚款数额按照地方规定执行。

（二）听证的时限

当事人要求听证的，应当在被告知听证权利后3日内提出申请，否则视为放弃听证权利。公安机关消防机构收到听证申请后，应当在2日内决定是否受理，认为听证申请人的要求不符合听证条件，决定不予受理的，应当制作《不予受理听证通知书》，告知听证申请人；公安机关消防机构受理听证的，应当在举行听证的7日前将举行听证通知书送达听证申请人，并将举行听证的时间、地点通知其他听证参加人；听证应当在收到听证申请之日起10日内举行。

（三）听证的实施

听证由公安机关消防机构非本案调查人员组织。听证主持人由公安机关消防机构指定。听证主持人必须由非本案调查人员且与本案没有直接利害关系的人员担任。听证人员应当就行政案件的事实、证据、程序、适用法律等方面全面听取当事人的陈述和申辩。除涉及国家秘密、商业秘密、个人隐私的行政案件外，听证要公开举行。

听证开始时，听证主持人核对听证参加人；宣布案由；宣布听证员、记录员和翻译人员名单；告知当事人在听证中的权利和义务；询问当事人是否提出回避申请；对不公开听证的行政案件，宣布不公开听证的理由。

听证开始后，首先由办案人员提出听证申请人违法的事实、证据和法律依据及行政处罚意见。办案人员提出证据时，应当向听证会出示。对证人证言、鉴定意见、勘验笔录和其他作为证据的文书，应当当场宣读。听证申请人可以就办案人员提出的违法事实、证据和法律依据以及行政处罚意见进行陈述、申辩和质证，并可以提出新的证据。第三人可以陈述事实，提出新的证据。听证申请人、第三人和办案人员应当围绕案件的事实、证据、程序、适用法律、处罚种类和幅度等问题进行辩论。辩论结束后，听证主持人应当听取听证申请人、第三人、办案人员各方最后陈述意见。

听证结束后，由记录员制作听证笔录并交听证申请人阅读或者向其宣读。听证笔录中的证人陈述部分，应当交证人阅读或者向其宣读。听证申请人或者证人认为听证笔录有误的，可以请求补充或者改正。听证申请人或者证人审核无误后签名或者捺指印。拒绝签名或者捺指印的，由记录员在听证笔录中记明情况。听证笔录经听证主持人审阅后，由听证主持人、听证员和记录员签名。听证结束后，听证主持人应当写出听证报告书，连同听证笔录一并报送公安机关消防机构负责人。公安机关消防机构负责人应当根据听证情况，作出处理决定。

（四）听证的中断和终止

在听证过程中，需要通知新的证人到会、调取新的证据或者需要重新鉴定或者勘验；或因回避致使听证不能继续进行时，听证主持人可以中止听证，待中止听证的情形消除后，及时恢复听证。

在听证过程中，遇到以下情形之一时，应当终止听证：

(1) 听证申请人撤回听证申请。

(2) 听证申请人及其代理人无正当理由拒不出席或者未经听证主持人许可中途退出听证的。

(3) 听证申请人死亡或作为听证申请人的法人或其他组织被撤销、解散的。

(4) 听证过程中，听证申请人或其代理人扰乱听证秩序，不听劝阻，致使听证无法正常进行的。

四、行政处罚的适用方法

行政处罚的适用方法是指行政处罚运用于各种行政违法案件和违法者的方式或方法，也可以说是行政处罚的方法。在行政处罚适用中，应区别各种不同的情况，采用不同的处罚方法。

（一）不予处罚

不予处罚是指消防行政相对人的行为在形式上虽已构成消防违法，但是因有法定的事由存在而实质上可以不承担法律责任，消防行政执法主体对其不给予行政处罚。根据我国相关法律法规的规定，具有下列情况时，对行为人不给予处罚：

(1) 不满十四周岁的人有违法行为的，不予行政处罚，责令监护人加以管教。这是因为行为人不具备责任能力。

(2) 精神病人在不能辨认或者不能控制自己行为时有违法行为的，不予行政处罚，但应当责令其监护人严加看管和治疗。理由同上。

(3) 违法行为轻微并及时纠正，没有造成危害后果的，不予行政处罚。这是从违法行为的程度、危害后果和悔过态度等三个方面来综合考虑的。如果违法行为同时具备程度轻微、没有造成危害后果并被行为人及时予以纠正这三个条件，则不予处罚。

(4) 超过追究时效期限的，不给予行政处罚。一般违法行为在二年内未被发现的，不再给予行政处罚。法律另有规定的除外。其规定的期限，从违法行为发生之日起计算；违法行为有连续或者继续状态的，从行为终了之日起计算。

(5) 又聋又哑的人或者盲人由于生理缺陷的原因而违反《中华人民共和国治安管理处罚法》中规定的消防行政违法行为的，不给予行政处罚。

(6) 依法应当给予行政处罚的，必须查明事实；违法事实不清的，不得给予行政处罚。

(二) 从轻或减轻处罚

从轻处罚是指对消防行政违法行为人在法定的处罚幅度内就轻、就低予以处罚，但是不能低于法定处罚幅度的最低限度。减轻处罚是指对消防行政违法行为人在法定处罚幅度的最低限度以下给予处罚。例如，根据《消防法》第六十二条和《中华人民共和国治安管理处罚法》第二十五条的规定，谎报火警的，处 5 日以上 10 日以下拘留，可以并处 500 元以下罚款。当适用从轻处罚时，拘留处罚不能少于 5 天，且不能适用其他处罚种类。当适用减轻处罚时，拘留处罚可以少于 5 天，也可以不处拘留而适用警告等较轻的处罚种类。

从轻或减轻处罚主要针对以下几种情况：

(1) 已满 14 岁不满 18 岁的人有消防违法行为的。

(2) 主动消除或减轻违法行为危害后果的。

(3) 受他人胁迫有违法行为的。

(4) 配合消防行政主体查处违法行为有立功表现的。

(5) 其他依法应从轻或者减轻行政处罚的。这是指以上述四种情形之外，其他法律、法规另有规定的以及今后法律、法规可能会规定的从轻或者减轻情形。

(三) 从重处罚

从重处罚是指消防行政执法主体对消防行政违法行为人在法定的处罚方式和处罚幅度内，在数种处罚方式中适用较严厉的处罚方式，或在某一处罚方式允许的幅度内适用接近于上限或上限的处罚。

根据我国的消防法律法规，从重处罚主要针对以下几种情况：

(1) 违法情节恶劣，后果严重的。

(2) 在结伙实施中起主要作用的。

(3) 多次违法、屡教不改的。

(4) 胁迫、诱骗他人或者教唆未成年人违法的。

(5) 抗拒、妨碍执法人员查处其违法行为的。

(6) 对检举人、证人打击报复的。

(7) 隐匿、销毁、伪造有关证据，企图逃避法律责任的。

(8) 其他依法应从重处罚的。如《建设工程消防监督管理规定》第四十五条规定：已经通过消防设计审核，擅自改变消防设计，降低消防安全标准的；建设工程未依法进行备案，且不符合国家工程建设消防技术标准强制性要求的；经责令限期备案逾期不备案的；工程监理单位与建设单位或者施工单位串通，弄虚作假，降低消防施工质量的。应当依法从重处罚。

（四）分别处罚

分别处罚是指对同一消防违法行为中的多个当事人或者对同一当事人不同种类的多个违法行为分别加以确定，并分别给予相应措施的行政处罚。

分别处罚主要有以下几种情况：

(1) 对两人以上共同实施同一个违法行为，处罚实施机关根据他们各自在违法活动中的作用、情节及危害后果，分别给予处罚并分别执行。

(2) 对同一行为人同时实施了两个以上不同种类的违法行为，并应由同一处罚实施机关管辖的，处罚机关应对其多个违法行为分别处罚，然后合并执行。如《建设工程消防监督管理规定》第四十四条规定：依法应当经公安机关消防机构进行消防设计审核的建设工程未经消防设计审核和消防验收，擅自投入使用的，分别处罚，合并执行。

(3) 法人或其他组织等团体单位有违法行为的，根据法律规定，有些应对单位、单位的主管人员和直接责任人员分别处罚并分别执行。如《消防法》第六十九条规定：消防产品质量认证、消防设施检测等消防技术服务机构出具虚假文件的，责令改正，处五万元以上十万元以下罚款，并对直接负责的主管人员和其他直接责任人员处一万元以上五万元以下罚款。

（五）一事不再罚

一事不再罚具体运用到行政处罚中时，其表现为“对当事人的同一个违法行为，不得给予两次以上罚款的行政处罚”。

同一个违法行为，是指同一行为主体基于同一事实和理由实施的一次性行为。在实践中，行为人同一个违法行为可能触犯一个法律规范，也可能触犯多个法律规范。在触犯多个法律规范，尤其是各个法律规范的执法主体不同的情况下，可能出现多头处罚的重复处罚情况，从而违反过错与处罚相适应的规则，加重了行为人的处罚负担，需要加以避免。

第四节　失火案和消防责任事故案的办理

一、管辖分工

根据《公安部刑事案件管辖分工规定》的规定，县级以上公安机关消防机构负责侦查危害公共安全罪中失火案和消防责任事故案。在具体案件的管辖中应当以犯罪地的公安机关消防机构管辖为主，犯罪嫌疑人居住地的公安机关消防机构管辖为辅；以最初受理的公安机关消防机构管辖为主，主要犯罪地的公安机关消防机构管辖为辅的管辖原则。上级公安机关消防机构认为有必要的，可以侦查下级公安机关消防机构的刑事案件，下级公安机关消防机构认为案情重大需要上级公安机关消防机构侦查时，可以请上一级公安机关消防机构管辖。

二、消防刑事案件的犯罪构成

（一）失火罪

失火罪，是指由于行为人的过失引起火灾，造成严重后果，危害公共安全的行为。按照《刑法》第 115 条第 2 款的规定，犯失火罪的，处 3 年以上 7 年以下有期徒刑；情节较轻的，处 3 年以下有期徒刑或者拘役。

1. 失火罪的犯罪构成

(1) 犯罪客体

本罪侵犯的客体是公共安全。从实践来看,失火罪对公共安全的危害通常表现为危害重大公私财产的安全和危害不特定多数人的生命、健康两种情况。由于火灾发生的本质是在时间和空间上失去控制的燃烧,这种在一定时间内无法控制的燃烧很容易对不特定多数人的生命、健康,以及公私财产的安全造成危害,因此绝大多数火灾对公共安全造成了危害。

(2) 犯罪的客观方面

本罪在客观方面表现为由于行为人的过失行为引起火灾,造成了严重后果,危害了公共安全。具体包括以下几方面的内容:一是行为人须有失火行为。这也就是说,行为人用火不当,引起公私财物的燃烧。二是失火行为须危害公共安全。这也就是说,失火行为具有危害不特定多数人的生命、健康或者重大财产安全的属性。三是失火行为必须造成了危害公共安全的严重后果,失火行为和严重后果之间存在因果关系。如果失火行为没有造成严重后果,就不构成失火罪。这里的"没有造成严重后果",通常是指造成了一定后果,但不严重。例如,失火行为致人轻伤、财产损失较小或者较大但还不属于重大损失等。只有失火行为造成了严重后果,即致人重伤、死亡或者财产重大损失,且失火行为和严重后果两者存在引起和被引起的因果关系时,失火罪才能成立。

(3) 犯罪主体

本罪的犯罪主体为一般主体。凡达到法定刑事责任年龄、具有刑事责任能力的自然人均可成为本罪的主体,单位不能成为本罪的主体。

(4) 犯罪的主观方面

本罪在主观方面表现为过失。过失,既可以是出于疏忽大意的过失,即行为人应当预见自己的行为可能引起火灾,因为疏忽大意而未预见,致使火灾发生,也可以是出于过于自信的过失,即行为人已经预见自己的行为可能引起火灾,但轻信火灾能够避免,结果发生了火灾。这里的"疏忽大意"、"轻信能够避免",是指行为人对火灾危害结果的心理态度,而不是对导致火灾的行为的心理态度。实践中,有的行为人对导致火灾的行为是明知故犯的,如明知在特定区域内禁止吸烟却置之不理等,但行为人对火灾危害结果既不希望,也不放任其发生,这种案件应定为失火罪。行为人对于火灾的发生,主观上具有犯罪的过失,是其负刑事责任的主观根据。如果查明火灾是由于不可抗拒或不能预见的原因,如雷击、地震等引起的,则属于意外事件,不涉及犯罪问题。所以,如果火灾是由于地震、火山爆发、雷击、天旱等原因引起的,不是人为原因造成的,则是自然灾害,当然不构成犯罪。

2. 失火罪的认定

(1) 失火罪罪与非罪的区别

在认定某一失火行为是否构成失火罪时,除要按照失火罪的犯罪特征进行判断外,还应掌握以下认定方法:

第一,将失火罪与自然灾害引起的火灾加以区分。行为人主观上有过失是其负刑事责任的主观基础,如果查明造成严重后果的火灾是由于不能抗拒的自然灾害,如雷击、地震、火山喷发等引起的,与人的行为无关,则不存在犯罪问题。

第二,将失火罪与人为原因引起的火灾加以区分。在现实生活中,由人为原因引起的火灾,情况非常复杂。应根据行为人实施具体失火行为造成损害的程度、主观方面的心理态度等方面的情况，具体认定与人的行为有关的火灾是否构成失火罪。具体来说，包括以下几方面的内容：一是失火行为是否造成了严重后果，即是否致人重伤、死亡或者公私财产遭受到了严重损失。这种严重后果既包括不特定多数人的生命、健康受到实际损害的后果，也包括使公私财产遭受重大损失的损害后果。如果失火行为造成了一定危害后果，但后果并不严重，则不构成失火罪。二是行为人的行为与火灾的发生是否具有刑法上的因果关系。如果查明火灾的发生并非行为人的行为造成的，即不存在刑法上的因果关系，则行为人不应对火灾后果承担刑事责任。三是行为人主观上有无过失。虽然发生了火灾，造成了严重后果，但如果行为人对严重后果主观上并不存在过失，而是由于不能预见的原因引起的，也不构成失火罪。认定行为人主观上有无过失，尤其是对严重危害后果能否预见，即是否存在疏忽大意的过失，是与意外事件相区别的关键所在。根据行为人的具体情况综合分析，如果行为人对火灾的严重后果根本不可能预见，则属于意外事件；如果行为人对火灾的严重后果应当预见而未预见，则存在疏忽大意的过失，构成失火罪。

(2) 失火罪与放火罪的区别

失火罪与放火罪同属于危害公共安全的犯罪，两者的危害后果，即不特定多数人的伤亡或重大公私财产的损失，都是由火灾造成的，点火本身通常也都是故意的。但两者的区别也比较明显，主要表现在：一是客观方面的要求不同。对于失火罪来说，必须造成致人重伤、死亡或者使公私财产遭受重大损失的严重后果，才能构成犯罪，是结果犯；放火罪并不以发生上述严重后果作为法定要件，只要实施足以危害公共安全的放火行为，放火罪即能成立，是行为犯。二是犯罪表现不同。失火罪是过失犯罪，以发生严重后果作为法定要件，不存在犯罪未遂情形；放火罪有预备、既遂、未遂和中止之分。另外，放火罪可能是共同犯罪，失火罪不存在共同犯罪问题。三是犯罪主体不同。失火罪的犯罪主体对刑事责任年龄的最低要求是已满16周岁的自然人；对于放火罪来说，已满14周岁的自然人就要负刑事责任。四是主观罪过形式不同。失火罪出于过失；放火罪则出于故意。这是两种犯罪性质的根本区别。

(3) 失火罪与重大责任事故罪的区别

重大责任事故罪，是指在生产、作业中违反有关安全管理的规定，因而发生重大伤亡事故或者造成其他严重后果的行为。失火罪与重大责任事故罪的区别主要在于：失火罪处罚的是日常生活中不注意用火安全而引发火灾的行为，一般与特定的注意义务无关。失火一般发生在日常生活中，如吸烟入睡，做饭不照看炉火，安装炉灶、烟囱不符合防火规则，在森林中乱烧荒不注意防火等，以致酿成火灾，造成重大损失的，构成失火罪。而重大责任事故罪则强调是发生在生产、作业过程中的火灾，这里所指的生产、作业过程既包括资源的开采活动、各种产品的加工和制作活动，也包括各类工程建设和商业、娱乐业以及其他服务业的经营活动。其主体范围包括直接从事生产、作业的人员，也包括在生产、作业中担负指挥、管理职责的人员。从犯罪构成要件来讲，修改后的重大责任事故罪犯罪主体范围扩大了，从“工厂、矿山、林场、建筑企业或者其他企业、事业单位”，扩大到能够“生产、作业的所有场所”，但不涉及生活领域。

3. 失火案立案追诉标准

过失引起火灾，涉嫌下列情形之一的，应予立案追诉：

(1) 导致死亡1人以上，或者重伤3人以上的。

(2) 造成公共财产或者他人财产直接经济损失50万元以上的。

(3) 造成10户以上家庭的房屋以及其他基本生活资料烧毁的。

(4) 造成森林火灾，过火有林地面积2公顷以上，或者过火疏林地、灌木林地、未成林地、苗圃地面积4公顷以上的。

(5) 其他造成严重后果的情形。

(二) 消防责任事故罪

消防责任事故罪，是指违反消防管理法规，经公安机关消防机构或者公安派出所通知采取改正措施而拒绝执行，造成严重后果的行为。按照《刑法》第139条的规定，犯消防责任事故罪的，处3年以下有期徒刑或者拘役；后果特别严重的，处3年以上7年以下有期徒刑。

1. 消防责任事故罪的犯罪构成

(1) 犯罪客体

本罪侵犯的客体是公共安全。我国对消防工作实行严格的监督管理，专门制定了《消防法》、《消防监督检查规定》等消防管理法规。公安机关消防机构、公安派出所发现火灾隐患，应及时通知被检查的单位和个人整改，被通知单位或个人应当采取有效措施，消除火灾隐患，并将整改的情况及时告诉公安机关消防机构或公安派出所。每个单位和公民都必须严格遵守消防管理法规，认真做好消防工作，及时消除火灾隐患。由于有些单位和公民漠视消防安全、片面追求经济效益，违反消防管理法规，经公安机关消防机构或者公安派出所通知采取改正措施而拒绝执行，因而发生火灾，造成严重后果，严重破坏了消防监督秩序，危害了公共安全，给国家、集体和人民群众带来了巨大损失。

(2) 犯罪的客观方面

本罪的客观方面表现为违反消防管理法规，且经公安机关消防机构或者公安派出所通知采取改正措施而拒绝执行的行为。具体包括以下内容：

① 有违反消防管理法规的行为，即有违反我国《消防法》、《仓库防火安全管理规则》、《高层民用建筑设计防火规范》以及各省(自治区、直辖市)的地方性消防法规规定的行为。

② 经公安机关消防机构或者公安派出所通知采取改正措施而拒绝执行。行为人有违反消防管理法规的行为，必须是经公安机关消防机构或者公安派出所通知需要改正的行为，如果没有接到过公安机关消防机构或者公安派出所采取改正措施的通知，那么违法行为即使造成了严重后果，也不构成本罪。

③ 违反消防管理法规的行为与严重后果之间存在因果关系，即严重后果是由于违反消防管理法规的行为引起的。违反消防管理法规的行为与严重后果之间没有因果联系，则不构成本罪。"严重后果"，通常是指造成了人身伤亡或公私财产的重大损失。"后果特别严重"，一般是指造成死亡、多人重伤或者公私财产的巨大损失。

全国各省(自治区、直辖市)对失火案和消防责任事故案的立案标准，可结合当地经济发展水平和火灾造成的直接财产损失来确定。

(3) 犯罪主体

本罪的犯罪主体为一般主体，即年满16周岁、具有刑事责任能力的自然人。

(4) 犯罪的主观方面

本罪的主观方面表现为过失。这里所说的过失，是指行为人对其所造成的危害后果的心理状态，既可以是疏忽大意的过失，也可以是过于自信的过失。行为人主观上虽然并不希望火灾事故发生，但就其违反消防管理法规，经公安机关消防机构或者公安派出所通知采取改正措施而拒绝执行而言，则是明知故犯的。行为人明知是违反了消防管理法规，但却未想到会因此而产生严重后果，或者轻信能够避免，以致发生了严重后果。

2. 消防责任事故罪的认定

(1) 消防责任事故罪罪与非罪的区别

在司法实践中，认定和处理消防责任事故案应注意审查以下几点：一是审查是否有违反消防管理法规的行为。消防管理法规对消防管理措施、要求等都作了具体规定，这些规定是公安机关消防机构和公安派出所对消防安全工作实施监督的基本依据，当然也是公安机关消防机构和公安派出所审查行为人是否违反消防管理法规的基本依据。只有违反消防管理法规的才能定罪，否则就不构成本罪。二是审查行为人是否接到了公安机关消防机构或者公安派出所要求采取改正措施的书面通知。这种书面通知不仅体现着公安机关消防机构和公安派出所的依法监督行为，而且也是认定行为人是否拒绝执行改正措施的主要证据材料。行为人接到了要求采取改正措施的通知，才可能构成本罪，否则不构成本罪。三是审查行为人是否对公安机关消防机构或者公安派出所要求采取改正措施的通知拒绝执行。拒绝执行，才构成本罪；如果没有拒绝，相反却是立即认真执行，即使在执行中发生了火灾，也不构成本罪。四是审查拒不执行的行为是否造成了严重后果，只有造成了严重危害后果，才构成本罪。

(2) 消防责任事故罪与失火罪的区别

消防责任事故罪与失火罪，两者在事故形式上都表现为火灾，行为人对于火灾后果都表现为过失。但两者存在着以下区别：一是火灾事故发生的前因不同。消防责任事故罪中的火灾事故的前因是行为人违反消防管理法规，经公安机关消防机构或者公安派出所要求采取改正措施而拒不执行；而失火罪中的火灾事故的前因则是行为人在日常生产、生活中用火不慎造成的。二是主观方面的表现不同。消防责任事故罪的行为人对违反消防管理法规以及拒不执行公安机关消防机构或者公安派出所要求采取改正措施的通知，通常表现为明知故犯；而失火罪的行为人对火灾的发生直接表现为过失。

3. 消防责任事故案立案追诉标准

违反消防管理法规，经消防监督机构通知采取改正措施而拒绝执行，涉嫌下列情形之一的，应予立案追诉：

(1) 造成死亡 1 人以上，或者重伤 3 人以上的。

(2) 造成直接经济损失 50 万元以上的。

(3) 造成森林火灾，过火有林地面积 2 公顷以上，或者过火疏林地、灌木林地、未成林地、苗圃地面积 4 公顷以上的；

(4) 其他造成严重后果的情形。

上述“有林地”、“疏林地”、“灌木林地”、“未成林地”、“苗圃地”，按照国家林业主管部门的有关规定确定。

三、回避和律师参与制度

(一) 回避制度

刑事侦查中的回避，是指公安机关负责人、侦查人员、记录人、翻译人员、鉴定人等人员，因与案件有法定的利害关系或者有其他特殊关系，可能影响案件的公正处理，而不得参与本案刑事侦查活动的一项诉讼制度。

1. 回避的事由

公安机关消防机构负责人、侦查人员有下列情形之一的，应当自行回避，当事人及其法定代理人也有权要求他们回避：

(1) 是本案的当事人或者是当事人的近亲属的。

(2) 本人或者他的近亲属和本案有利害关系的。

(3) 担任过本案的证人、鉴定人、辩护人、诉讼代理人的。

(4) 与本案当事人有其他关系，可能影响公正处理案件的。

2. 回避的程序

(1) 回避的提出

回避的方式有以下三种：

① 自行回避

在侦查过程中，承办消防刑事案件的公安机关消防机构负责人、侦查人员、记录人、翻译人员、鉴定人等与本案有法定或者特殊利害关系的人员，应当依照法律规定，向公安机关负责人口头或者书面提出自行回避的申请。自行回避可以书面提出，也可以口头提出，对于口头提出的申请应当记录在案。

② 申请回避

在侦查办案中，案件的当事人及其法定代理人根据法律规定，对承办案件的公安机关消防机构负责人、侦查人员、记录人、翻译人员、鉴定人等与本案有法定或者特殊利害关系的人员，认为应当回避时，有权提出回避申请。申请回避是法律赋予案件当事人的一种诉讼权利，当事人有权行使，公安机关消防机构有义务给予保障。申请回避，应当说明理由。口头提出申请的，公安机关消防机构应当记录在案。

③ 指定回避

公安机关消防机构负责人、侦查人员具有应当回避的情形之一，本人没有自行回避，当事人及其法定代理人也没有申请他们回避的，同级人民检察院检察委员会或者县级以上公安机关负责人知悉后，应当及时审查并决定他们回避。

(2) 回避的决定

申请回避是当事人及其法定代理人的诉讼权利。在当事人或者其法定代理人提出回避申请之后，还需要经过公安机关依法审查，并作出是否准许回避的决定。具体而言，公安机关消防机构负责人、侦查人员的回避，由县级以上公安机关负责人决定；县级以上公安机关负责人的回避，由同级人民检察院检察委员会决定。鉴定人、记录人和翻译人员需要回避的，由县级以上公安机关负责人决定。

3. 回避的复议

当事人及其法定代理人对公安机关作出驳回申请回避的决定不服的，可以在收到《驳回申请回避决定书》后5日内向原决定机关申请复议一次。对当事人及其法定代理人对驳回申请回避的决定不服申请复议的，决定机关应当在3日以内作出复议决定，并书面通知申请人。

(二) 律师参与刑事诉讼制度

律师参与刑事诉讼活动，有利于充分保障犯罪嫌疑人行使诉讼权利，维护其合法权益，有利于公安机关消防机构客观公正地处理案件，有利于推动侦查活动的顺利进行。

1. 律师参与刑事诉讼的时间

《刑事诉讼法》第 33 条和《公安机关办理刑事案件程序规定》第 41 条规定，公安机关在第一次讯问犯罪嫌疑人或者对犯罪嫌疑人采取强制措施的时候，应当告知犯罪嫌疑人有权委托律师作为辩护人，并告知其如果因经济困难或者其他原因没有委托辩护律师的，可以向法律援助机构申请法律援助。同时，告知的情形应当记录在案。

2. 辩护律师的委托

根据《公安机关办理刑事案件程序规定》第 42 条、第 43 条的规定，犯罪嫌疑人可以自己委托辩护律师。在押的犯罪嫌疑人要求委托辩护人的，公安机关消防机构应当及时转达其要求，由其监护人、近亲属代为委托辩护人。犯罪嫌疑人无监护人或者近亲属的，公安机关消防机构应当及时通知当地律师协会或者司法行政机关为其推荐辩护律师。

3. 律师在侦查阶段的权利

根据《刑事诉讼法》第 36、37、39、41 条的规定，辩护律师在侦查阶段依法可以从事下列活动：

(1) 为犯罪嫌疑人提供法律帮助，主要包括帮助犯罪嫌疑人了解有关法律规定，解释有关法律问题，说明有关刑事政策和法律责任，告知其应有的诉讼权利，帮助其提出申诉等。

(2) 代理申诉、控告，主要是指代替犯罪嫌疑人就其合法权利被公安机关或者侦查人员侵犯向有关部门进行申诉或者控告。其中，《刑事诉讼法》第 115 条规定了当事人可以申诉的事项。

(3) 申请变更强制措施，主要是指辩护律师发现对犯罪嫌疑人采取强制措施不当的，如患有严重疾病、生活不能处理，怀孕或者正在哺乳自己婴儿的妇女，采取取保候审不致发生社会危险性，不适宜对其拘留、逮捕的，可以提出申请，要求变更强制措施的种类。

(4) 向公安机关了解犯罪嫌疑人涉嫌的罪名和案件有关情况，提出意见。律师为犯罪嫌疑人提供辩护的前提是了解其涉嫌的罪名，公安机关应当在犯罪嫌疑人聘请律师后及时告知。律师可以根据获悉的案件情况、掌握的事实和证据及有关法律规定，向公安机关提出自己的意见，如不构成犯罪、犯罪情节较轻、有减轻或者免除处罚情节等，公安机关应当认真听取并记录在案。

(5) 会见权、通信权。辩护律师可以同在押的犯罪嫌疑人会见和通信。辩护律师持律师执业证书、律师事务所证明和委托书或者法律援助公函要求会见在押的犯罪嫌疑人的，看守所应当及时安排会见，至迟不得超过 48 h。危害国家安全犯罪、恐怖活动犯罪、特别重大贿赂犯罪案件，在侦查期间辩护律师会见在押的犯罪嫌疑人，应当经公安机关许可。上述案件，公安机关应当事先通知看守所。辩护律师会见在押的犯罪嫌疑人，可以了解案件有关情况，提供法律咨询等，会见犯罪嫌疑人时不被监听。

辩护律师同被监视居住的犯罪嫌疑人会见、通信，除不必持律师执业证书、律师事务所证明和委托书或者法律援助公函外，其他程序规定与会见在押的犯罪嫌疑人相同。

(6) 申请调取证据权。辩护人认为在侦查期间公安机关收集的证明犯罪嫌疑人无罪或者罪轻的证据材料未提交的，有权申请人民检察院、人民法院调取。

(7) 收集证据权。辩护律师在收集程序上分为两种形式：一种是辩护律师经证人或者其他有关单位和个人同意，向他们收集与本案有关的材料。在这种情况下，辩护律师是收集证据的主体。另一种则是申请人民检察院、人民法院收集、调取证据，或者申请人民法院通知证人出庭作证，这种情形则不需要证人或者其他有关单位和个人同意。辩护律师也可以向被害人、被害人近亲属、被害人提供的证人收集证据，但必须受以下两方面条件的限制：一是要经人民检察院或者人民法院的许可，即在审查起诉阶段应经人民检察院的许可，在审判阶段要经人民法院的许可；二是必须经被害人、被害人近亲属、被害人提供的证人同意。

四、消防刑事案件办理程序

（一）受案

受案，是指公安机关消防机构对群众举报、受害人控告、犯罪嫌疑人自首和公安机关其他部门移送的立案材料的接受。对于举报、控告、自首的，公安机关消防机构都应当立即接受，问明情况，并制作笔录，经宣读无误后，由举报人、控告人、犯罪嫌疑人签名或者盖章。必要时，可以同时录音。

公安机关消防机构对于接受的案件，或者自己发现的犯罪线索等案件材料，按照管辖和立案条件的规定进行鉴别和判断。明确其是否属于本部门管辖的范围和是否存在犯罪事实并应当追究刑事责任。公安机关消防机构对于接受的案件材料、在火灾事故调查中直接发现和获得的材料，应当立即进行审查。

（二）立案

1. 决定立案

公安机关消防机构经审查，具备下列情形之一的，应当制作《呈请立案报告书》，经县级以上公安机关负责人批准后立案侦查：

（1）经审查达到失火案、消防责任事故案的立案标准的。

（2）人民检察院通知公安机关立案的。

（3）上级公安机关指定立案的。

（4）其他依法应当立案的。

2. 决定不予立案

公安机关消防机构经过审查，具备下列情形之一的，报公安机关不予立案：

（1）没有失火案和消防责任事故案犯罪事实。

（2）犯罪事实显著轻微不需要追究刑事责任。

（3）具有其他依法不追究刑事责任情形的。

不予立案的应当制作《呈请不予立案报告书》，经县级以上公安机关负责人批准后不予立案。对于有控告人的案件，决定不予立案的，应当制作《不予立案通知书》，在3日以内送达控告人。控告人对不立案决定不服的，可以在收到《不予立案通知书》后7日以内向作出决定的公安机关申请复议。公安机关应当在收到复议申请后7日以内作出决定，并书面通知控告人。

对于人民检察院要求说明不立案理由的案件，公安机关应当在收到通知书后7日以内，对不立案的情况、依据和理由作出书面说明，回复人民检察院。人民检察院通知公安机关立案的，公安机关应当在收到通知书后15日以内立案，并将《立案决定书》复印件送达人民检察院。

3. 移送

公安机关消防机构经立案侦查，认为有犯罪事实需要追究刑事责任，但不属于自己管辖的案件，应当移送有管辖权的机关处理。

公安机关消防机构应当在 24 h 内制作《呈请移送案件报告书》，经县级以上公安机关负责人批准，签发《移送案件通知书》，移送有管辖权的机关处理，并在移送案件后 3 日以内书面通知犯罪嫌疑人家属。

移送案件时，与案件有关的财物及其孳息、文件应当随案移交。

（三）侦查

1. 讯问犯罪嫌疑人

讯问的对象只能是犯罪嫌疑人。讯问时，侦查人员不得少于两人。严禁刑讯逼供或者使用威胁、引诱、欺骗以及其他非法的方法获取供述。讯问同案的犯罪嫌疑人，应当个别进行。讯问未成年的犯罪嫌疑人，除有碍侦查或无法通知的情形外，应当通知其家属、监护人或者教师到场。讯问可以在公安机关进行也可以到未成年人的住所、单位、学校或者其他适当的地点进行。讯问聋、哑犯罪嫌疑人，应当有通晓聋、哑手势的人参加，并在讯问笔录上注明犯罪嫌疑人的聋、哑情况，翻译人员的姓名、工作单位和职业。讯问不通晓当地语言文字的犯罪嫌疑人，应当配备翻译人员。

讯问犯罪嫌疑人时应制订讯问计划、提纲，包括讯问的目的和要求，需查明的犯罪事实，讯问的步骤、重点、采取的策略和方法，调查取证的要求和讯问与调查的安排等。讯问内容包括犯罪嫌疑人基本情况、案件事实。讯问犯罪嫌疑人应当制作“讯问笔录”。侦查人员应当将问话和犯罪嫌疑人的供述、辩解，对讯问人出示、使用证据的过程，犯罪嫌疑人的态度、表情如实地记录清楚。

2. 询问证人、受害人

火灾受害人是指由于火灾的发生，在经济上、生理上遭受损失和创伤的人。火灾证人是指居住或工作在火灾现场，了解现场情况，见证火灾起火，蔓延过程的人，一般包括最先发现火灾和报警的人、最后离开起火部位或在场的人、熟悉起火部位周围情况及生产工艺过程的人、最先到达火场救火的人、值班人员等。

通过询问要确定发现和发生火灾的时间、经过、损失、起火部位（起火点）、起火原因以及有关人员在火灾发生过程的主客观过错等。询问的内容包括：起火前的现场情况；发现起火的时间、报警时间、接警时间、发现起火的过程，火势蔓延的情况和扑救初起火灾的情况；火灾发生前后的异常情况；最先冒烟、出现明火的部位及火势最先突破部位。对证人和受害人询问的，应当制作“询问笔录”。

3. 勘验与检查

县级以上公安机关消防机构对火灾现场应当依照《火灾事故调查规定》和有关工作规则进行现场勘验。火灾现场发现尸体的，应当通知法医参加，进行尸体勘验。尸体勘验的主要任务是确定死亡原因、死亡方式、推断死亡时间，鉴定识别死者身份。

为了确定被害人、犯罪嫌疑人的某些特征、火灾造成的伤害情况或者生理状态，可以依法对人身进行检查。检查的情况应当制作笔录，由参加检查的侦查人员、检查员、见证人签名或者盖章。

4. 鉴定

为了查明案情，解决案件中某些专门性问题，应当指派或聘请具有鉴定资格的人进行鉴定。

(1) 人身伤害医学鉴定

为了查明人身伤害的严重程度以及引起伤害的原因，应当依法委托有鉴定资格的机构对人身伤害进行医学鉴定。

(2) 精神病医学鉴定

为了查明犯罪嫌疑人、证人或者被害人是否能辨认和控制自己的行为，是否具有刑事责任能力，应当依法委托省级设立的司法鉴定委员会或由省级人民政府指定的医院进行精神病医学鉴定。

(3) 价格鉴定

为了查明火灾损失，确定是否达到刑事案件追诉标准，应当依法委托价格主管部门设立的具有法定资质的涉案物品价格鉴定机构进行价格鉴定。

(4) 电子数据鉴定

电子数据鉴定应当委托公安机关公共信息网络安全监察部门根据法律规定对火灾自动报警系统、城市消防远程监控系统及其他涉案电子数据进行鉴定。

(5) 其他鉴定

在具体办理案件时，为解决案件中的专门性问题，可以根据需要，委托具有法定资格的鉴定机构和鉴定人，依法对有关的生物检材、痕迹、物品、文件以及视听资料等，运用专业知识、仪器设备和技术方法进行鉴定。

5. 搜查

为收集证据、查获犯罪人，经县级以上公安机关负责人批准并开具《搜查证》，公安机关消防机构的侦查人员可以对犯罪嫌疑人以及可能隐藏罪犯或者案件证据的人身、物品、住处和其他有关的地方进行搜查。执行搜查的侦查人员不得少于两人并出示《搜查证》，令其签字，执行拘留、逮捕时，遇有法定紧急情况的，不用《搜查证》也可以进行搜查。并对被搜查人或者其家属说明阻碍搜查、妨碍公务应负的法律责任。如果遇到阻碍，可以强制搜查。

搜查时应当有被搜查人或者其家属、邻居或其他见证人在场。搜查妇女的身体，应当由女侦查人员进行。对搜查中查获的犯罪证据，应当场拍照后予以扣押，必要时，可以对搜查过程录像。

搜查的情况应当制作"搜查笔录"，侦查人员和被搜查人或者其家属、邻居或者其他见证人应当在"搜查笔录"上签名或者盖章；如果被搜查人或者其家属不在现场，或者拒绝签名、盖章的，侦查人员应当在笔录上注明。

6. 扣押

在勘验、搜查中发现的可以证明犯罪嫌疑人有罪或者无罪的各种物品、文件，应当扣押。在扣押过程中要符合扣押的相关要求。

7. 强制措施

为确保侦查工作顺利进行，公安机关消防机构可以依法采取拘传、拘留、逮捕、取保候审和监视居住等强制措施。

(1) 拘传

有证据证明有犯罪嫌疑的或者经过传唤没有正当理由不到案的，可以对犯罪嫌疑人进行拘传。需要拘传犯罪嫌疑人的应报县级以上公安机关负责人批准，签发《拘传证》。由两名以上侦查人员进行，侦查人员应当向犯罪嫌疑人出示《拘传证》，并责令其在《拘传证》上签名（盖章）、捺指印。对拒绝拘传的，侦查人员可以强制其到案。在《拘传证》上填写到案时间和讯问结束时间。

拘传持续的时间不得超过 12 h，不得以连续拘传的形式变相拘禁犯罪嫌疑人。对于犯罪嫌疑人拒绝在《拘传证》上填写到案时间和讯问结束时间的，应当进行说服教育，尽量使其如实填写，以备发生争议。需要对被拘传人变更为其他强制措施的，应当在拘传期间作出批准或者不批准的决定；对于不批准的，应当立即结束拘传。

(2) 拘留

对于现行犯或者重大嫌疑分子，有下列情形之一的，可以先行拘留：

① 正在预备犯罪、实行犯罪或者在犯罪后即时被发觉的；

② 被害人或者在场亲眼看见的人指认他犯罪的；

③ 在身边或者住处发现有犯罪证据的；

④ 犯罪后企图自杀、逃跑或者在逃的；

⑤ 有毁灭、伪造证据或者串供可能的；

⑥ 不讲真实姓名、住址，身份不明的；

⑦ 有流窜作案、多次作案、结伙作案、有重大嫌疑的。

拘留犯罪嫌疑人，应当经县级以上公安机关负责人批准，签发《拘留证》。由两个侦查人员执行并出示《拘留证》，宣布拘留决定，告知犯罪嫌疑人决定机关、法定羁押起止时间以及羁押处所，立即将其送看守所羁押。责令被拘留人在《拘留证》上写明宣布拘留的时间，并签名（盖章）、捺指印。如果被拘留人拒绝签名（盖章）、捺指印的，侦查人员应当注明。

拘留后，应当在 24 h 内将《拘留通知书》送达被拘留人家属或者单位。犯罪嫌疑人家属或单位在外地的，《拘留通知书》要在 24 h 内交邮，并将邮件回执附卷，不得以口头通知代替书面通知。对于有同案的犯罪嫌疑人可能逃跑、隐匿、毁弃或者伪造证据的；不讲真实姓名、住址，身份不明的；其他有碍侦查或者无法通知等情形的，经县级以上公安机关负责人批准，可以不予通知，并在《拘留通知书》中注明原因。不予通知的情形消除后，应当立即通知被拘留人的家属或者他的所在单位。

对于被拘留的犯罪嫌疑人，应当在拘留后 24 h 内进行讯问。发现不应当拘留时，报县级以上公安机关负责人批准，签发《释放通知书》，看守所凭《释放通知书》发给被拘留人《释放证明书》，将其立即释放。对于符合逮捕条件的，提请批准逮捕。应当追究刑事责任，但不需要逮捕的，变更为取保候审或监视居住，侦查终结后，直接向人民检察院移送起诉。尚未获取足够证据，未达到逮捕条件的，变更为取保候审或者监视居住，继续侦查。

(3) 逮捕

对有证据证明有犯罪事实，可能判处有期徒刑以上刑罚的犯罪嫌疑人，采取取保候审、监视居住等方法，尚不足以防止发生社会危险性，而有逮捕必要的，经报县级以上公安机关负责人批准，制作《提请批准逮捕书》一式三份，连同案卷材料、证据，一并移送同级人民检察院审查。由人民检察院决定逮捕并作《批准逮捕决定书》，填发《逮捕证》，由两名侦查人员执行逮捕。

执行逮捕后，应将执行逮捕情况填写回执，加盖公安机关印章，及时送达作出批准逮捕的人民检察院。如果未能执行，也应当写明未能执行的原因，将回执送达人民检察院。逮捕后，必须在 24 h 内对犯罪嫌疑人进行讯问，发现不应当逮捕的，经报县级以上公安机关负责人批准，制作《释放通知书》，通知看守所立即释放，并将释放理由书面通知原批准逮捕的人民检察院。

逮捕后，应当在 24 h 内将《逮捕通知书》送达被逮捕人家属或单位。犯罪嫌疑人家属或单位在外地的，侦查人员应当在 24 h 内将通知书交邮，并将邮件回执附卷，不得以口头或电话通知代替书面通知。对于同案的犯罪嫌疑人可能逃跑，隐匿、毁弃或者伪造证据；不讲真实姓名、住址、身份不明的；其他有碍侦查或者无法通知等情形的，报县级以上公安机关负责人批准，可以不予通知，并在《逮捕通知书》上注明原因。不予通知的情形消除后，应当立即通知被逮捕人的家属或者他的所在单位。

对于人民检察院决定不批准逮捕的，依照不同情形分别处理：

① 如果犯罪嫌疑人已被拘留，公安机关在收到《不批准逮捕决定书》后，应当立即制作《释放通知书》通知看守所，并将执行回执在 3 日内送达作出不批准逮捕决定的人民检察院。

② 对人民检察院不批准逮捕并通知补充侦查的，补充侦查后认为符合逮捕条件的，应当重新提请批准逮捕。对于人民检察院不批准逮捕且没有要求补充侦查的，必须无条件释放犯罪嫌疑人。

③ 对人民检察院不批准逮捕而未说明理由的，公安机关可以要求人民检察院说明理由。

④ 对人民检察院不批准逮捕的决定，认为有错误需要复议的，应当在 5 日内制作《呈请复议报告书》，报县级以上公安机关负责人批准，制作《要求复议意见书》，送交同级人民检察院复议。如果意见不被接受，需要复核的，应当在 5 日内制作《呈请复核报告书》，报县级以上公安机关负责人批准后，制作《提请复核意见书》，连同人民检察院的《复议决定书》，一并提请上一级人民检察院复核。在要求复议和提请复核期间，办案部门补充的证据不能作为复议、复核的依据。

（4）取保候审

取保候审，是指公安机关消防机构为了防止犯罪嫌疑人逃避侦查，责令犯罪嫌疑人提出保证人或者交纳保证金，以保证人或者保证金形式担保其不逃避或者不妨碍侦查，并且随传随到的一种强制措施。取保候审最长不得超过 12 个月。

对具有下列情形之一的犯罪嫌疑人，可以取保候审：

① 可能判处管制、拘役或者独立适用附加刑的；

② 可能判处有期徒刑以上刑罚，采取取保候审，不致发生社会危险性的；

③ 应当逮捕的犯罪嫌疑人患有严重疾病，或者是正在怀孕、哺乳自己未满 1 周岁的婴儿的妇女；

④ 对拘留的犯罪嫌疑人，证据不符合逮捕条件的；

⑤ 提请逮捕后，检察机关不批准逮捕，需要复议、复核的；

⑥ 犯罪嫌疑人被羁押的案件，不能在法定期限内办结，需要继续侦查的；

⑦ 移送起诉后，检察机关决定不起诉，需要复议、复核的。

具有下列情形之一的，一般不得取保候审：

① 对累犯、犯罪集团的主犯；

② 以自伤、自残办法逃避侦查的犯罪嫌疑人；

③ 危害国家安全的犯罪、暴力犯罪以及其他严重犯罪的；

④ 在取保候审期间又犯罪的。

取保候审由被逮捕的犯罪嫌疑人及其法定代理人、近亲属、律师提出书面申请。侦查人员审查并提出意见，报县级以上公安机关负责人批准，在 7 日内对申请人作出答复。不同意取保候审的，制作《不同意取保候审通知书》，通知申请人，并说明理由。同意取保候审的，凭《取保候审决定书》填写《释放通知书》，释放犯罪嫌疑人。

取保候审有两种执行方式：一是保证人担保；二是保证金担保。保证人担保，是指保证人以自己的人格和信誉担保犯罪嫌疑人在取保候审期间遵守相关的法律规定。保证金担保，是指犯罪嫌疑人交纳一定数额的现金作担保，来保证其在取保候审期间遵守相关的法律规定。保证金担保的特点是，将担保犯罪嫌疑人顺利进行刑事诉讼与一定的经济利益结合起来，从经济上约束犯罪嫌疑人，使其自觉地履行义务。

保证人应当同时具备：① 与本案无牵连；② 有能力履行保证义务；③ 享有政治权利，人身自由未受到限制；④ 有固定的住处和收入。在取保候审期间，保证人应做到监督被保证人遵守《刑事诉讼法》关于取保候审的规定；发现被保证人可能发生或者已经发生违反《刑事诉讼法》有关取保候审规定的行为时，应当及时向执行机关报告。保证人未履行保证义务的，经县级以上公安机关负责人批准，对保证人处 1 000 元以上 2 万元以下罚款；构成犯罪的，依法追究刑事责任。

保证金起点数额为人民币 1 000 元。保证金的数额，应当起到对犯罪嫌疑人的约束作用，能够保证诉讼活动的正常进行。要考虑案件的情节、性质、可能判处刑罚的轻重，被取保候审人的经济状况等因素。

公安机关消防机构不能直接收取保证金。确定取保候审保证金数额后，提供保证金的人应当将保证金存入县级以上公安机关指定银行的取保候审保证金专门账户，由银行负责保证金的收取和保管。

犯罪嫌疑人在取保候审期间未违反《刑事诉讼法》第 69 条规定的，在解除取保候审、变更强制措施的同时，公安机关消防机构应当制作《退还保证金决定书》，通知银行如数退还保证金。在取保候审期间违反《刑事诉讼法》第 69 条规定的，公安机关消防机构应当经过严格审核后，报县级以上公安机关负责人批准，没收部分或者全部保证金，并且区别情形，责令其具结悔过、重新交纳保证金、提出保证人，变更强制措施或者给予治安管理处罚；需要予以逮捕的，可以对其先行拘留。决定没收 5 万元以上保证金的，应当经设区的市一级以上公安机关负责人批准。

取保候审最长不得超过 12 个月。具有下列情形之一的，应当解除取保候审：

① 撤销案件的；

② 取保候审期限届满的；

③ 保证人要求撤回保证或者不能履行义务变更为监视居住的；

④ 作其他处理的。

(5) 监视居住

监视居住，是指公安机关消防机构为保证刑事侦查活动的顺利进行，依法通过限制犯罪嫌疑人的活动区域和住所，并监视其行动以防止其逃避侦查、起诉和审判的一种强制措施。监视居住最长不得超过6个月。

经县级以上公安机关负责人批准，对具有下列情形之一的犯罪嫌疑人，可以监视居住：

① 可能判处管制、拘役或者独立适用附加刑的；

② 可能判处有期徒刑以上刑罚，采取监视居住，不致发生社会危险性的；

③ 应当逮捕的犯罪嫌疑人患有严重疾病，或者是正在怀孕、哺乳自己未满1周岁的婴儿的妇女；

④ 对拘留的犯罪嫌疑人，证据不符合逮捕条件的；

⑤ 提请逮捕后，检察机关不批准逮捕，需要复议、复核的；

⑥ 犯罪嫌疑人被羁押的案件，不能在法定期限内办结，需要继续侦查的；

⑦ 移送起诉后，检察机关决定不起诉，需要复议、复核的。

监视居住应当在犯罪嫌疑人的固定住处执行。无固定住处的，应当在办案机关所在地指定居所进行。被监视居住期间，公安机关根据案情需要，可以暂扣其身份证件、机动车(船)驾驶证件，被监视居住的犯罪嫌疑人还应遵守下列规定：

① 未经执行机关批准不得离开住处，无固定住处的，未经批准不得离开指定的居所；

② 未经执行机关批准不得会见共同居住人及其聘请的律师以外的其他人；

③ 在传讯的时候及时到案；

④ 不得以任何形式干扰证人作证；

⑤ 不得毁灭、伪造证据或者串供。

被监视居住的犯罪嫌疑人，违反应当遵守的规定，有下列情形之一的，应当提请批准逮捕：

① 在监视居住期间逃跑的；

② 以暴力、威胁方法干扰证人作证的；

③ 毁灭、伪造证据或者串供的；

④ 在监视居住期间又进行犯罪活动的；

⑤ 实施其他违反应遵守规定的行为，情节严重的。

(6) 适用强制措施的特殊规定

① 对人大代表采取的强制措施

对县级以上的各级人民代表大会代表采取拘传、取保候审、监视居住、拘留或者提请批准逮捕的，应当书面报请本级人民代表大会主席团或者人民代表大会常务委员会许可。

对现行犯或者重大嫌疑分子先行拘留时，发现其是县级以上人民代表大会代表的，应当立即向其所属的人民代表大会主席团或者人民代表大会常务委员会报告。

在执行拘传、取保候审、监视居住，拘留或者逮捕中，发现被执行人是县级以上人民代表大会代表的，应当暂缓执行，并报告原决定或批准机关。如果在执行后发现被执行人是县级以上人民代表大会代表的，应当立即解除，并报告原决定或者批准的机关。

对乡、民族乡、镇的人民代表大会的人民代表采取拘传、取保候审、监视居住、拘留或者逮捕的，应当在执行后立即报告其所属的乡、民族乡、镇的人民代表大会。

② 对政协委员采取的强制措施

对政治协商委员会委员采取拘传、取保候审、监视居住的，应当将有关情况通报给该委员所属的政协组织。

对政治协商委员会委员执行拘留、逮捕前，应当向其所属的政协组织通报情况。情况紧急的，可以在执行的同时或者执行以后及时通报。

③ 对香港、澳门居民采取强制措施

对香港、澳门居民采取强制措施者要将公安机关管辖的案件按照《内地公安机关与香港警方建立相互通报机制安排》、《内地公安机关与澳门特别行政区政府保安司关于建立相互通报机制的安排》等文件办理双方的通报。

内地公安机关向香港、澳门相关通报单位通报对其居民采取刑事强制措施的情况。各省、自治区、直辖市公安厅、局必须在香港(澳门)居民在内地被采取刑事强制措施之后 48 h 内将情况报部有关业务局。

④ 对外国人采取强制措施

需要对外国人采取拘留、监视居住、取保候审的，应当由地(市)级以上公安机关负责人批准，并将有关案情、处理情况等于采取强制措施的 48 h 以内报告省级公安机关，同时通报同级人民政府外事办公室。

需要对涉及国家安全的案件或者涉及国与国之间外交关系的案件以及其他重大、复杂案件中的外国人采取拘留、监视居住、取保候审的，应当由省级公安机关负责人批准，并将有关案情、处理情况等于采取强制措施的 48 h 以内报告公安部，同时通报同级人民政府外事办公室。有关省、自治区、直辖市公安机关应当在规定的期限内通知该外国人所属国家的驻华使馆、领事馆，同时报告公安部。

(7) 侦查羁押期限

一般情况下对犯罪嫌疑人逮捕后的侦查羁押期限不得超过 2 个月。案情复杂、期限届满不能终结的案件，公安机关需要延长羁押期限时，经县级以上公安机关负责人批准后，在期限届满 7 日前送请同级人民检察院转报上一级人民检察院批准延长一个月。上级人民检察院应于期限届满前作出批准或不批准的决定。延长侦查羁押期限的，在作出决定后的 2 日以内将法律文书送达看守所，并向犯罪嫌疑人宣布。不批准延长羁押期限的，必须在规定羁押期限届满前，经县级以上公安机关负责人批准，开具《释放通知书》，通知羁押的看守所释放犯罪嫌疑人，同时根据情况变更为取保候审或监视居住。

逮捕后的侦查羁押期限以月计算，自对犯罪嫌疑人执行逮捕之日起至下一个月的对应日止为一个月；没有对应日的，以该月的最后一日为截止日。对犯罪嫌疑人作精神病鉴定的期间不计入羁押期限。在侦查期间，发现犯罪嫌疑人另有重要罪行的，重新计算羁押期限。同时，制作《重新计算侦查羁押期限通知书》，送达看守所，向犯罪嫌疑人宣布，并报原批准逮捕的人民检察院备案。

对犯罪嫌疑人不讲真实姓名、住址，身份不明的，侦查羁押期限自查清其身份之日起计算。

(8) 证据的收集与审查

公安机关消防机构在侦查失火案和消防责任事故案工作中，应当依照《中华人民共和国刑事诉讼法》的规定收集证据，重点收集火灾现场的物证，现场知情者的证言，起火单位的书证、物证和证人证言，消防监督部门的书证，专业机构出具的鉴定、检验结论和证明案件事实的其他证据。具体范围包括：犯罪事实是否存在的证据；证明犯罪构成要件诸项事实的证据；证明犯罪嫌疑人的个人情况和犯罪后表现的证据；证明犯罪嫌疑人有无依法应当从重、从轻、减轻处罚以及免除处罚的事实情节的证据。

公安机关消防机构在侦查失火案和消防责任事故案工作中收集到的证据应当进行审查判断，对单个证据进行审查，审查其是否符合客观性、真实性、合法性的要求；对证明案件同一事实或情节的证据进行审查，审查其是否能够证明案件中同一事实或情节的真实性；对全案证据进行审查，案件中每个事实、情节是否都有证据证明，证据之间是否一致，能否形成证据体系。

（四）侦查终结

失火案、消防责任事故案破案后，对案件事实清楚、证据确实充分，犯罪嫌疑人所实施的犯罪行为具备犯罪构成全部要件，法律手续完备的，应当办理侦查终结手续。侦查终结的案件，应当追究刑事责任的，移送起诉；不应当追究刑事责任的，撤销案件。

1. 侦查终结

当失火案、消防责任事故案的侦查案件事实清楚，证据确实充分，案件性质和罪名认定准确，法律手续完备时案件侦查终结。

侦查终结的案件应当制作《呈请侦查终结报告书》（结案报告），经办案单位领导同意后，将《呈请侦查终结报告书》连同案卷材料一并报送县级以上公安机关负责人审批。重大、复杂、疑难的案件决定侦查终结的，应当经过集体讨论决定。侦查终结的案件，应当追究刑事责任的，移送起诉；不应当追究刑事责任的，撤销案件。

2. 移送起诉

对符合移送起诉条件的案件，应当制作《起诉意见书》，经县级以上公安机关负责人批准后，连同案卷材料、证据，一并移送同级人民检察院审查决定。同时将案件移送情况告知犯罪嫌疑人及其辩护律师。

向人民法院移交案件时，只移送诉讼卷，侦查卷由公安机关存档备查。《起诉意见书》按照规定移送同级人民检察院以后，应当存侦查工作卷一份。共同犯罪案件的起诉意见书，应当写明每个犯罪嫌疑人在共同犯罪中的地位、作用、具体罪责和认罪态度，并分别提出处理意见。犯罪嫌疑人有从轻、减轻或从重处罚情节的，应在诉讼卷内附上有关材料。被害人提出附带民事诉讼的，应当记录在案，移送审查起诉时在起诉意见书中注明。

3. 对决定不起诉的复议

对于人民检察院决定不起诉的案件，侦查人员认为其决定确有错误的，经县级以上公安机关负责人批准后，移送同级人民检察院复议。在接到人民检察院不起诉决定书之日起7日内制作《要求复议意见书》，写明要求复议案件的简要情况、复议的理由和法律依据及其要求。人民检察院改变原决定的，在接到人民检察院复议决定后，应将复议决定书装订入侦查工作卷备查。对人民检察院决定不起诉而提出复议的案件，犯罪嫌疑人在押的，应当立即释放。

公安机关要求复议，人民检察院维持原来的决定，公安机关认为检察院的决定有错误，经县级以上公安机关负责人批准后，提请上一级人民检察院复核。在7日内制作《提请复核意见书》，写明提请复核的理由和意见以及法律根据和请求。对检察机关的复核决定，侦查人员应当存入侦查工作卷备查。

4. 补充侦查

移送人民检察院审查起诉的案件，人民检察院退回公安机关补充侦查的，侦查人员应当在一个月内补充侦查完毕。补充侦查以两次为限。

对于补充侦查的案件，应当按照人民检察院补充侦查意见补充证据。补充证据后，应当写出《补充侦查报告书》，经县级以上公安机关负责人批准后，连同补充的材料及原诉讼的案卷移送人民检察院。《补充侦查报告书》主要应写明补充侦查结果、所附案卷的册数，补充证据材料的页数及随案移送的物证等。补充侦查证据较多时，可以另行装订成卷。对无法补充的证据应当作出说明。

公安机关在补充侦查过程中，发现新的同案犯或者新的罪行，需要追究刑事责任的，应当重新制作《起诉意见书》；发现原认定的犯罪事实有重大变化，不应当追究犯罪嫌疑人的刑事责任的，应当重新提出处理意见，并将处理结果通知退查的检察院，不需要制作《补充侦查报告书》。

公安机关认为原认定的犯罪事实清楚，证据确实充分，人民检察院退回补充侦查不当的，不需要制作《补充侦查报告书》，而应当说明理由，移送人民检察院审查。

5. 撤销案件

在案件侦查中具有下列情形之一的，应当报县级以上公安机关负责人批准后撤销案件并制作《撤销案件决定书》：

① 立案后经侦查证实没有犯罪事实的；

② 情节显著轻微，危害不大，不认为是犯罪的；

③ 犯罪已过追诉时效期限的；

④ 经特赦令免除刑罚的；

⑤ 犯罪嫌疑人死亡的；

⑥ 其他法律规定不追究刑事责任的。

决定撤销案件的，应当告知控告人、被害人或者其近亲属、法定代理人。《撤销案件决定书》(副本)应当送达犯罪嫌疑人或其家属。撤销案件时，犯罪嫌疑人已被逮捕的应当立即释放，发给释放证明，并将释放的原因在释放后 3 日内通知原作出批准逮捕决定的人民检察院；犯罪嫌疑人被取保候审或监视居住的，也应当经县级以上公安机关负责人批准后撤销；对于不够刑事处罚的犯罪嫌疑人，但需要予以行政处罚或转交其他部门处理的，应当依法给予相应的行政处理或转交其他部门处理。

第五节　火灾事故调查报告

火灾事故调查报告是负责调查火灾的公安机关消防机构向上级公安机关消防机构或政府领导汇报火灾和火灾事故调查情况的材料。根据《火灾事故调查规定》的规定，对较大以上的火灾事故或者特殊的火灾事故，公安机关消防机构应当开展消防技术调查，形成消防技术调查报告，逐级上报至省级人民政府公安机关消防机构，重大以上的火灾事故调查报告报公安部消防局备案。

一、火灾事故调查报告的内容

火灾事故调查报告是对火灾事故调查工作的全面总结，是上级领导掌握火灾情况的主要信息来源，是领导进行决策的依据，可以为消防专项整顿、加强防灭火工作提供依据，是向社会进行消防宣传的基础材料。调查报告应当包括下列内容：

（一）标题

火灾事故调查报告的题目应该简明扼要，能够反映出发生火灾的日期或单位以及损失大小，如“关于3·5特大火灾的调查报告”。

（二）正文

1. 起火场所概况

起火场所概况，包括起火单位的名称、位置、成立时间、产权情况，建筑结构，消防设施，消防安全状况，起火场所周围情况等。

2. 起火经过和火灾扑救情况

起火经过及扑救情况，包括发现火灾的人员及时间、报警人及时间、出动警力及人员扑救火灾情况、调查组的组成及扑救情况。

3. 火灾造成的人员伤亡、直接经济损失统计情况

火灾造成的人员伤亡、直接经济损失统计情况包括死、伤人员及直接财产损失。

4. 起火原因和灾害成因分析

起火原因的认定包括起火时间的认定、起火部位的认定、起火点的认定、起火原因的认定。

灾害成因的分析应当围绕火灾现场显现的火势发展、蔓延途径和造成人员伤亡、财产损失的情况，根据火灾实际，从火灾控制和火灾扑救方面进行分析。

5. 防范措施

针对起火原因和灾害成因，归纳总结此次火灾暴露出来的安全隐患和各方面的问题、主要教训和下一步消防整顿工作的重点。

（三）结尾

写明制作火灾事故调查报告单位的名称和制作日期。

二、制作火灾事故调查报告应注意的问题

(1) 根据法律法规要求，火灾事故调查结束后，就应尽快地写出调查报告。

(2) 报告内容应实事求是，数据要准确无误。报告层次要清晰，语言表达要准确。

(3) 要深入调查研究，应特别重视掌握第一手资料，大量地、详细地收集材料。要认真研究分析，找出带规律性、代表性的东西，分清主次，突出重点。

(4) 报告中所涉及的人应写明他们的姓名、工作单位和身份。

第六节　火灾事故调查档案

一、火灾事故调查案卷分类

火灾事故调查档案分为火灾事故简易调查卷、火灾事故调查卷和火灾事故认定复核卷。

另外，公安机关消防机构在办理失火案、消防责任事故案时还需要建立消防刑事档案。

（一）火灾事故简易调查卷

适用简易调查程序调查的火灾事故需要建立火灾事故简易调查卷。火灾事故简易调查卷可以每起火灾为单位，以报警时间为序，按季度或年度立卷，集中归档。

火灾事故简易调查卷归档内容及装订顺序如下：

(1) 卷内文件目录；

(2) 火灾事故简易调查认定书；

(3) 现场调查材料；

(4) 其他有关材料；

(5) 备考表。

（二）火灾事故调查卷

适用一般程序调查的火灾事故应建立火灾事故调查卷。火灾事故调查卷归档内容及装订顺序如下：

(1) 卷内文件目录；

(2) 火灾事故认定书及审批表；

(3) 火灾报警记录；

(4) 询问笔录、证人证言；

(5) 传唤证及审批表；

(6) 火灾现场勘验笔录；

(7) 火灾现场图、现场照片或录像；

(8) 火灾痕迹物品提取清单，物证照片；

(9) 鉴定、检验意见，专家意见；

(10) 现场实验报告、照片或录像；

(11) 火灾损失统计表、火灾直接财产损失申报统计表；

(12) 文书送达回执；

(13) 其他有关材料；

(14) 备考表。

其中，现场照片要进行筛选，按照环境勘验、初步勘验、细项勘验、专项勘验的顺序进行粘贴，与勘验笔录相互印证，互相补充。

（三）火灾事故认定复核卷

火灾事故经复核的，复核机关应当建立火灾事故认定复核卷。火灾事故认定复核卷归档内容及装订顺序如下：

(1) 卷内文件目录；

(2) 火灾事故认定复核结论书及审批表；

(3) 火灾事故认定复核申请材料及收取凭证；

(4) 火灾事故认定复核申请受理通知书；

(5) 火灾事故认定复核调卷通知书；

(6) 原火灾事故调查材料复印件；

(7) 火灾事故认定复核的询问笔录、证人证言、现场勘验笔录、现场图、照片等；

(8) 文书送达回执；

(9) 其他有关材料；

(10) 备考表。

(四) 消防刑事档案

消防刑事案件侦查终结后，应当将全部案卷材料加以整理装订立卷。案卷分为诉讼卷(正卷)、秘密侦查卷(绝密卷)和侦查工作卷(副卷)。对于人民检察院退回补充侦查的案件，在补充侦查完毕后，可另设补充侦查卷。诉讼卷的分册编号排列顺序为诉讼文书卷在前，一册装订不下，分册装订；证据卷在后，一册装订不下，亦分册装订。全案卷宗顺序依次排列编号。

诉讼卷(正卷)是移送同级人民检察院审查决定起诉的诉讼案卷。案件侦查中各种法律文书，获取的证据及其他诉讼文书材料都订入此卷。为便于辩护律师及经人民检察院认可的其他辩护人查阅、摘抄、复制本案的诉讼文书、技术性鉴定材料，又将"诉讼文书、技术性鉴定材料"专门装订成册，称诉讼文书卷。其他法律文书和证据另行成册，称证据卷。

二、火灾档案的建立方法

(一) 卷内文件的系统排列

卷内文件的系统排列，可以保证卷内文件有条不紊，便于人们查找利用。这项工作要放在案卷正式确定下来以后进行，避免返工和无效劳动。要求排列次序有条理，保持文件之间的联系，给每份文件以固定的位置。卷内文件可按时间、问题、地区、作者、收发文机关、文件名称，以及文件的重要程度、涉及人物的姓氏笔画等方法排列。

(二) 编写卷内文件的编号

为了固定案卷内文件的排列顺序，便于保护和查找档案文件，凡是重要的需要永久保存的案卷，应该统一编写卷内文件张、页的顺序号。

编写卷内文件的编号时，卷内所有的文件，都应该逐张编号，不得遗漏。筒子页和双面有字的张、页，都应该作为一张编号，折叠的文件或图表等，也应该作为一张编号。如果卷内有超过100页的小册子，也可以不另编号。编号是一项十分细致的工作，要有认真的态度，编后必须检查，避免漏编和重编现象。

(三) 编写卷内文件目录

为了便于查找利用案卷内的文件，保护文件，凡是需要长久保存的案卷，都应该编写卷内文件的目录。

卷内文件目录，一般包括如下项目：顺序号、文件作者、文件内容(标题)、文件日期、文件张号、备注。

编写卷内文件目录的时候，不一定都要按照目录上的各个项目逐一登记卷内文件，可以根据实际情况，分别采用下列几种不同的登记方法：

(1) 逐件登记法。就是把案卷内的文件按照其排列顺序逐件登入卷内目录。一般情况下，大多数案卷都采用这种逐件登记法。如调查询问笔录在登记时每一份笔录都要详细登记。

(2) 组合登记法(或者叫综合登记法)。当案卷是由几个具体问题的文件组成的时候，可以采取组合登记的办法。就是把各个问题形成的文件一组一组地综合登入卷内目录。如将所有的调查询问笔录作为一组。

卷内文件目录编写好以后，放在卷内文件的前面，准备连同卷内文件一起装订。

（四）案卷的装订

组好的案卷通常都需要装订成册，其目的主要是便于管理和保护档案。装订成册的案卷，即能固定卷内文件的顺序位置，又整齐美观，保管方便，平放、立排都可以。

装订案卷，包括一系列的技术性工作，一般有如下几项：

(1) 拆除文件上的金属物。在许多档案文件上，有订书针、回形针、大头针等金属物。时间一久，这些金属物就会生锈，腐蚀档案文件。所以，在装订案卷之前，必须把文件上的这些金属物一一拆除。拆除的时候，要小心谨慎，不要损坏了档案文件。

(2) 确定装订线。在一般情况下，横写、横排的档案文件，装订线应该在左边；竖写、竖排的档案文件，装订线应该在右边；左边和右边都不好装订的案卷，装订线可以在上边。火灾档案的装订线一般设在左边。

(3) 加边和裱糊。装订案卷时一定不要把文件上的字迹装订进去，而且要便于人们的阅读使用。为了做到这一点，在装订以前，常常需要对一些文件，在所确定的装订线的部位加贴一个边。有些破损、发脆或者霉烂的档案文件，则需要进行修补或裱糊后才能装订。

(4) 取齐。卷内的档案文件常有大小不一、长短不齐的情况。为了把案卷装订得整齐、美观和适用，必须首先把卷内文件取齐，才能装订。一般应尽可能做到两边齐，从左边装订的案卷，左边、下边要取齐；从右边装订的案卷，右边、下边要取齐；从上边装订的案卷，上边右边要取齐。

(5) 装订案卷。装订案卷应该使用棉线，不要用麻线和尼龙线。装订时一般打三个针眼就可以了，不要打过多的针眼。从左边和右边装订时，针眼间距离为 6～8 cm；从上边装订时，针眼间距离为 5 cm 左右。装订的线结扣最好是活的，以便必要时拆开案卷。结扣最好放在案卷封皮的里面，这样既美观，又便于档案的保管。

（五）现场图、照片和底片档案的技术整理

照片和底片档案的技术整理，包括照片、底片档案保管单位的组成，照片、底片的编号，照片、底片的说明编写等内容。

一个火灾的照片、底片档案中的照片和底片应该是一一对应的，不应发生有照片无底片或有底片无照片的情况。照片档案，虽然是记录有关事物和历史过程的最形象的信息载体，可供读者查阅，但却不能供有关人员直接使用。使用时还必须利用它的底片，重新洗印、放大。

一组火灾照片，因为它本身不能有秩序地固定在一起，必须采用一定的装具。火灾照片一般采用由一定厚度的中性白纸作为装具，照片粘贴在上。照片的粘贴，要用桃胶或档案糨糊，不能用一般胶水或糨糊，以免腐蚀照片或发生虫蛀现象。同时在照片的下方书写编号和说明(亦可用打印纸条代替书写体)。照片集可不编写目录，因为每张照片下都有文字说明，使用人员可以一目了然地直接翻阅照片和阅读文字说明。这种方法的好处是照片可以固定，不易脱落，有利于照片的安全，同时还可以粘贴大小不同的照片。

（六）案卷封面的填写

案卷封面上要填写案卷标题、起止日期、保管期限及全宗名称、案卷编号(全宗号、目录号、案卷号)等。其中全宗名称，一般是事先印刷在案卷封面上的。案卷编号要待案卷分类排定以后再统一编写。填写案卷封面，最好使用毛笔，确有困难和不便的时候，也可用钢笔，但最好用碳素墨水，以便保持长久，而且字要写得稍大一些。不论是用毛笔或者钢笔填写，都要力求写得端正、整洁、美观。

思考题

1. 火灾事故责任的构成要件包括哪些？
2. 哪些火灾行政案件适用简易程序办理？
3. 火灾行政案件办理的一般程序包括哪些步骤？
4. 什么是失火罪？失火罪与放火罪有什么区别？
5. 什么是消防责任事故罪？消防责任事故罪的犯罪构成包括哪几个方面？
6. 失火案和消防责任事故案的立案追诉标准是什么？
7. 哪些火灾事故在调查完毕后需要制作火灾事故调查报告？
8. 适用一般程序调查的火灾事故档案包括哪些内容？

参考文献

[1] 公安部消防局.消防监督执法手册[M].北京:中国科学技术出版社,2013.
[2] 胡建国.火灾调查[M].北京:中国人民公安大学出版社,2014.
[3] 胡建国.火灾事故调查工作务实指南[M].北京:中国人民大学出版社,2013.
[4] 李云波.火灾事故调查[M].昆明:云南人民出版社,2006.
[5] 刘义祥.火灾调查[M].北京:机械工业出版社,2012.
[6] 中华人民共和国公安部消防局.中国消防手册第八卷[M].上海:上海科学技术出版社,2006.